HOMO QUANTICUS
Conciencia, Complejidad y Caos

Alejo Calderón

© Título Original
HOMO QUANTICUS
Conciencia, Complejidad y Caos

Autor: Alejo Calderón
ISBN kdp: 9798338590591
Sello: Independently published
Tercera versión, 2024
Ж Derechos Reservados de Autor

Derechos Reservados de Autor
Queda prohibida la reproducción parcial o total de esta obra y su transmisión electrónica

*Al
Amor mío:
mi hija Juana Alejandra,
quien con sus profusas alegrías
me enseñó la candidez de lo complejo
y con sus pocas tristezas la complejidad de lo ingenuo*

*Hija:
Se escribe con humildad, con sacrificio
y con renuncia al mundo común; sólo
se colapsa una nueva realidad con expiación
interna. No hay manera de evitar el desgaste de las
herméticas entropías. Los cariños que perdimos de cualquier
manera nos los arrebató la entraña de este libro, subyacen
en el caos de su fondo sempiterno, en su alma profunda.
Esta obra la escribí para ti y te pertenece en toda su magnitud.
Te amo mucho, Hija.*

Agradecimientos

Al Señor Ángel Nogueira Dobarro, Director Editorial de "Siglo del Hombre Editores", por la humildad de su espíritu superior, por su humanismo sincero y bello, y por las palabras generosas que tuvo para con este libro.

Al Doctor Jairo Giraldo Gallo, profesor de Teoría Cuántica de la Universidad Nacional de Colombia, Presidente del Proyecto Buinaima sobre el Ethos Social, un propósito altruista que es perfectamente coherente con la propuesta fundamental de este libro.

Es profesor titular de la Universidad Nacional de Colombia – Sede Bogotá. Hizo su doctorado en la Universidad de Gotenburgo (Suecia) en física teórica y estudios postdoctorales en España y México. Pprofesor honorario del Centro de Investigación y Estudios Avanzados del Instituto Politécnico Nacional (México).

*Debe ponerse cuidado,
no en que el lector pueda comprender,
sino en que tenga que comprender.*
Aristóteles

*-Tu trabajo será ir más allá del ego
y sumergirte en el océano universal de la conciencia.*
Merlín, en "El Rey Arturo"

*El mundo era tan reciente,
que muchas cosas carecían de nombre,
y para mencionarlas había que señalarlas con el dedo.*
Gabriel García Márquez, en "Cien Años de Soledad"

*La creación espontánea es la razón por la cual existe el universo.
No hace falta invocar a Dios para encender las ecuaciones y poner el universo en marcha. Por eso hay algo en lugar de nada, por eso existimos.*
Stephen Hawking, en "El Gran Diseño"

La filosofía ha muerto porque no se ha mantenido al corriente de los desarrollos modernos de la ciencia, en particular de la física
Stephen Hawking

*Lo único que se desbarata es el cuerpo. Pero yo no soy el cuerpo.
El cuerpo es el vehículo que me lleva de la cuna a la tumba.
Yo soy mi espíritu, mi alma y las ideas que arman mis neuronas.*
Facundo Cabral
(Citado en homenaje a su vida y obra)

Se mide la inteligencia del individuo
por la capacidad de inteligencia que puede soportar
Immanuel Kant

TABLA DE CONTENIDO

Preámbulo i
Exordio vii
Aclaración xvi
De la Teoría Cuántica a la Teoría del Caos 20
    Desarrollos de la física 21
    Principio de incertidumbre 26
    Dualidad cuántica 28
    El gato de Schrödinger 31
    Entrelazamiento, o acción fantasmal a distancia 33
    Borrar el pasado 34
    Rompimiento de la barrera del tiempo 40
    Teletransportación cuántica a larga distancia 41
    El caso del imán 41
    Teoría de la relatividad – macrocosmos 42
    Producción de la realidad 45
    Conclusiones 46
De la Teoría Clásica a la Teoría de la Complejidad 52
    En las profundidades del azar 54
    La complejidad del vacío 55
    La complejidad de lo simple 58
    Características de la complejidad 59
    Concatenación crítica 61
    Concepto de fractal geométrico 65
    Números fractales y holofractales 68
    Noúmeno y fenómeno 71
    Acoplamiento teleonómico 71
    Acreción fractal 73
    Leyes de la termodinámica 74
    Dimensión espacio/tiempo 77
    La Información 79
    Entropía 88
    Estado Neguentrópico 91
    Efecto mariposa o atractor de Lorenz 93

- Efecto Foco de Linterna 94
- Campo de fuerza 95
- Adaptabilidad y sistemas adaptativos 97
- Acción de la funestra 98
- Colisión orden/desorden 99
- Función de onda de la realidad absoluta 100
- La frontera del caos 103
- Proceso adaptativo de auto-organización 105
- Dependencia de senda 108
- Resonancia morfogenética 109
- La Qualina 110

Extrapolación del Fenómeno Cuántico 114
- El laberinto del Viejo 115
- Conciencia cuántica y voluntad de poder 118
- La tendencia en la concatenación crítica 119
- Emergencia a partir de la tendencia cuántica 122
- Azar y finalidad como artilugios del destino 127
- Singularidad diferida 127
- Extrapolación de las facultades cuánticas 130
- Dualidad 131
- Mutación por observación 132
- Presencia espín 132
- Enmarañamiento, entanglement 133
- Yuxtaposición 134
- Negación de la relación lineal causa/efecto 136
- Función de onda 136
- La Qualia, la mente y el sentido 138

Cosmogonía y Conciencia 145
- La alquimia original 145
- El principio antrópico 147
- La materia viva 149
- Ecosistemas y meta-ecosistemas 154
- Redes vivas 156
- La Biosfera 157

    La hipóstasis como unidad.. 161
    La conciencia eidética 165
    La Protoconsciencia 165
    La consciencia nomotética o auto-conciencia..166
    La consciencia colectiva o sintética..166
    Conciencia y función de onda 167
    Efecto de plasmación 169
    Respuesta al Experimento de Libet 170
    Universo de las ideas o función de onda...172
    Sobre la muerte y sus experiencias cercanas 173

Caos y Complejidad en el Orden Social..175
    Estructuras disipativas..175
    Resiliencia y adaptabilidad 176
    Mito y acción disipativa 177
    Convergencia y divergencia...178
    Principio de sustancia e impermanencia 181
    Autopoiesis y autopoiesis social...183

Filosofía de la Complejidad 187
Bibliografía...20
Webgrafía 23

SUGERENCIA

Para algunas personas este libro no será fácil de leer. Antes de comenzar la lectura se recomienda explorar bien el *Contenido*, lo que luego permitirá hallar fácilmente las categorías y entradas citadas (*en cursiva*) para acceder a la profundización de las nuevas concepciones. En el transcurso de la lectura es vital irse informando sobre cada significación no comprendida; este método allana el entendimiento y permite la lectura rápida.

Las palabras señaladas en *cursiva* también tienen la función de acentuar los términos en discusión o de identificar el núcleo del sintagma que tiene mayor influencia en el párrafo con el propósito de recordarle al lector las expresiones que se están relacionando o contraponiendo, esto facilita la comprensión de la idea expuesta. Igualmente, puede indicar una característica excepcional del fenómeno o cosa que se está considerando.

Preámbulo

Desde la cima de la vieja acrópolis micénica el mármol blanco del Partenón deslumbra el horizonte iluminando la antigua ciudad de Atenas. Exultando el espíritu de cualquier hombre, su imponente presencia subyuga todo aquello que se cree bello y todo lo que se estima grande; la estética de su magnífica simetría materializa la derrota del orden sobre el caos. La impresionante obra constituye la expresión de la grandeza del espíritu griego para honrar a sus dioses quienes vencieron el caos original para acoplar las fuerzas elementales y ordenar el estado primigenio del *kosmos*. Desde la antigüedad el hombre ha intentado imponer un orden propio sobre el caos que anida en el fondo de la materia y que se extrapola al mundo cotidiano produciendo desorden y conflicto. Sin embargo, no es esto lo que conmueve y maravilla al hombre moderno, la *conciencia,* mediante la cual puede diferenciar entre orden y caos, constituye el verdadero enigma que no ha podido desentrañar.[1]

Concurrimos con sorpresa a transferir la manifestación de la vida desde nuestra corporeidad carnal; más que simples seres vivientes somos conciencias sorprendidas con las realidades mundanas intentando gobernar una conducta que vegeta entre el frenesí por la felicidad de vivir y la angustia por la muerte. En este breve lapso estamos reducidos a la materialidad desde donde anhelamos el goce de la libertad absoluta; la materialidad nos estorba tanto, así como nos fascina, nos hace presencias definidas en el mundo mediante individualidades con identidad propia. La materialidad carnal nos permite desear y satisfacer el deseo, sentir la felicidad y el sufrimiento, y vivir en el paraíso o en el infierno, desde la *conciencia*[2] nosotros elegimos. Amamos la vida corporal porque apreciamos el desafío de esa encrucijada.

Sin embargo y mientras creemos estar maniatados al cuerpo, en el trasfondo de la realidad inmediata nuestra existencia es libre, mucho más prolongada que el breve lapso de la vida, más profunda que el mundo y sus cosas plenas de banalidades, es una existencia afín al universo porque finalmente también somos el *todo*. Sin embargo, no hemos aprendido a ser hombres, no hemos podido domeñar los instintos ni controlar la voluntad de poder para que ésta no dañe la natura ni se imponga sobre los demás causando injusticia, desigualdad y sufrimiento; nuestra *conciencia* lucha contra el espectro tutelar del caos que la alberga. En un mar de existencias y temiendo ahogarse, el yo narcisista nada afanosamente por encima de sus hermanos.

---

[1] Los griegos tenían un concepto superior de la palabra *Kosmos*. El significado de este vocablo constituía una visión integral del universo que incluye, no solo el universo físico, sino también los estados emocionales, mentales y espirituales, lo mismo que la materia inanimada, la materia viva, la energía y los fenómenos producidos por su interacción. El cosmos moderno hace referencia solamente al universo material, ha sido desposeído de la totalidad integral, ha sido despojado de la vida, de la mente y de la conciencia; sin embargo, con esta concepción, la ciencia moderna busca formular una Teoría del Todo.

[2] Entendida aquí tal como la conciben las religiones cuando se refieren a Dios, o como las leyes de la naturaleza, las leyes antrópicas, la conciencia universal (plano universal); en el plano individual, es el espíritu o el alma. La conciencia es diferente a la mente; la primera no requiere estructura para existir, la segunda requiere del cerebro.

Tal como lo demostró la teoría cuántica, no somos meros objetos o sujetos independientes como racionalmente creemos, somos información universal *enmarañada* que se configura en pequeñas porciones formando conciencias individuales que conviven sometidas a la razón, al poder político y a las complejidades de la condición humana. Según esta teoría somos uno sólo, todos somos el mismo; aunque el otro nos parezca un ente ajeno, él también es nuestro propio yo. Lo que hagamos en el mundo de cualquier manera nos afectará a todos, de la misma manera lo que hagan los otros, por más lejanos que estén, tarde o temprano nos afectará en las entrañas profundas de nuestra individualidad. Conformamos la red neuronal de Gaia, en un circuito universal todos estamos unidos por la misma voluntad; pero tememos interactuar con ese vínculo porque estamos desagregados por la utilidad y el individualismo, participamos sin control de los fenómenos colectivos porque, al creer erróneamente que estamos sometidos a convivir en la fatalidad de tal escisión, no nos podemos sustraer fácilmente de estos.

En la diaria participación que tenemos con los eventos del mundo y sus fenómenos y en la correlación con nuestros semejantes, se presentan algunas circunstancias que no podemos determinar; por más que tengamos un norte y un propósito específico, muchas veces terminamos haciendo lo que no nos habíamos propuesto; no siempre somos dueños de nuestro destino y para bien o para mal estamos sometidos a una especie de *derivada social* como resulta de la acción misma de la realidad. Acaso ¿somos simples objetos sociales?, ¿muñecos animados?, ¿la realidad tiene existencia propia, una voluntad que se manifiesta haciendo de nosotros meras marionetas? ¿los fracasos o triunfos nos seleccionan? Extrañamente da la impresión que es así, ya lo han dicho los cantos ancestrales y los poetas modernos quienes predican que nuestro sino es obra del albur. Esta forma de contingencia no gusta a la ciencia porque se supone que está plagada de incertidumbres; sin embargo, el mundo viene así. La lucha histórica del hombre no ha sido por *el poder*; en realidad ha sido por el control de la incertidumbre que se obtiene con el ejercicio del poder. Así como del caos emerge el orden universal, de la misma manera la incertidumbre constituye una forma de desorden que finalmente produce orden y certeza. ¿Cómo es posible que la incertidumbre, plena de desconfianza y suspicacias, termine concibiendo la certeza que da seguridad? ¿Cómo la oscuridad del caos puede producir la luz que ilumina el camino del hombre hacia la civilización? ¿Cómo el desorden produce orden? Lógicamente, una extraña *entelequia*[3] manipula la realidad desde el subfondo de las cosas y sus fenómenos. Dado que esto es imposible para una mente positivista, el azar ha sido tachado como un artificio maligno e indeseado.

Pero no siempre el albur es anodino; las razones por las cuales escribí este libro obedecen en cierto modo al entusiasmo infatigable del azar. Me había propuesto escribir un libro sobre políticas públicas, pero al confrontar la política social con la política económica encontré que la social depende de la otra, lo que origina un problema fundamental al que debería presentar una solución o

---

[3] Término creado por Aristóteles, del griego *en-telos*, contiene, se dice de algo que lleva incorporado un objetivo.

propuesta, así fuera teórica. El trabajo quedó suspendido mientras pensaba cómo resolver el acertijo. Recorriendo bibliotecas, un día me encontré con el extraño rótulo *Teoría de la Complejidad y el Caos*, enunciado que me inquietó, emprendí una investigación que no fue fácil por la poca existencia de bibliografía seria sobre el tema y la abundancia de escritos donde se confunden la complejidad con la complicación. Insistí y finalmente, la complejidad me mostró el camino hacia la *Teoría Cuántica* (microfísica), me desilusioné porque pensé que esa sería una locura que nada tenía que ver con las políticas públicas. Pero esa decepción era sólo una simple y eventual influencia del trabajo soterrado que venía urdiendo el azar.

Estaba equivocado, la *Teoría Cuántica* me cautivó profundamente llenando mi espíritu de reflejos y emociones; desde el principio comprendí mi ocurrente ingenuidad: *¡estaba escribiendo sobre la realidad sin saber aun de qué está hecha!*, fue una revelación que por primera vez confirmaba la certeza de mi ignorancia absoluta, me hizo sentir avergonzado y disminuido, pero lo acepté con humildad porque llegó como un beso de Dios. Resulta que las partículas cuánticas *saben* cuándo están experimentando con *ellas* y tienen la capacidad de *intervenir* en el experimento; algunos físicos –los físicos y matemáticos no creen en nada que no pueda ser medible- después de muchos experimentos y ante la evidencia abrumadora, tuvieron que aceptar la existencia de una voluntad en el mundo cuántico y les asignaron a esas partículas subatómicas el nombre de *¡partículas psíquicas!*[4] ¡Una locura inconcebible para cualquier matemático! Además, las partículas se convierten en onda o corpúsculo a su antojo, rompen la barrera del tiempo, no se puede medir su posición y velocidad simultáneamente, pues entre más cerca se esté a una variable la otra se hace más improbable, se comunican entre sí a una velocidad superior a la velocidad de la luz[5] lo que confirmaría la existencia de la *telepatía*[6] y las partículas logran integrarse en un enmarañamiento total inconcebible (*entanglement*). Según esta teoría, queda confirmado que el *todo* está unido en una sola totalidad donde las diferentes correlaciones son simétricas y se yuxtaponen con armoniosa naturalidad dando forma a la realidad que conocemos (un concepto idéntico al planteado por casi todas las religiones e ideologías orientales que llaman a este "todo" *la realidad última*[7]), así que las cosas existen únicamente en cuanto unas afectan a las otras y se pertenecen a sí mismas, es está correlación lo que constituye la *conciencia* y lo que le proporciona existencia al todo. No se trata de la partícula independiente que ponemos bajo la lupa de cristal para analizarla como un objeto aislado; no, se trata de la correlación, de la *tendencia* de esas partículas, pues en realidad no se mueven ni están ahí, sino que *tienden* a existir, *tienden* a moverse, *tienden* a aparecer, según las observemos. En realidad, no existe la materia, existe es la relación, la interacción, la correlación de esas *tendencias*. Estamos ante la *tendencia primigenia* y no ante la partícula fundamental. No existen las

---

[4] Desde ese instante se comprobó que la conciencia es autorreferencial porque identifica el entorno e interactúa con el mismo.
[5] Para burlarse de los teóricos cuánticos, Einstein llamó a este fenómeno "acción fantasmal a distancia".
[6] También para burlarse, Einstein llamó así la acción fantasmal a distancia.
[7] *Brahmann* en el hinduismo; *Dharmakaya* o *eseidad* en el budismo y *tao* en el taoísmo chino, (Capra).

estructuras en sí, existe aquella relación que percibimos como estructura, pero que representa solamente una conexión en reciprocidad con la conciencia.[8]

Una excentricidad en las profundidades de la materia misma y una revolución desquiciada en el seno de la física clásica. Einstein, ya premio Nóbel, creía que eso no podía ser posible, hizo diversos experimentos, entró en discusiones que no pudo sustentar, finalmente pronunció su famosa frase *Dios no juega a los dados* y se vio en la obligación de salir del atolladero proclamando que la teoría cuántica estaba inconclusa. En los últimos años de su vida se sumió profundamente en el estudio de la mecánica cuántica pero no pudo demostrar ninguna inconsistencia que rescatara el universo newtoniano de los influjos inextricables de ese *caos* entrometido. En conclusión: *el caos reina en la esencia misma de la materia*. Fue un golpe duro para el positivismo, pues esta metodología se fundamenta en que el universo y la materia conforman un sistema perfectamente ordenado por partes independientes y organizadas; ahora sabemos que no hay verdades absolutas, que *todo* está correlacionado entre sí y que, junto con el azar, la conciencia juega un papel trascendental en la existencia y representación de la realidad. Ante la magnitud de esta verdad es evidente que la matemática, los códigos lingüísticos y la condición humana son insuficientes para definir toda la realidad de un solo golpe, tal como pretende el *sapiens*.

Ante la certeza rotunda de las últimas pruebas, la corriente científica de la física que era una sola, se dividió en dos: los físicos quienes reconocen que la *conciencia es cuántica* y los que no aceptan este postulado. Para mí fue revelador, después de conocer las pruebas científicas y las diversas interpretaciones, algunas de las cuales presentaremos en este libro, acepté que el universo está constituido por un enmarañamiento (*entanglement*) entre lo físico y lo no-físico donde todo está interconectado, mi espíritu tomó partido por la creencia de que todos somos el mismo, de que estamos atados el uno al otro por el misterio mismo de la existencia, me adherí a la dinastía de los *concientes*, pues no existen experimentos que contradigan la presencia de la *conciencia* en el seno de la materia fundamental.

Leía de día y de noche, todo libro sobre el tema fue abordado por mi espíritu estremecido y hambriento. Cuando leí "*El infinito en la palma de la mano*"[9] me encontré cara a cara con dos científicos budistas, un astrofísico y un biólogo,[10] conversando sobre *el Ser* y *la Conciencia*, fue fascinante; comprendí que no se trata de una certeza nueva y que los físicos aprueban a los budistas y estos a los físicos. Un libro espléndido y revelador que me regaló un auténtico sentimiento de amor por los demás dada la convicción de que todos estamos unidos conformando ese todo infinito y porque ellos, los otros, a la final también son mi propio yo. Después de tantos años de separación cultural y metodológica, dos pensamientos completamente ajenos y quizá los más antagónicos, ahora se

---

[8] Puesto que el mundo que percibimos no es materia sino energía, no es estructura sino tendencia; surgen entonces las preguntas: ¿por qué vemos la materia consistente y compacta? y ¿qué papel juega la conciencia en la configuración del mundo y su realidad?

[9] Richard Matthieu y Trinh Xuan Thuan, "El Infinito en la Palma de la Mano" Ed. Urano. Barcelona, 2001.

[10] Richard, biólogo francés, formado en oriente en el budismo y Xuan, astrofísico vietnamita, budista nato, formado en occidente.

encuentran trasegando el mismo camino de la convicción. Al final de esa lectura mi alma acuñó el término *Homo Quanticus* en contraposición al *homo sapiens*, ser avaro y falaz, quien probó su impotencia en las ciencias sociales y en las naturales, valiéndose de su mentalidad utilitarista, demostró su inminente poderío de destrucción.

La evolución biológica ha alcanzado su máximo límite y la tecnología del genoma se impondrá sobre la evolución de la especie humana; la marcha de la razón se ha impuesto sobre el sentido común llevando al hombre al racionalismo cínico para asegurar el predominio de los sistemas de poder. Por estas vías no se puede avanzar más. Queda como único recurso la *conciencia*, pues la condición biológica no es prioritaria y la racionalidad ya demostró su discapacidad, solo la conciencia podrá transformar al ser humano.

A la sazón, inevitablemente llegamos a la deducción de que sin duda la sociedad y el mundo están fatalmente divididos por la *razón*, pero necesariamente unidos por la *conciencia*. Entonces, es lógico que en ese contexto quepa el concepto de estado, nación[11] y economía, donde las políticas públicas apenas son una mota en todo ese tejido infinito que da existencia al mundo y su realidad social. Si el racionalismo y el utilitarismo han logrado producir este desorden tan injusto en la sociedad sin que se vislumbre un futuro promisorio; entonces, es evidente que una *ciencia con más conciencia* también lo puede transformar y quizá producir un giro notable en el destino de la humanidad, volviendo a poner todo lo social en *un orden más justo*. Por eso, desde su oquedad sempiterna este libro gira alrededor de la *conciencia*, la conciencia es una resonancia que retumba en el vacío de nuestra existencia llamándonos constantemente; pero, cegados por los apetitos y por la inmediatez que nos ofrece la materialidad del mundo, la ignoramos. Aun somos torpes, pues nos dejamos afectar por los sentimientos efímeros y la angustia que produce la sorpresa de vivir, hacemos de nuestras frágiles creencias verdades absolutas en las cuales nos encerramos, buscamos la justicia en lo externo porque nos creemos incólumes y siempre acusamos al otro, estamos sometidos por las circunstancias que nos rodean, somos juguetes del tiempo y del espacio que renunciamos a abandonar la avidez de lo carnal y lo mundano.

Las políticas públicas se quedarían para después, porque las sorpresas dentro de la *Teoría de la Complejidad y el Caos* me conmovieron intensamente porque percibí cómo iba emergiendo el universo y me confirmaron no sólo la certeza *psíquica* de la partícula cuántica, sino que indudablemente se llega a la conclusión de que toda vez que *onda* y *partícula* son una sola y dado que poseen *psiquis*, es evidente que la materia emerge a partir de esa "conciencia primaria"; en sí, la conciencia siendo *la nada* es también el "algo" porque alberga finalidad y contenido. Y no puede ser, al contrario, que la materia física produzca la nada, pues la materia no se puede invalidar por sí misma, sino que requiere la influencia de una conciencia que la anule. Da la impresión entonces que en el *universo de la complejidad* la conciencia y sólo la conciencia, produce la materia. Por tanto, *la Teoría de la Complejidad y el Caos* es el camino para aproximarnos

---

[11] Hacemos diferencia entre nación y estado, ver el concepto de *Nación-Humanidad*.

a la verdad; en la actualidad hay filósofos y científicos de todas las lenguas trabajando inquebrantablemente sobre esta dimensión compleja de la realidad; sin duda se avecina un cambio grande, podemos afirmar sin temor a equivocarnos que en un futuro muy cercano el *Homo Quanticus* se levantará sobre su nueva ontología y mostrará al mundo su herramienta con la que destorcerá el incierto destino que amenaza sepultarlo.

Para lograr la ejecución de este largo y agradable trabajo pienso que conciencia y complejidad fueron *emergiendo* constructivamente hacia cada nuevo paradigma, hacia su propia *finalidad*; no desconozco que la imaginación constantemente intentó cautivarme concurriendo con su gran apuesta, pero siempre me tomé el trabajo de evadirla con la duda persistente, fue una energía insistente que muchas veces me obligó a abandonar el teclado con decepción para volver sólo cuando ella misma se ajustó a los designios ocultos tras la reveladora verdad que nos proporciona *el caos y la complejidad*, entonces se convirtió en convicción,[12] emergiendo de los fondos intuitivos del azar y la conciencia absoluta.[13] Pues a menudo la complejidad es resbaladiza y se escurre sobre el lomo de la realidad sobrepasando los límites del pensamiento objetivo, por lo que veremos cómo la ciencia en ciertos temas se borrosea desvaneciéndose en lo espiritual.

He descubierto que penetrar la *Teoría de la Complejidad y el Caos* ha sido sin duda la gran experiencia de mi vida; es como acariciar a Dios, es como tropezar y encontrar los misterios de la creación, es una aventura sorprendente que no ha dejado de alimentar mi espíritu curioso. También descubrí que, aunque aún estamos en la prehistoria vamos llegando a los preludios de algo nuevo que se avecina, es la sensación que me queda después de este trabajo. En la actualidad la Organización Europea para la Investigación Nuclear está realizando un experimento para recrear el big bang a nivel subatómico mediante *El Gran Colisionador de Hadrones (Large Hadron Collider)*, esta es una extraordinaria investigación cuántica de la mayor trascendencia en la historia de la humanidad; sin duda arrojará resultados sorprendentes que pertenecen al campo de la *Teoría del Caos* y que esperamos poder incorporar en una próxima versión de este libro.

---

[12] Dada la inevitable integración de *la conciencia, la incertidumbre cuántica* y *la complejidad*, como categorías centrales, estudiadas dentro del marco de la ciencia, este libro se convierte en una obra de interés científico. Como un funambulista y sin caer al vacío, el libro transita sobre la delgada cuerda que separa la ciencia positiva de la metafísica, lo que le da un alto tinte filosófico. Por estas razones y por su inmanente transdisciplinariedad, este libro debe ser clasificado dentro de una nueva categoría: *La Ciencia de la Complejidad.*

[13] Algunas veces pasaba días o semanas tratando de despejar una idea que parecía utópica, súbitamente, en cualquier amanecer me despertaba con la solución precisa; en muchos amaneceres viví esa impresionante experiencia. Sin duda, durante el sueño nuestra conciencia hace su propio trabajo, consultando con la conciencia eidética.

Exordio

Teoría de la Complejidad y el Caos, una denominación sintagmática con gran fuerza lingüística que presenta un aspecto unilateral en cuanto *a priori* hace referencia al desorden y la incertidumbre, soslayando la perfección del orden. Si bien lo sencillo y perfecto nos parece evidente, nos topamos con el escollo de que no tenemos a mano una denominación exacta para el antónimo de *caos*. Igualmente, en el ámbito de la complejidad, ésta no es la simple confusión, sino que incorpora un conjunto de fenómenos, casi imperceptibles por el hombre, pero latentes en todos los prodigios de la naturaleza.

En coherencia con el *big bang*, en la mitología griega y en la mayoría de mitos y religiones, el *caos* ha sido interpretado como un "vacío oscuro" anterior al universo, de donde surgieron los dioses quienes crearon el kosmos y la vida; en la mayoría de culturas el caos es anterior al orden y no sólo previo, sino que excluye todo orden. Esto es importante porque al excluir todo orden excluye todo desorden, pero el orden requiere del desorden para existir. Igualmente, se infiere que el caos implica movimiento, pues el todo no puede surgir de algo inanimado y en reposo, y si estuviera en reposo no existiría tal anarquía absoluta; si el caos estuviera en reposo no estaríamos ante el caos totalizante, éste sería superado por la agitación de un caos infinito que convulsiona eternamente en la dimensión espaciotemporal. El caos es dinámico, este dinamismo permite la expresión del tiempo, del espacio y por tanto, la presencia de la realidad tal como la conocemos. Su envés sería la perfección -no encuentro otra palabra- o mejor, para evitar disipaciones, digamos que es el *soac* -mientras aparece la palabra exacta-, fenómeno posterior al universo, en reposo, atemporal e inextenso, donde, por su innata inmovilidad no puede existir el tiempo ni el espacio.

De momento admitamos la existencia del *soac*; entonces, en cuanto *caos* y *soac* son los extremos ulteriores, a lo largo de estas dos polarizaciones se extiende una estría infinita de información profundamente interconectada *(entanglement)*, donde se afianza el universo físico que conocemos y donde existe la extraña y compleja correlación *orden/desorden*. En otras palabras, el desorden no es caos, ni el orden es *soac*, sólo tienen un poco de cada uno. Uno de esos dos polos marca el principio y el otro señala el fin; uno constituye lo extremadamente pequeño -*universo microscópico*-[14] mientras que el otro lo extraordinariamente grande -*universo macroscópico*-,[15] mediante el estudio de esas polarizaciones el hombre espera resolver el misterio de la creación y la composición de la materia; en *medio*, subyacen en un caldo de cultivo todas las *complejidades*. Desde esa topología está planteado nuestro estudio; enunciado sin olvidar la naturaleza del

---

[14] Por esta razón el primer capítulo de este libro está dedicado a la teoría cuántica, aclaramos de una vez que el autor no ha plasmado allí su opinión ni pretende afirmar que "entiende" la teoría cuántica (en el sentido de explicar por qué funciona de manera tan extraña), sino que presenta los experimentos, planteamientos y deducciones a que llegan los científicos especializados en el tema. El lector sabrá si acepta o no dichas conclusiones. Todos no podríamos estar de acuerdo porque romperíamos el *principio de incertidumbre*.

[15] La complejidad no excluye un universo infinitamente más pequeño que el micro, y por supuesto, un universo inmensurablemente más grande que el macrocosmos, juntos desconocidos.

origen cuántico, como tampoco la correlación caótica de lo más simple con el todo infinito, pues aceptamos con razón que somos *cenizas del big bang.*

La filosofía, la literatura y el arte en general llevan incorporados diversos elementos de complejidad. La fenomenología, por ejemplo, entre las que se encuentra la obra *El mundo como voluntad y representación,* de Schopenhauer, contiene en su esencia un planteamiento propio de los sistemas complejos. Antes que conociera la luz esta obra, el paradigma "filosófico" del mundo tenía como fundamentos la razón, la belleza y el orden newtoniano del universo, el mundo era un estadio divino de armonía positivista en cuanto Dios es perfecto y lo dirige con su mano benefactora y poderosa; pero Schopenhauer[16] rompe este misticismo excesivo y nos proporciona la idea fabulosa de que lo real no es razón, sino que es necesariamente lo inverso, *irracionalidad y absurdo*: puesto que lo real no es racional sino que lo racional es nuestro modo de conocer aquello que aparenta ser real. Introduce la idea de la *voluntad* como una entidad superior al mundo externo, sin la cual este no podría existir; es decir, *conciencia*, pues *yo soy, y fuera de mí no hay nada, puesto que el mundo es una representación mía*.[17] Es indiscutible que, desde fuera de la conciencia, del yo, no es posible concebir el mundo y acceder a la verdad, el conocedor no puede estar fuera de *sí mismo* para conocer el mundo exterior, lógico. El conocedor no tiene otra opción que conocer a partir de su voluntad/conciencia, y aun así, no puede conocerse a sí mismo, como lo afirmó Kant.[18] Entonces, el caos original es lógos, es voluntad, es tiempo, es conciencia; es conciencia porque el universo existe sólo a través de la conciencia *quien* tiene la función de transferirlo a la dimensión espaciotemporal para determinarlo y dotarlo de existencia propia.

Como lo dijera Platón, en su Alegoría de la Caverna (siglo VII a. C.), aún estamos prisioneros en la caverna, dando la espalda a la luz, de manera que sólo podemos ver nuestra sombra que se refleja en el muro y que confundimos con la realidad. La tarea de la complejidad consiste en desentrañar lo que hay en esas sombras para explicar la realidad que se oculta en la penumbra. Conocemos únicamente aquello que aparenta ser real, lo que significa que no conocemos aquello auténticamente real tal como es, sino que percibimos una representación engañosa de las cosas; sin embargo, aún ni siquiera esa representación percibimos, lo que vemos es su encubrimiento *del que no se puede decirse que sea ni que no sea* (Schopenhauer).

Esta concepción se había anticipado a la paradoja que trae la Teoría de la Complejidad, que dentro de la realidad persiste la complejidad y el hombre la interpreta desde su complejidad misma; lo que significa que la realidad se enmascara, se oculta y tal vez se nos revela eventualmente a su antojo, tal como

---

[16] Lógicamente el pensamiento antiguo era mucho menos positivista y por tanto incorporaba mayores elementos de complejidad, los sumerios, los griegos, Da Vinci, Fibonacci y Kant, entre otros, suministraron el caldo iniciático. La alquimia como las matemáticas también habían suministrado descubrimientos y paradojas que quedaron abandonadas como meras curiosidades.

[17] En perfecta coherencia Schrödinger diría después: *"El ego es idéntico al todo, y por eso no puede contenerse en él como parte de él"*. Ver la obra "Cuestiones Cuánticas", editada por Kent Wilber. Ed. Kairós. México. 1984. Pg. 139.

[18] Si bien la idea original es kantiana, en ese ámbito es aún demasiado abstracta; Schopenhauer la sitúa en el mundo de los mortales, para explicar el caos al que se enfrentan los hombres en su percepción el mundo.

lo hace la partícula cuántica. También encontramos que la realidad emerge por sí misma, tiene comportamientos inexplicables y actúa ocultamente creando las condiciones naturales a las que queda sometido el hombre; es como si la realidad fuera un ente inteligente dotado de conciencia propia y gran poder. No conocemos la realidad y acceder a ella trae grandes dificultades que, dada nuestra condición humana, no podemos sortear.

Ciertamente el racionalismo y la visión descartiana de la realidad nos presentan una visión ordenada del mundo (orden mecánico) donde cada cosa está en su lugar y es interpretada dentro de parámetros "objetivos" para ser racionalizada y clasificada en un cuerpo teórico que da cuenta "exacta" del mundo y su realidad. Ahora, para Schopenhauer el mundo real, fuera de las cortes y de las casas de los ricos, es un mundo de injusticias y desordenes donde predomina el sufrimiento y el dolor porque los deseos son insatisfechos; por el contrario cuando el deseo es satisfecho, la satisfacción pasa quiméricamente y el hombre entra en un estadio peor que el sufrimiento al encontrarse con el vacío puesto que no sabe qué más desea o porque en realidad no quiere nada, lo que lo lleva a un estado tediosos de aburrimiento. Entonces el mundo se polariza entre el dolor y el tedio, juntos estados absurdos de la voluntad. "De ahí surge un estado de hostilidad universal en el que todos somos verdugos y víctimas; porque todos causamos daño a otros y lo sufrimos de los demás, y porque todos somos una misma voluntad. No obstante, y a pesar de todo el sufrimiento de nuestra existencia, nos aferramos a ella y nos estremecemos ante la perspectiva de una muerte que en todo caso ha de llegar; pues le pertenecemos por el hecho de haber nacido, y ella no hace más que jugar con su presa antes de devorarla."[19] Aunque Schopenhauer nos presenta una visión pesimista y desordenada de la realidad, ésta es la percepción antagónica que cuestiona el universo newtoniano para posicionar al hombre en el centro del discurso. Llegamos inevitablemente a la conclusión de que la conciencia y la realidad no son dos cosas distintas puesto que la realidad es posible en cuanto en su fondo subyace la relación inmanente *onda/partícula,* o lo que es análogo, *conciencia/realidad,* poniendo de manifiesto que ésta, la realidad, es el resultado de una tendencia emergente a través de la relación *orden/desorden* que solamente puede asimilar la conciencia.

Schopenhauer, fundamenta su discurso en el punto central de la complejidad humana: la angustia de vivir; bien se esté satisfecho o no, sin duda el hombre está sometido a su propio existencialismo; tanto al éxtasis de vivir como al vacío que encarna la muerte. *Vacío* y *ser* se develan como otra polarización complejizante, por eso la filosofía se pregunta, "¿por qué el ser y no la nada?" Esta pregunta se contesta desde dos perspectivas: en un enfoque particular, en la búsqueda de una conceptualización de la auténtica autoconciencia[20] la filosofía utiliza la nada para aislar al ser, entonces, el ser (autoconciencia) es la negación del otro, se supone que la verdadera auto-conciencia está en la nada, porque allí no existen posibilidades de influencias ajenas, ni la

---

[19] C. Rosset, Schopenhauer, *Philosophe de L'absurd*, P.U.F., París, 1967, pg. p. 367 [p. 369]. Tomado de la introducción de *El Mundo Como Voluntad y Representación,* traducción, introducción y notas de Pilar López de Santa María.
[20] Conciencia eidética es el contínuum universal; la auto-conciencia es la conciencia personal, subjetiva.

posibilidad de existencia, por lo que estaría en su estado puro; a mi juicio, al sustraerla a un entorno que no le pertenece se cae en una visión *excluyente* del ser, pues el ser existe únicamente en su entorno (donde esta "siendo") y en cuanto es reconocido por el otro. Esta exclusión es reduccionista y no da cuenta de la realidad del ser real, pues, ubicado en la "nada" está depurado al ser desposeído de sus circunstancias y entorno, ya no es el ser. Esta es una visión excesivamente positivista al poner al ser en un laboratorio para diseccionarlo y analizarlo. La segunda perspectiva es universal, traduciendo la pregunta quedaría ¿por qué el ser (material/inmaterial) y no la nada?, pues, la física moderna demostró que el vacío no existe[21] En el capítulo "La complejidad del vacío" encontraremos que el vacío contiene "algo", una dinámica en expansión, como un respiro profundo de la vida donde surgen las partículas cuánticas, ese "algo" ya es el ser que se está originando para "ser" (en el espacio) y su dinámica lo lleva a seguir "siendo" porque no puede estar desposeído tampoco de la dimensión temporal. Adicionalmente, se supone que la lógica no pregunta por su inexistencia, pues ¿la pregunta por qué yo no soy? es una tautología que no tiene solución sino en la respuesta que se deriva de la misma pregunta: yo no soy, porque yo puedo preguntar por qué no soy, entonces, ¡soy![22]

Ahora, para evitar confusiones, un asunto es el *Ser Supremo* (Dios) y otra el *ser* visto como *cosa* o como *ente*. El primero aquí será entendido como la Conciencia Universal o la Conciencia Eidética y aunque está más allá de nuestra comprensión, hay pruebas que existe por las ECM; mientras que la *cosa* son los objetos materiales y el *ente* es aquello inmaterial como un pensamiento, un sueño, la imaginación, los números, o el universo de las ideas.

Quizá el prodigio más grande que engendró la naturaleza fue el hombre; no se sabe si se trata de una obra ingeniosa de la naturaleza, tal como lo ha demostrado con la creación de otras criaturas o si se trata de un desacierto, pues al parecer con esta innovación alcanza su propia destrucción. El hombre cree que ha superado la naturaleza, pero en realidad para imponerse la ha destruido. Aunque a ciegas asiste a su propia decadencia ¡no reacciona!, en los últimos tiempos hemos visto cómo los logros de la ciencia se convierten en dinero para las corporaciones, sin que contribuya al mejoramiento del nivel de vida de la población. La ciencia actual no ha resuelto los problemas medio ambientales que tienen al mundo al borde de la asfixia, por el contrario, la maquinaria a base de petróleo, la ingeniería nuclear, la producción química, los desechos líquidos y gaseosos han contribuido a originar el daño. La ciencia está al servicio exclusivo de la economía para enriquecerla, mientras la mayoría de la población sucumbe en el conflicto y en los miasmas de su pobreza. El poder trabaja para mantenerse, sin ejercer en beneficio de la nación.

En el campo de las ciencias sociales la situación no deja de ser peor, la ignorancia, la descomposición, la criminalidad, la desigualdad, el desempleo, el hambre, la hegemonía política, las restricciones, *las externalidades*, las guerras y las políticas neoliberales han quebrantado los niveles de vida sin que se

---

[21] Ver la entrada "La complejidad del vacío".
[22] Un bucle de complejidades que de intentan resolver, sin encontrar soluciones (porque son paradojas), produce distorsiones de la realidad.

vislumbren señales para que la situación llegue a mejorar. En la esfera política el hombre ha llegado a lo que podemos llamar el *canibalismo social* donde unos viven -*se alimentan*- de los otros, pues los sistemas políticos modernos establecen reglas que lo permiten, es más, no sólo que lo permiten, sino que el poder habitualmente ha hecho de esta práctica un fin.[23] Rodeados de muchos avances tecnológicos, entonces parecemos más sabios, pero en realidad cada vez somos más torpes. Si bien el capitalismo se caracterizó en una fase anterior por la utilización desmedida de mano de obra, hoy ha adquirido otro cariz; el capitalismo hace tiempos que salió de la fábrica para acomodarse en el trono del emperador. Ya no ejerce directamente, ahora se especializó y utiliza la fuerza política para sustentarse. Estamos ante la mayor cabeza jamás alzada por el Leviatán: un capitalismo político (en lo económico), asociado con un estado capitalista (en lo político), extravagante correlación que urde a su antojo la realidad con el fin de favorecer únicamente sus mutuos intereses.[24]

Sin encontrar una salida a través de la ciencia tradicional, los investigadores están buscando nuevas alternativas que proporcionen un escenario diferente. En ese sentido ha emergido una nueva perspectiva llamada *Teoría de la Complejidad y el Caos* y de allí se han derivado algunos trabajos sobre sistemas complejos (teoría de los juegos, sistemas de cooperación, sistemas adaptativos, teoría paisaje de la agregación, complejidad de la cooperación, entre otros), más que todo utilizando sistemas computacionales. Sin embargo, no es mucho lo que se ha logrado, de momento se trata de una posibilidad valiosa que en el futuro dará mejores resultados y que se cuestiona porque la complejidad que despeja depende en primer lugar del computador, luego del algoritmo programado y por último de la complejidad del programador. Ahora, hasta dónde se puede programar el hombre y su conciencia sin intervenir el *yo-sí mismo*, hasta dónde la complejidad humana es un algoritmo, pienso que será una utopía a la que siempre alguien le estará apostando, pero sin llegar a resultados demasiado efectivos, pues en los experimentos de la mecánica cuántica la conciencia demostró independencia de voluntad y anticipación a las condiciones externas que someten a la mente humana.

A través de la historia de la humanidad encontramos una sombría constante: la exclusión del hombre común en todos los campos. Son entendibles las razones por las cuales es excluido de la economía y de la política, pero no hay razones justas para que lo sea de la ciencia; hecho que se consolidó a partir de la caída de Roma. Aunque hasta el renacimiento se comienza a afianzar la ciencia positivista, la caída de Roma marca esa diferencia; pues para el pensamiento antiguo *el hombre es la medida de todas las cosas* y el debate filosófico, que se centraba en el hombre, fue permanente y tenido en gran estima. Pero esta

---

[23] El poder, en cualquier sistema político.

[24] La obtusa injerencia de la economía en la política origina la decadencia: saltamos de una economía de mercado a una economía de la sociedad. En este nuevo mercado, a lo social se le asigna un precio; este valor comercial cosifica y degrada lo social, hasta convertir lo humano y espiritual en simple mercadería, con las siguientes consecuencias: 1) se fragmenta el *contínuum* quebrantando el ideal de que "prima el bien general sobre el bien particular"; 2) la sociedad se degenera, pues los individuos son juzgados por ese precio y no por su condición humana; 3) al aplicar criterios económicos, los sanos postulados de la sociedad y del estado se contaminan y florece la corrupción.

discusión es interrumpida y atrozmente desarticulada cuando Roma entrega el poder a la iglesia para fundar el *Sacro Imperio Romano* (400 d. C.), con esa declinación deja la *episte* en manos de una institución que dice tener la verdad absoluta.

Posesionada de la Verdad, la iglesia del *Sacro Imperio Romano* predica una cosmogonía donde el hombre resulta pecador de origen por lo que todos los hombres heredan el pecado. Sin formula de juicio, el cristianismo condena a los neonatos aún en la inocencia, el hombre es malo desde antes de nacer. Por tanto, el individuo es separado de Dios porque es pecador, de entrada, el individuo es *excluido* del reino de los cielos y reducido a servir y tributar en el reino mundano del soberano quien representa al mismo Dios (Lledó). Esta es una posición injusta, por imputar, aún antes que el individuo haya actuado frente a la sociedad, una acción violenta sobre la que se edifica la política y la justicia para sustentar la dominación económica y monárquica y hoy, también el *clientelismo*. En este contexto, el hombre es definido previamente en las escrituras por lo que se supone que debe observar el decálogo cristiano para que la sociedad sea buena; lo que significa que su existencia no es motivo de investigación, el hombre tiene las reglas creadas, solamente tiene que obedecerlas para cumplir y replicar el paradigma cristiano de un Dios hecho hombre *bueno*; un desacierto sobre el que se construye el positivismo.[25] Dado que su realidad ha sido definida desde antes de nacer, el hombre ya tiene una misión: expoliar su pecado para salvarse, no tiene otra alternativa, ante la disyuntiva de estar abstraído a la mínima expresión, sólo quedan: el poder de una cuna aristocrática o la miseria. En este caldo se cultivó la sociedad del *homo sapiens*, desde el punto de vista estructural, predomina la extracción de clase y desde su cultura (función), el sometimiento para redimir el pecado, la ficticia culpa, el tributo y la exclusión. Es así que la interpretación de la sociedad se levanta a partir de la fe impuesta, por lo que el advenimiento de la razón provocó mucha sangre; no obstante, de todas formas, dio a luz la *ciencia clásica,* que traía trazas de esa fe: la exclusión del hombre. Mientras que la naturaleza es maravillosa en cuanto refleja a Dios, el hombre no lo es porque es un pecador ya declarado; la naturaleza está por descubrirse, mientras que el hombre está autoritariamente definido porque tiene una misión de redención y servidumbre.

Esta interpretación da a las ciencias naturales una ruta abierta a la investigación, que se propaga por la simple razón de que es generadora de riqueza y poder; surgen múltiples empresas para apoyar inventos, expediciones, conquistas y guerras. El avance de las ciencias humanas quedó soslayado de plano al conflicto económico y político, que en la mayoría de los casos fue resuelto por el poder y la iglesia. Sólo cuando se presentaban desavenencias entre éstos o en su interior, surge un *intelectual* para defender tal o cual posición política, con el propósito de asegurarse un poco de poder mediante el favor de su mecenas. Las ciencias humanas se quedaron relegadas frente a la evolución de las ciencias

---

[25] El positivismo como método es plausible y necesario para conocer la realidad, lo inadmisible es el uso que se le ha dado y la forma utilitarista como ha permeado la ciencia y la sociedad

naturales; si bien el hombre ha avanzado en materia tecnológica,[26] el pensamiento político ha sido incapaz de convertir los ideales de igualdad, libertad y paz en hechos reales, ha sido inerme para transformar la realidad porque ésta no depende de la convicción ante lo justo sino de la conveniencia para el interés particular. Como en el medioevo, las ciencias humanas siguen atadas a la cruz del poder político desacreditado por su ignorancia y tozuda inclinación para satisfacer sus exóticos caprichos.

Los avances del siglo pasado son diversos; van desde la computadora hasta el genoma, pero quizá el logro más importante fue una acción colateral del método científico que consistió en involucrar al individuo como una *variable* de la física a partir de la teoría de la relatividad y de la teoría cuántica.[27] Este hecho significa que el gran abismo que separaba las ciencias humanas de las ciencias naturales se comienza a clausurar. Entonces, es evidente que la realidad no tiene sentido sin el individuo, pues él aporta la *conciencia* para producir y percibir la realidad, así como para procesar el conocimiento.

En un gran esfuerzo por entender la teoría cuántica, las ciencias naturales agotaron su límite,[28] el cual no se puede franquear con la racionalidad cartesiana, booheriana, ni con la concepción espacial de la geometría común. El trabajo de Einstein sobre este tema fue la prueba contundente; la racionalidad científica demostró que no posee el método para llegar a la realidad absoluta, pensamos y vivimos de una forma determinista; mientras que la realidad está mucho más allá, oculta tras el diantre de la complejidad; no sólo en otro tiempo ni en otro espacio, sino en otra racionalidad. Por esta razón el pensamiento se ha flexibilizado un poco, en esto están de acuerdo algunos positivistas quienes buscan nuevas alternativas para la construcción metodológica, así como lo manifiesta Piaget en sus investigaciones psicogenéticas: "*No hay lectura pura de la experiencia*. En esto han coincidido otros filósofos de la ciencia que han tomado distancia del empirismo desde posiciones distintas. *Todo observable está cargado de teoría* afirma Rusell Hanson en su libro que ha tenido gran influencia (1965). Y Quine (...) hace una declaración un tanto nostálgica en el mismo sentido: *La noción de observación como la fuente de evidencia objetiva e imparcial para la ciencia está en bancarrota*", [29] se corrobora que ya es evidente para los pensadores de la *episte* que la realidad se nos manifiesta en una dimensión determinada, pero ésta no es sino su mera envoltura, en otra dimensión y racionalidad anida la esencia de las cosas.

Frente a la evidencia de que las partículas subatómicas son impredecibles, Enstein, quien creía que no podía existir caos en la realidad física, no aceptó el

---

[26] No todos los logros tecnológicos deben interpretarse como progreso hacia la autopoiesis, pues la tecnología también ha hecho a los individuos más mundanos y ha contribuido a enaltecer la materialidad y la riqueza en detrimento de la espiritualidad, el medio ambiente y la libertad.

[27] Ninguna de estas teorías es posible sin un observador humano; es decir, sin la *conciencia*.

[28] Para poder enfrentar el caos cuántico, se propone la teoría del caos y en las matemáticas se crean los sistemas dinámicos o estocásticos basados en la estadística.

[29] Citado por García Rolando, "Sistema Complejos: Conceptos, método y fundamentación de la investigación interdisciplinaria" Ed. Gedisa. Barcelona, 2008. Pg. 77.

fenómeno: *hay variables ocultas,* concluyó.[30] Sin embargo, los experimentos fueron indiscutibles: 1) cuando los científicos entraron al protón se encontraron con unas partículas de diferentes colores[31] que aparecían y desaparecían de manera aleatoria, a las que llamaron *quark,* fue imposible medir su velocidad y tamaño, el lugar dónde estaban y el tiempo entre su aparición y ausencia; eran indeterminadas e impredecibles; 2) pero quizá el hallazgo de mayor relevancia es que las partículas cuánticas tienen capacidad *síquica* y *saben* cuándo están experimentando con ellas, lo que indudablemente se traduce en una forma de conciencia; 3) un evento en *A* alteró un evento en *B*, sin que existiera un medio de transferencia de información; entonces, insólitamente telepatía y magia resultaron reales, algo inconcebible, los científicos más avezados estaban sorprendidos frente a *la realidad cuántica*. A partir de este fenómeno se construyó el *principio de incertidumbre*, porque no se puede medir la actividad de las partículas cuánticas. Estos descubrimientos, donde no tiene cabida el racionalismo ni el positivismo, son inexplicables porque pertenecen al dominio exclusivo del azar, fueron los que originaron la idea de una *Teoría del Caos*. Allí no hay certeza, allí el espacio y el tiempo parecen no existir o se pueden fragmentar en infinitas *tendencias neguentrópicas*, son y no son, en esa esfera la materia puede transformarse en energía a su antojo, allí no existe la verdad, lo que predomina es la incertidumbre. Pero, es más, la partícula cuántica parece no existir en sí, lo que manifiesta es una tendencia a existir (*que es y que no es*), originando un estado de incertidumbre.

En ciernes, con el asunto en estos términos y conociendo la agreste trocha que les espera a los pensadores de la complejidad, he escrito este libro desde mi modesta condición ignara; aun así, busco identificar cómo se produce la realidad social con el objeto de procurar aportar algunos resultados básicos (para aproximarme al paso tres, respetando con especial prudencia los pasos anteriores) sin llegar a "deducir cómo podemos controlarla", lo que pone de manifiesto las limitaciones de este libro que solamente presenta un fragmento de ese "todo" impregnado de *complejidad y el caos*. A pesar de estas consideraciones y dentro de sus propias limitaciones, el libro se defiende solo, pues percibo que es superior a lo que he aprendido de él.

Por último, pienso que si el tema de la complejidad no se puede explicar con palabras *simples* es porque aún no se entiende el concepto en su conjunto o porque se ha caído en el común error de confundir la complejidad con la *complicación*.[32] A pesar de las dificultades en que nos pone la ignorancia, intenté escribir este libro con la mayor simplicidad que me fue posible, sin pretensiones literarias y sin agregar un ápice que contribuya a acentuar o mitigar tal o cuál

---

[30] Era una época de pensamiento más rígido, cuando se creía que a la realidad solamente se podía acceder mediante la matemática y positivista.

[31] No se trata en sí de colores cromáticos, son características indefinibles; los científicos cuánticos también han llamado a otras características "sabores". Son propiedades extrañas e ininteligibles para nuestro entendimiento.

[32] La *complicación* hace referencia a aquellos procesos y sistemas engorrosos, confusos, con múltiples variables, pero que, después de incorporarles un mayor trabajo, se pueden definir, controlar, modificar y describir mediante algoritmos lineales; dado que carece de complejidad, en un primer momento, la *complicación* es *simple*. Ver la entrada *La complejidad de lo simple*.

proposición o tesis, pues no es mi propósito llegar a la verdad absoluta porque esa es una finalidad divina que solamente se le ocurre a una mentalidad totalitaria. Ante la utopía del ideal absoluto, mi *intención* consiste en extraer algunas fugitivas verdades ocultas tras el diablillo de la complejidad y desde allí explicar cómo se reproduce la naturaleza a partir de la teoría cuántica y cómo ésta se infiltra en el mundo microscópico para crear la vida y producir la realidad que conocemos.

Aclaración

Antes de comenzar este libro es necesario hacer algunas aclaraciones. Si bien hemos dividido en este estudio la *teoría del caos* y la *teoría de la complejidad*, para prescribir la primera al universo cuántico y la segunda al universo macroscópico, se debe dejar claro que tan escisión no existe porque la complejidad lo abarca todo; es decir, el universo cuántico es complejo y dentro de esa complejidad existe el caos. Además, el autor identifica por lo menos tres fuentes del *caos* completamente diferenciadas, definidas en los siguientes términos:

1. En teoría cuántica se identificó que su rasgo principal es el *principio de incertidumbre*. En realidad, Heisenberg debería haberlo llamado principio caótico, pues a este nivel y por su dinámica infinita e imposible de abordar por ser el verdadero caos, el caos fundamental y creador, que es mucho más amplio que la idea de incertidumbre. A ese nivel el caos constituye la cualidad fundamental del universo cuántico. Dado que el término "incertidumbre" no abarca la idea absolutista del caos, es evidente que le podemos asignar este nombre por tratarse del caos más relevante y primigenio que pueda existir. Es un caos que no lleva al orden, precisamente porque caos y orden son incompatibles. En otras palabras, más allá del principio de incertidumbre, persiste el caos fundamental que no tiene límites y es impredecible. No obstante, advertimos que en sus profundidades subyace un caos determinístico, en el sentido de que la matemática no lineal ha encontrado patrones estadísticos en el comportamiento cuántico. Este fenómeno no es extraño porque se debe entender que la entidad totalizante del caos, también contiene el todo y, por tanto, alberga cierto orden oculto.
2. En el mundo macroscópico del "ser," tenemos el atractor de Lorenz, el cual constituye un sistema dinámico finito que suministra soluciones no periódicas (el agua girando alrededor de un sifón cóncavo, cada vez la órbita es más pequeña), o periódico, porque se repite en un rango dentro de los límites del sistema (un péndulo), Algunos autores preconciben en movimiento infinito (un simple postulado porque nada es infinito en el mundo macroscópico). Este atractor es conocido por la famosa frase que lo define, "el aleteo de una mariposa en Brasil causa una tormenta en China", pues una pequeña variación en las condiciones iniciales del sistema, producen grandes variaciones en los resultados finales del mismo. Téngase en cuenta que en realidad es "finito", es decir, existe una última órbita que lo detiene, o el impulso simplemente se acaba,[33] eso significa que la dinámica del sistema conlleva al orden (una infamia para el caos verdadero, porque lo desnaturaliza); entonces, el artilugio de Lorenz no es verdadero caos, es un simple evento de desorden periódico. Por eso prefiero llamarlo simplemente "*atractor*" para suprimir la alta

---

[33] Pues no existe una energía infinita que lo impulse, la máquina de movimiento perpetuo no existe.

carga, que Lorenz le asigno de "caótico" (de la cual carece). Ahora, nótese que la palabra caos no tiene antónimo, es única porque es primigenia; el caos tiene definiciones superiores y más antiguas a la que juzga Lorenz; sin duda Lorenz le dio este adjetivo para agrandar su hallazgo ante la comunidad científica (que espera ver en todo un orden perfecto) y crear impacto, pero eso no significa que el atractor sea caótico. Lo anterior, suministra las claras diferencia entre uno y otro. Entonces, nuestro postulado de una *teoría del caos* en la teoría cuántica en realidad no tiene nada que ver con el atractor de Lorenz, que, además, termina en reposo y es predecible si se aplica la matemática correcta, se deduce claramente que no hay tal caos.

3. En el ámbito de la astronomía tenemos otro objeto caótico con diferentes propiedades, los agujeros negros (una plaga de monstruos). Hawking los estudia en su libro "Historia del Tiempo"; un agujero negro constituye una acumulación de masa muy grande, tan grande que su peso la reduce hasta el tamaño de un grano de arroz, este objeto minúsculo, pero de gran peso se llama *"singularidad"* y dada su alta densidad tiene un poder de atracción (atractor) desmesurado, lo que caiga allí es desatado atómicamente (caos), al punto que absorbe la luz y todo objeto o energía que pase por su alrededor (órbita). Hay una órbita donde la absorción tiene su límite, la que se denomina "frontera del caos"; antes de la frontera del caos nada es susceptible de ser absorbido. Es también un objeto parecido al sifón del atractor de Lorenz, en cuanto un objeto que se aproxime a la frontera del caos comenzará a girar a su alrededor, tal como giran los objetos celestes alrededor del agujero negro que gobierna en el centro de nuestra galaxia. Aunque tiene "límite", este atractor no se detiene, el efecto de su atractor se fragmenta en un influjo imperceptible; en la tierra no sentimos el atractor, pero toda la galaxia gira a su alrededor por el ímpetu de su fuerza centrípeta. A mi juicio, el agujero negro, es más un sistema de reciclaje de la materia, porque en la dinámica de su existencia arroja largos chorros de gas y partículas descompuestas que vuelven al entorno de donde absorbió la materia y energía (y la información) que lo alimentan; estas partículas y gases, por un proceso de acreción, vuelven a conformar la materia y la energía que luego se convertirá en los diferentes cuerpos celestes que vagan por el universo, tanto materia y energía oscura, como materia y energía concreta y toda la información que producen. Una teoría del caos completa no puede soslayar esta *monstruosidad* tan excepcional que reviste la mayor importancia en el estudio de la astronomía. El agujero negro también es la máxima representación del caos porque sin duda su absorción lleva de regreso la materia al universo cuántico.

4. La *teoría de la complejidad y el caos* no es aún una teoría porque no se ha definido el concepto de *complejidad* de manera satisfactoria, ni se han clasificado las variables y componentes que requiere su estudio (en este libro se presenta una definición); que la teoría de la complejidad se enuncia y entiende como una sola y relacionada con los fenómenos del

universo macroscópico, pero eso no quiere decir que no sea posible revisar cómo funciona en otras esferas; en otras palabras, adaptarla al universo cuántico o a los fenómenos de la astronomía (donde la materia y la energía tienen otro comportamiento), pues, la consistencia de una teoría está precisamente en su universalidad.

5. Existen algunos autores que consideran que la teoría del caos de Lorenz, es una verdadera teoría del caos y que, por tanto, es diferente a la teoría de la complejidad, porque la primera no es *adaptativa*, mientras que la segunda si lo es. Al respecto diré que ésta no es una *razón suficiente* para hacer tal divisoria, por las siguientes razones: primero, la teoría de la complejidad implica el universo totalizante (fenómeno y noúmeno); mientras que la teoría del caos de Lorenz, involucra un segmento apenas insignificante de esa totalidad, eso significa que la teoría del caos de Lorenz, forma parte (es un elemento) de la teoría de la complejidad, porque ésta es mucho más profunda y la absorbe. Por ejemplo, en el sistema complejo del clima, los tornados (atractores) son solo un factor de la complejidad atmosférica. Se deduce entonces que existe solo la *teoría de la complejidad*. Segundo, el atractor de Lorenz tiene una órbita limitada que cubre solo una parte de la realidad en que influye y finalmente, termina por detenerse. Mientras que el caos verdadero es totalizante, es un fenómeno absoluto e infinito, tal como se presenta en la teoría cuántica y en los agujeros negros, son verdaderas *monstruosidades*.

De la Teoría Cuántica a la Teoría del Caos

- ¡Vale! - dijo el gato, y esta vez se desvaneció
muy paulatinamente, empezando por la punta de la cola
y terminando por la sonrisa, que permaneció flotando
en el aire aun un rato después de haber desaparecido todo el resto.
Lewis Carrol
de "Alicia en el País de las Maravillas"

Como resultado de los múltiples y diversos experimentos realizados en la mecánica cuántica, se observó que la partícula cuántica tiene una alta diversidad de comportamientos complejos, contrarios a la física de Newton y, por ende, al mundo cotidiano que conocemos. A continuación y luego de presentar una breve cronología de los descubrimientos más importantes de la física, haremos referencia a aquellos experimentos e interpretaciones que condujeron a algunos de los más prominentes científicos cuánticos a reconocer en el fondo de la materia una *psiquis* primigenia que podría dar lugar a la *conciencia*,[34] lo que terminó por dividir a los físicos en: quienes aceptan los resultados de los experimentos (porque son físicos analíticos que trabajan con experimentos) y quienes no los aceptan (porque son físicos operativos que trabajan con matemáticos), estas diferencias también se producen dependiendo de la interpretación que cada uno adopte.[35]

Dado que la conciencia no es un factor computable, es imposible obtener una prueba matemática que dé cuenta de la presencia de esa *psiquis*, por lo que la aceptación o no de ésta, queda reducida a la mera *interpretación* de los experimentos. Aunque los resultados de los experimentos hablan por sí mismos, apuntando a la manifestación de dicha *psiquis,* una corriente de físicos no ha querido aceptar su existencia, pero tampoco presentan argumentos sólidos o pruebas empíricas que contradigan contundentemente los experimentos que prueban la inevitable manifestación de la conciencia en el subfondo de la materia. En su libro "SOBRE EL TIEMPO", el Dr. Paul Davies cita un experimento de Scully donde el comportamiento de las partículas y su capacidad para "saber" su situación en el experimento es tan sorprendente, que las llama "fotones psíquicos", el cual presentamos más adelante.

Ante la falta de argumentos científicamente válidos para eliminar los resultados de los experimentos que aquí presentaremos, en las conclusiones de este capítulo, me he visto obligado a redefinir la idea de una conciencia vinculada al cerebro; para aludir a la presencia de una *conciencia primigenia* que anida en la partícula fundamental y desde allí, a partir de su comportamiento extraordinario, proponer dos ideas fundamentales: la *finalidad de existencia* y la *voluntad de poder* como fenómenos que trascienden la actividad cuántica para

---

[34] La *Conciencia* adquiere la connotación de categoría científica; pues surge como resultado de diversos experimentos de la teoría cuántica, por lo que no es ideología ni simple metafísica. La *conciencia* forma parte de la teoría cuántica.
[35] Hay diversas interpretaciones, algunas son: de Copenhague, de Bohm, de von Neumann, mecánica estocástica, estadística, de los universos múltiples, lógica cuántica, transaccional, mecánica cuántica relacional y teorías de colapso objetivo.

luego extrapolar sus características al mundo macroscópico, explicar los fenómenos complejos que conocemos y los comportamientos que caracterizan la realidad del mundo natural.[36] Pero antes de entrar en materia recordemos la travesía que venía haciendo la física antes de llegar al teoría cuántica.

Desarrollos de la física

En el siglo VI antes de Cristo, Leucipo y Demócrito introdujeron el concepto de átomo afirmando que todo ser u objeto está compuesto de partículas indivisibles, las cuales presentan una relación dual ya que los corpúsculos y el vacío desprovisto de materia se juntan para crear una misma realidad.[37] Y que "...los mundos, en número ilimitado y habitando el vacío ilimitado, se han formado a partir de un número ilimitado de átomos".[38]

En contraposición al concepto de átomo, que no se había podido verificar experimentalmente, Aristóteles afirma que los seres y las cosas están conformados por cuatro elementos: agua, aire, tierra y fuego. En principio Aristóteles por razones místicas plantea una tierra plana y estacionaria como centro del universo[39]; sin embargo, ya sabía que la tierra era redonda porque en los eclipses observó que la sombra de la tierra se proyectaba redondeada sobre la luna. Posteriormente, y partiendo de esta concepción, Ptolomeo concluyó que la tierra estaba en el centro rodeada de ocho esferas donde orbitaban la luna, el sol y los planetas conocidos. Este modelo fue avalado por la iglesia, pues consideraba que había espacio suficiente debajo y encima del modelo para dar cabida al cielo y al infierno.

En el 499 a. C. Anaxágoras, maestro de Pericles, afirmó que el sustrato del universo es el *nous* manifiesto en la inteligencia; una mente infinita que rige todo lo que fue, lo que es y lo que será.[40] Dijo también que los cambios en la materia son dados por la agregación y desagregación de elementos y fue el primero en señalar que nuestros sentidos no son confiables, y por tanto, no podrán alcanzar el conocimiento de la verdad. Para la misma época Protágoras pone al hombre en el centro del discurso manifestando que "el hombre es la medida de todas las cosas: de las existentes que son y de las inexistentes que no son".

---

[36] La *finalidad de existencia* y *la voluntad de poder* nos parecen elementales y obvios (ante lo evidente somos invidentes), pero juegan un papel protagónico en la acción de los sistemas adaptativos y en la formación de la vida. Es importante señalar que en complejidad la "voluntad de poder" no tiene la misma connotación que le dio Nietzsche y cuyo ímpetu de dominio conllevó al totalitarismo nazi; en esta obra la "voluntad de poder" es una característica básica de la naturaleza, es su capacidad para reproducirse mediante la autopoiesis y emerger hacia nuevos sistemas, es la energía que tiene la naturaleza para transformarse y dominar las amenazas que la ponen en peligro. Es la fuerza universal de la naturaleza para extenderse y crear la realidad.

[37] Definición muy acertada para la época, pues hoy se sabe que las partículas subatómicas se presentan en dos formas como corpúsculo o como onda, o en su híbrido y está comprobado que el vacío del átomo es el 99,9%.

[38] Citado por Bernard Pullman en "El Átomo en la Historia del Pensamiento Humano". Fayard, 1995. Coherente con la idea hoy aceptada de los universos múltiples.

[39] Su libro "De Los Cielos"

[40] Increíblemente coherente con las conclusiones a las que están llegando los físicos actualmente: que el universo es una conciencia, un complejo *software*, una inteligencia perfectamente interconectada en todas sus partes.

Posteriormente, Empédocles demuestra empíricamente la existencia del aire, al cual agregó el agua, el fuego y la tierra para predicar que la infinita creación terrestre y celeste estaba hecha de esos cuatro elementos. También y anteponiéndose a Darwin, afirmó que anteriormente había existido mayor cantidad y variedad de animales los cuales "debieron haber sido incapaces de generar y continuar su especie, porque en el caso de todas las especies existente, la inteligencia, el valor o la rapidez las ha protegido y preservado desde los inicios de su existencia".

En el Siglo IV a. C. los pitagóricos creyeron que los principios de las matemáticas eran los principios de todas las cosas, que las cosas existentes son números, es decir, los elementos de los números son los elementos de todos los seres existentes y la totalidad del universo es armonía y número, el número era símbolo de la razón suprema, asociada al concepto de Dios, inteligente e increado, supremo paradigma del Bien y la Belleza. Luego Galileo sostuvo que el universo está escrito en clave matemática. Pero hoy sabemos que la matemática humana no puede incluir todas las variables, ni trabajar con los infinitos universales, por lo que es insuficiente para explicar el universo.

En el 310 a. C. Aristarco de Samos propuso que el sol, y no la tierra como se creía hasta el momento, es el centro del universo y que no solo la tierra, sino que Venus y Mercurio giran alrededor de este igual que Júpiter, Marte y los demás planetas.

Para la misma época y como antítesis a la concepción de potencialidad, Aristóteles propone la idea de *entelequia* como el estado opuesto a la *energeia*; ésta es entendida como una facultad o propiedad de las cosas que consiste en realizar de manera innata un trabajo activo hacia la consecución de un fin, intrínseco a la misma cosa. Pero la cosa es también ese fin, ese estado en que la entidad ha realizado todas sus potencialidades y, por tanto, ha alcanzado la perfección. Esta idea fue importante para desarrollar el concepto de alma. Es conocido el amplio espectro de aportes realizado por Aristóteles en casi todas las disciplinas de la ciencia, fundó la lógica, la física, la metafísica, la ética, la biología, la retórica, la economía, la política, entre otras.

A mediados del siglo III a. C., en un solsticio de verano, utilizando dos varas y la sombra que éstas proyectaban, Eratóstenes, aplicando una geometría sencilla y el teorema de Euclides, fue capaz de medir la circunferencia de la tierra con gran exactitud.

Luego de este despertar de la sabiduría, que todavía ilumina con sus poderosos reflejos el pensamiento de la humanidad, con la caída de Roma, la iglesia católica asume el poder político sobre algunos pueblos europeos. La Santa Iglesia impone una doctrina donde el universo y el hombre están definidos de antemano, por lo que no necesita de la ciencia y prohíbe la lectura de los libros que no sean aprobados por las autoridades eclesiásticas. Se entierra de esta manera el pasado intelectual griego, porque los antiguos manuscritos y documentos griegos son quemados en la "hoguera de las vanidades", lo mismo que las obras de aquellos pensadores con ideas contrarias al dogma católico. Así, el mundo y la humanidad entraron en la más terrorífica de todas las culturas, el oscurantismo: la vida cotidiana estaba acuñada por la miseria y el miedo, por la impiedad del clero, la indiferencia de sus verdugos y por los alaridos en las cámaras de tortura; en aquel período de evangelización, el Santo Oficio de la

Inquisición, para la gloria de Dios y en horripilante espectáculo público, quemaría cuerpos vivos acusados inocentemente de herejía; esta época santa, fue marcada por las llamas de la hoguera, por el envenenamiento, por la hambruna, por la injusticia, por la vanidad del poder y por la corrupción interna del papado político y en general, por el control y dominio más nefasto que se haya adoptado para dominar y monopolizar el poder. En su lujosa calesa y como un psicópata asesino, el caos hilarante corría por las calles y caminos dejando un rastro siniestro de sangre a lo ancho de Europa; estas "virtudes" y sus doloras consecuencias, constituyeron la naturaleza lóbrega del inquisidor oscurantismo desplegado por la regencia de la Santa Iglesia Católica.

Pero como afortunadamente no todo es para siempre, Lutero y Calvino contribuyeron notablemente a desmitificar esa horripilante tortura y fúnebre carnicería; entonces, a partir del patronazgo de hombres influyentes comienza el surgimiento de las ciudades y el patrocinio de artistas y humanistas, con lo que se llega al renacimiento el cual se manifiesta a través de una gran transformación de los valores culturales que convirtió las artes y las ciencias en el centro del discurso; retomando la antigua concepción griega el hombre regresa como visión central del mundo, volviendo a ser el protagonista, lo que conlleva a la emergencia de un cúmulo de estrellas que proyectan sobre el naciente humanismo la luz del conocimiento. En el siglo de las luces, el orden surge del caos, la vida vuelve a emerger y el mundo se ilumina de resplandores, de ideas, de sentimientos, de innovaciones y de transformaciones profundas que originaron nuevos paradigmas prometiendo a la humanidad nuevas posibilidades.

En 1514, Nicolás Copérnico propuso un modelo donde el sol estaba en el centro y la tierra y los planetas se movían alrededor. Como era un anónimo la idea no se tomó en serio hasta que Kepler y Galileo apoyaron públicamente las ideas de Copérnico. En 1609, Galileo elaboró un telescopio y observó que las lunas de Júpiter se movían a su alrededor y por su parte Kepler demostró que las orbitas eran elípticas.

En 1687 Newton, quien pasó la mayor parte de su vida buscando un código en la Biblia para dar una respuesta a los misterios de la creación universal, publica su *Principia Matemática* donde proporciona una explicación matemática de cómo se mueven los cuerpos en el espacio y en el tiempo, una teoría mecánica del universo.[41] En su estudio postuló una ley de la gravitación universal donde demuestra que dos cuerpos se atraen según el producto de sus masas, lo que explicaba la caída de los objetos, la gravedad. La segunda ley sostiene que la aceleración de un cuerpo cambiará a un ritmo proporcional a la fuerza. Esta ley *"establece que la atracción gravitatoria producida por un cuerpo a cierta distancia es exactamente la cuarta parte de la que produciría una estrella similar a la mitad de la distancia"*.[42] Igualmente, propuso la teoría corpuscular e hizo aportes a las leyes de la dinámica, consagrándose como el más importante científico de la ciencia clásica, hasta el punto de llegarse a creer y

---

[41] En su "Fhilosophie Naturalis Principia Matemática"
[42] Ibidem. P. 35.

aceptar que el universo todo era a una maquinaria armónica y organizada que obedecía a leyes invariantes, lo que permitía la predicción de ciertos eventos. Sobre la mecánica de Newton se apoyaría la física hasta la llegada de la teoría cuántica.

En 1865, James Maxwell estableció que, sin importar la fuente, tanto las ondas de radio como las luminosas deberían de viajar a una velocidad fija determinada, por esta razón la luz se convirtió en magnitud de medida del tiempo, y calculó la velocidad de la onda electromagnética. Para tener un punto de referencia y verificar el desplazamiento ondulatorio se propuso que el espacio vacío estaba *lleno* de una sustancia llamada éter.

En 1869, el ruso Dimitri Mendeleiev ordenó los elementos químicos según su peso atómico. El resultado fue asombroso, los elementos se acomodaron según sus propiedades químicas alineándose en grupos de a siete. Aquello que se esperaba que estuviera desordenado apareció extrañamente prescrito por el orden oculto de la misma naturaleza.

En el año 1900, Max Planck deduce la ley de los principios fundamentales de la termodinámica, para lo cual partió de dos suposiciones: 1) la teoría de L. Boltzmann, según la cual el segundo principio de la termodinámica tiene carácter estadístico, y 2) que el cuerpo negro absorbe la energía electromagnética en cantidades indivisibles elementales, a las que dio el nombre de quanta (*cuántos*). El valor de dichos cuantos debía ser igual a la frecuencia de las ondas multiplicada por una constante universal, la llamada constante de Planck. Este descubrimiento le permitió, además, deducir los valores de constantes como la de Boltzmann y el número de Avogadro. Por este trabajo recibió el premio Nóbel de física en 1918.[43]

En 1905, Einstein, un desconocido, señaló que la idea del éter era innecesaria si se abandonaba la idea del tiempo absoluto. Einstein estableció que $E=mc^2$, de donde se desprende que, debido a la equivalencia entre E y m, la energía que un objeto adquiere debido a su movimiento incrementará la masa, pues ésta se adiciona a la masa original. Por tanto, un objeto no puede alcanzar la velocidad de la luz puesto que su masa se incrementará hasta hacerse infinita y la energía se agotará cada vez más. Einstein demuestra que el espacio y el tiempo son relativos en lugar de absolutos, y formula las leyes de la física de la relatividad especial. Einstein demuestra que las ondas electromagnéticas se comportan en algunas circunstancias como partículas, iniciando de este modo el concepto de dualidad onda/partícula que subyace en la mecánica cuántica.

En 1929 Edwin Hubble observó que las galaxias se alejaban de la tierra. Este movimiento de expansión hizo suponer que en una etapa anterior (tiempo) la materia del universo estuvo junta (espacio). Allí se abrió la puerta a la ciencia moderna. Para la misma época, diversos científicos entraban cada vez más a las profundidades del átomo.

Los últimos logros de la ciencia actual describen el universo a través de la teoría cuántica y la teoría de la relatividad. "Desafortunadamente, sin embargo, se sabe que estas dos teorías son inconsistentes entre sí: ambas no pueden ser

---

[43] http://www.geocities.com/acarvajaltt/biografias/max_plank.htm.

correctas a la vez. Uno de los mayores esfuerzos de la física actual (...), es la búsqueda de una nueva teoría que incorpore las dos anteriores: una teoría cuántica de la gravedad. Aún no se dispone de tal teoría, y para ello todavía puede quedar un largo camino por recorrer...".[44]

En cuanto a la teoría del cosmos "El universo se expande entre un cinco y un diez por cada cien mil millones de años" (ibidem, p. 72), pero la materia oscura más la materia física no alcanzan a detener la expansión. No se pude ver ni medir la energía y la materia oscura, pero se sabe que el universo está conformado por: el 24% de materia oscura, el 72% de energía oscura y solamente el 4% materia física. En ese punto se encuentra el estado del arte, en macro cosmología. Sólo conocemos una insignificante fracción de ese 4%.

Hasta entonces se creía que todas las formas de energía, entre ellas la luz, existían en cantidades tan pequeñas como uno quisiera imaginar. Lo que Planck sugería ahora era lo contrario, que la energía, al igual que la materia, existía exclusivamente en la forma de partículas de tamaño discreto y que no podían existir porciones de energía más pequeñas que lo que él llamó "cuántos". Los cuantos eran, por consiguiente, "paquetes" de energía, lo mismo que los átomos y las moléculas eran "paquetes" de materia.[45]

En 1963 Murray Gell-Mann descubre los *quarks* en el interior del protón, encontrando que sus cargas eléctricas son fraccionarias ($\pm 1/3$, $\pm 2/3$),[46] en relación a la carga del protón que es de +1 o del neutrón que es de cero (0). Es decir, redescubre los *cuántos* de Plank.

Fundamentándose en los resultados de los experimentos cuánticos y en la presencia de una voluntad o partícula psíquica que demuestra voluntad propia, surge la idea de que la conciencia es cuántica.[47] Las matemáticas pueden explicar lo físico y otorguémosle la posibilidad de explicar algo de lo inmaterial -que es más una abstracción-, para lo que se ven obligadas a incluir diversas constantes e infinitos en sus fórmulas;[48] pero, definitivamente están imposibilitadas para explicar la vida, la conciencia y el pensamiento. En esto consiste *el emerger de la ortodoxia,* en aceptar que la vida *no es número*, como dijo Pitágoras, posiblemente lo son las cosas, pero no la vida; obstinarse en que *Todo es número,* especialmente la vida, es ya una idea de la Edad Oscura del pensamiento. Salir de la ortodoxia significa aceptar que la gramática matemática tiene un límite y que este límite no puede interrogar al hombre en su extensión síquica, espiritual y de la conciencia.

En 1999 en la ciudad montañosa de Flagstaff, se realizó el *"Quantum Mind",* y luego, en el año 2003 tuvo lugar en Tucson, Arizona, otro congreso semejante en un intento de la comunidad científica por aclarar dudas sobre la

---

[44] Stephen w. Hawking, en "Historia del Tiempo" ed. Critica. Barcelona, 1999. pg. 30.
[45] http://www.portalplanetasedna.com.ar/ideas11.htm
[46] Esta relación es una propiedad definitiva y condición sine qua non para la formación de los fractales. Ver la entrada *Fractales Geométricos*.
[47] En este libro sostenemos lo opuesto: que la partícula cuántica tiene conciencia, que es diferente. Pues la conciencia es anterior a la partícula.
[48] Dado que el infinito es caótico, es inadmisible en el pensamiento lineal por lo que está proscrito en la ciencia positivista. Toda vez que la esencia de la complejidad comprende lo desconocido e indeterminado, el pensamiento complejo tiene que trabajar con lo infinito.

comprensión de la conciencia a partir de la teoría cuántica. Es importante mencionar la asistencia de Roger Penrose, físico y Karl Pribram, neurólogo de la universidad de Stanford.[49]

Pribram sostiene que "nuestro cerebro construye matemáticamente la realidad interpretando frecuencias que vienen de otra dimensión, dominio de realidad significante, primariamente arquetípica, que transciende el tiempo y el espacio. El cerebro es un holograma interpretando un universo holográfico", a lo que debemos agregar que el concepto moderno de holograma está fundado en la presencia del todo en la parte; en otras palabras, se puede percibir el todo a través de una de las partes; lo que concuerda con nuestro concepto de que el todo está en uno y viceversa; pues "la imagen no está localizada sino dispersa en el sistema nervioso", (ibidem). *El todo en la parte* y la parte como elemento igual al todo son una propiedad esencial de los fractales; el cerebro puede actuar como el centro del fractal absoluto de la realidad, pues no sólo pasa por éste lo que ve o pertenece a la realidad inmediata, si no también lo que supone, lo que imagina, las hipótesis que elabora, por esta vía, el *todo* entra a formar parte de la realidad objetiva. Sin embargo, la mente[50] tiene que estar conectada con la conciencia, lo que produce la Qualia,[51] por tanto, proponemos que es la Qualia la que hace real la realidad y a través de ésta ópera el fractal del absoluto. En este capítulo profundizamos este tema mediante la concepción del *colapso de la función de onda*.[52]

Principio de incertidumbre

Newton suponía que el universo estaba subsumido en un orden objetivo que permitiría determinar el estado del sistema solar en cualquier momento; esta concepción se convirtió en un dogma indiscutible para la ciencia de la época cobrando tanta verdad, que Laplace creía en la existencia de leyes similares aplicables a todos los fenómenos de la naturaleza, incluso a las diversas manifestaciones del comportamiento humano. La sociedad y la ciencia dormían tranquilas sobre el diván de la verdad pues no existía la incertidumbre ya que el mundo humano y el universo eran objeto del determinismo. Pero esta realidad "colapsaría" con los descubrimientos de la teoría cuántica.

Hawking sostiene en su "Historia del Tiempo" que los británicos lord Rayleigh y sir James Jeans sugirieron que un cuerpo caliente como una estrella debería irradiar energía a un ritmo infinito. En contraposición a esta propuesta

---

[49] Y entre otros a los siguientes investigadores y científicos: Paul Benioff, Henry Stapp, Guenter Mahler, Mae Wan Ho, Paavo Pylkkanen, Harald Walach, Jiri Wackerman, Jack Tuszynski, Dick Bierman, Koichiro Matsuno, Stuart Hameroff, Nancy Woolf, Scott Hagan, Paola Zizzi, Alexander Wendt, Jeffrey Satinover, Roeland van Wijk, Guenter Albrecht-Buehler, Ken Augustyn, Sisir Roy, Menas Kafatos, Hartmann Roemer, E. Roy John, Gerald Pollack y Carlo Trugenberger.

[50] El producto cognitivo de los procesos realizados por el cerebro. El poder del cerebro para procesar información y facultad de comprensión de dicha información. El cerebro es sólo estructura, la mente es función.

[51] Interacción *mente/conciencia/sentimientos*. Incluimos los sentimientos, aunque éstos provienen y forman parte del *soma* y de su interacción con la conciencia. Ver pg. 153.

[52] Colapso: un término muy usado en este libro; significa que algo indeterminado es materializado con la sola mirada (plano cuántico), o con la precepción, apropiación plano individual) o aceptación (plano social).

extravagante, en 1900, Max Plank propuso "que la luz, los rayos X y otros tipos de ondas no podían ser emitidos en cantidades arbitrarias, de tal forma que para frecuencias suficientemente altas de emisión de un único *cuanto* requeriría más energía de la que se podía obtener. Así la radiación de altas frecuencias se reduciría, y el ritmo con el que el cuerpo perdería energía sería, por lo tanto, finito."[53]

Posteriormente, Werner Heisenberg formuló el principio de incertidumbre consistente en que, para poder predecir la posición y la velocidad futuras de una partícula cuántica, hay que ser capaz de medir con precisión su posición y velocidad (en tiempo real) de dicha partícula. No obstante, al hacer la medición se encontró que al intentar medir con mayor precisión la posición, con menor exactitud se podría medir la velocidad, y viceversa. "Heisenberg demostró que la incertidumbre en la posición de la partícula, multiplicada por la incertidumbre en su velocidad y por la masa de la partícula, nunca puede ser más pequeña que una cierta cantidad, que se conoce como constante de Plank. Además, este límite no depende de la forma en que uno trate de medir la posición o la velocidad de la partícula, o del tipo de partícula: el principio de incertidumbre de Heisenberg es una propiedad fundamental, ineludible, del mundo."[54] Una propiedad *ineludible* de la realidad; es decir, no hay determinismo absoluto, no existe la certeza completa, la condición de una variable, que depende, o esta enlazada con otra,[55] es posible medirla en cuanto la otra está sumida en la incertidumbre, lo que le incorpora un alto grado de incertidumbre a la primera medición. Por tanto, resulta evidente que ¡no hay verdades absolutas!, la incertidumbre se impone en la evolución de la realidad.

Entre 1926 y 1927, Heisenberg, Shrödinger y Dirac formularon la mecánica cuántica a partir del principio de incertidumbre, el cual sostiene en que "las partículas ya no poseen posiciones definidas por separado, pues éstas no podrían ser observadas. En vez de ello, las partículas tienen un estado cuántico, que es una combinación de posición y velocidad", ésta es quizá la mejor definición que conozco de lo que es un estado cuántico; nótese que, al unificar *posición* y *velocidad*, estamos uniendo para siempre *espacio* y *tiempo* junto con la cosa o fenómeno. Bueno, no *unimos* estas variables, naturalmente están unidas en una sola cosa, tal como un fenómeno único e integrado que se "organiza" solamente cuando lo observamos. Extrañamente, en realidad la partícula no existe antes de ser observada, ni su velocidad ni su posición existen, por tanto, tiene que preexistir en un universo *caótico*, puesto que no sabemos cómo es. Entonces, partícula, onda, velocidad y posición, espacio y tiempo constituyen una sola cosa, un intangible ente universal expresado en su *estado cuántico* que solamente es posible en cuanto es observado, antes no. Si no existe antes, entonces ¿lo creamos en cuanto lo observamos?, y si pertenece a un universo caótico ¿la observación lo organiza?, es imposible contener la tentación de suponer que la conciencia juega allí un papel vital en la definición del estado cuántico y de la organización del universo, es más ni siquiera una suposición sino que el hecho es evidente; pues,

---

[53] *Hawking Stephen W.*, en "Historia del Tiempo" ed. Critica. Barcelona, 1995. Pg. 82
[54] Ibidem. Pag. 83.
[55] Para los efectos de este libro, un *campo de fuerza* en el ámbito social, como se verá más adelante.

como lo sostienen los padres de la mecánica cuántica, sólo la observación hace posible tal situación (como lo veremos a continuación). Inevitablemente tenemos que comenzar a conjeturar que ¡la conciencia organiza el universo!

Dualidad cuántica

Ya vimos como el estado cuántico tiene la condición de ser en sí una conjunción única entre posición y velocidad;[56] a continuación veremos otra configuración de esa *dualidad*. El experimento de *la doble rendija* es quizá el más citado porque mediante este se identificó la importancia de la *observación* en la dualidad cuántica. En primer lugar, presentamos dos ejemplos del mundo macroscópico (uno con arena y el otro con agua) que obedecen a la ciencia clásica y al razonamiento común; posteriormente, presentamos el experimento con partículas cuánticas.

Experimento con granos de arena

Caso 1. Supongamos que disparamos una serie de granos de arena (no son partículas cuánticas) por una rendija rectangular vertical, y que disponemos una pantalla posterior que recibe los granos. La huella que dejan en la pantalla los granos que han atravesado la rendija tendrá la misma forma de la rendija que fue atravesada por los

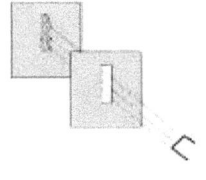

Caso 2. Ahora, si utilizamos dos rendijas los granos que atraviesan la rendija formarán en la pantalla dos huellas independientes iguales a las dos rendijas que atravesaron previamente.

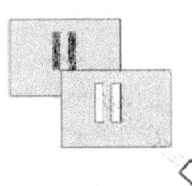

Experimento con agua

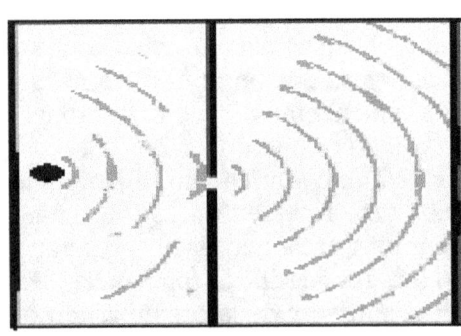

Caso 3. Cuando las ondas de agua atraviesan una pantalla donde se ha perforado una rendija, deja una estela semejante a la que dejaron las partículas en el primer caso; es decir, se crea una onda pequeña, de acuerdo al tamaño de la rendija atravesada.

---

[56] Tal como lo sustentamos en el exordio, esta dualidad (onda/partícula, posición/velocidad, espacio/tiempo, ser/nada, entre otras) no está conformada por partes independientes, sino que éstas existen configurando la unidad. Por tanto, estamos hablando de la complejidad de lo más simple y elemental, y no de la "dualidad". El estado cuántico es una trivialidad que jamás podrá escindir la navaja de Occam.

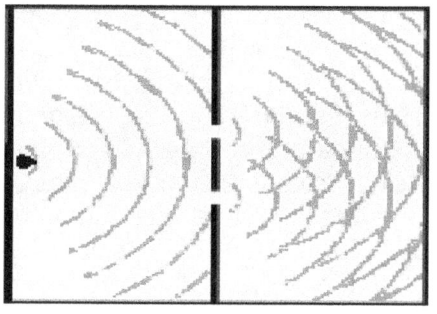

Caso 4. Si en lugar de una, utilizamos dos rendijas, las ondas de agua chocan contra las dos rendijas formando un patrón de interferencia que se manifiesta en una serie de bandas paralelas de intensidad decreciente, éstas se producen porque las ondas interfieren unas con otras y dan lugar a anulaciones y refuerzos de la onda.

Experimento con partículas cuánticas

Hemos hecho el experimento con arena y agua, recordemos que estos elementos no son cuánticos, por lo que hasta el momento no hay nada sorprendente. Ahora lo vamos a hacer con partículas cuánticas y veremos cómo la naturaleza cuántica es capaz de retar y poner en entredicho la lógica común. Originalmente este experimento fue realizado con fotones (luz), sin embargo, con electrones (materia) el resultado es el mismo, porque las partículas se comportan igual que la luz.

Caso 5. Cuando los electrones atraviesan una sola rendija se reproduce el patrón surgido con la arena del caso 1, y análogo al caso 3. de las ondas de agua que pasan por una rendija.

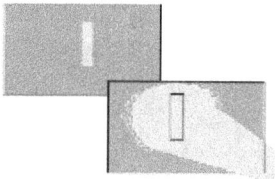

Caso 6. Si en lugar de una rendija la pantalla tiene dos rendijas, es lógico esperar obtener el mismo patrón que dejan las partículas de arena del caso 2. Pero no, extrañamente se obtiene un patrón de difracción similar al que se obtuvo con las ondas de agua en el caso 4; es decir, las partículas cuánticas se comportan como ondas de agua, ¿cómo es posible que los electrones (materia) actúen como ondas e interfieran entre sí?

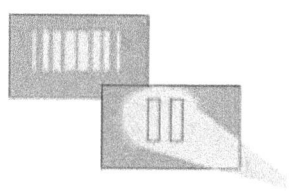

Las consecuencias de este experimento demostraron que la partícula cuántica se comporta igual que una onda de agua, algo genial. Pero el asunto verdaderamente extraordinario surge con el resultado siguiente: para evitar que se presentara la interferencia los experimentadores decidieron lanzar partículas individuales, una por una, para verificar cuál era el resultado en la pantalla y el resultado fue el mismo del caso 6; es decir, aun separadas, las partículas cuánticas se comportan como ondas creando interferencia entre sí mismas; es más, si las partículas se lanzan cada una con cien años de diferencia, se produce la misma interferencia del caso 6.

Pero los científicos querían saber cómo las partículas se organizaban, cómo entraban a la ranura y se combinaban para formar la interferencia; con este fin, decidieron poner un detector en cada ranura para determinar por cuál rendija entraba la partícula. El resultado fue sorprendente: ¡cuando son observadas las partículas actúan como granos de arena (corpúsculos) logrando el resultado del caso 2; cuando no son observadas las partículas se comportan como en el caso 6, actuando como ondas![57] "Así pues, ¡cada electrón debe pasar a través de las *dos* rendijas al mismo tiempo!"[58] Es decir, al ser observada, ésta asume de manera definitiva su condición de partícula, entonces es evidente que la mera observación **colapsa**[59] la onda de probabilidad que está generando la interferencia. Sin duda un resultado muy extraño, contrario a las leyes de la ciencia clásica de Newton y que no se puede entender con dicha racionalidad; el resultado del experimento demuestra que la partícula cuántica es simultáneamente *onda* y *partícula*, conformando así un estado cuántico. Entonces, ¿cómo *saben* las partículas que tienen que actuar cómo onda o cómo corpúsculo?, ¿cómo *saben* que son o no son observadas?, ¿nos miran? y ¿por qué la mera observación altera el resultado del experimento?

Este experimento puso en ese momento a la teoría clásica en tela de juicio, puesto que "Si entra por los dos agujeros a la vez, entonces la idea de un electrón en forma de partícula girando alrededor del núcleo queda revaluada puesto que podría "imaginarse como una onda, con una longitud de onda que dependía de su velocidad",[60] esto es absolutamente inaceptable en la teoría clásica; Richard Feynman, uno de los padres de la teoría cuántica propuso el método de la "suma de caminos" (*sum over paths*)[61] para visualizar la dualidad onda-partícula. La suma de caminos consiste en que antes de entrar por una rendija (incluso simultáneamente, puesto que no hay tiempo), las partículas cuánticas recorren todos los caminos posibles del universo.

"Se van en larga jornada hasta la galaxia de Andrómeda antes de regresar y pasar a través de la rendija izquierda en su camino a la pantalla (...). El electrón, de acuerdo con Feynman, simultáneamente "olfatea" cada posible vía que conecte su locación de arranque con su destino final"[62]

---

[57] Según Feynman "esto no hay que entenderlo, sólo hay que aceptarlo, entender que no hay nada que entender".

[58] Hawking Stephen W., en "Historia del Tiempo" ed. Critica. Barcelona, 1995. Pg. 88.

[59] Colapso: es un término constantemente utilizado en este libro, pues más adelante lo extrapolamos al mundo macroscópico. El colapso consiste en que cuando la función de onda es observada, se materializa configurando un hecho material. Pienso que el ojo es un mero instrumento, la conciencia es quien colapsa, pues solo ésta puede diferenciar entre onda y corpúsculo.

60 Ibidem, pag. 89.

[61] A esta interpretación Hawking y Gell-Mann también la denominan 'Interpretación de Historias Múltiples', la cual es análoga con la "Interpretación de los Mundos Múltiples", propuesta por de Hugh Everett.

[62] Greene, "El Universo Elegante", Citado por González de Alba en su obra "El burro de Sancho y el Gato de Shrödinger". Ed. Paidós Amateurs. México, 2000.

A este nivel el "recorrido" por el *continuum* de la función de onda se da siempre y cuando no exista un observador, es más ni siquiera la posibilidad de una observación, porque de presentarse, la *probabilidad de onda se colapsa*. "En esta aproximación, la partícula se supone que no sigue una única historia o camino en el espacio-tiempo, como haría en la teoría clásica, en el sentido de no cuántica. En vez de esto, se supone que la partícula va de A a B a través de todos los caminos posibles".[63] Hawking afirma que con este método fue posible calcular las orbitas de átomos complejos e incluso de moléculas y predecir casi todos los fenómenos dentro de los límites impuestos por el principio de incertidumbre. Esta maravillosa representación recobra especial importancia, porque, entonces el universo tendría que ser entendido como un híbrido entre la función de onda y la materia física, existe en estado cuántico, *¡es una entidad cuántica!*

Otro fenómeno sorprendente de esta conclusión es la unidad que conserva la partícula cuántica con *el todo*, pues la idea de "todos los caminos en el espacio-tiempo" significa todo el pasado y el futuro, en todos sus espacios y tiempos (función de onda); allí residen todas las probabilidades aun no colapsadas. Dado que no han sido colapsada aún son mera información sin materializarse que pre-existe como realidad inexistente. Entonces, toda la realidad, la que conocemos y no conocemos, ya está dispuesta, para ser sacada *echando un ojo* dentro del inextricable sombrero de la teoría cuántica.

El gato de Schrödinger

Dada la incoherencia y los resultados absurdos de la teoría cuántica, parecía que ésta se burlaba de los científicos al ridiculizar las leyes de la teoría clásica. Tal vez para ponerse a la par, Erwin Schrödinger diseñó un divertido experimento mental con el propósito de explicar la extraña dualidad del *estado cuántico*. No es necesario ilustrarlo por su genial simplicidad; imaginemos un gato, una cápsula sellada con gas venenoso y un dispositivo cuántico, todo eso encerrado en una caja hermética. El experimento consiste en que se dispara el dispositivo cuando la partícula cuántica cambia de onda a partícula o viceversa. Cuando se activa el dispositivo se libera el gas y el gato muere; sin embargo, como la caja esta herméticamente cerrada no sabemos en qué condición se encuentra el gato, no sabemos si está vivo o muerto. En un evento el dispositivo no se ha disparado, el gas no se ha liberado y el gato está vivo y ronroneando; la otra situación consiste en que el dispositivo se disparó, el gas se liberó y el gato está irremediablemente muerto; puesto que juntas opciones son válidas y no sabemos cuál es vigente, el gato se encuentra en un estado hibrido, *vivo-muerto* (esta situación es válida matemáticamente); por tanto, el gato se encuentra en un estado de *dualidad*, o como ya lo hemos mencionado, en un *estado cuántico*.[64]

---

[63] Ibidem, pag 89.

[64] Este experimento es de gran trascendencia puesto que Schrödinger tiene la genialidad de traer el estado cuántico al universo macroscópico, donde evidentemente sirve de ejemplo para demostrar cómo el azar, la duda, la incertidumbre y la falta de conocimiento ponen al individuo en una situación muy semejante al estado cuántico.

Recordemos que el estado cuántico constituye una *onda de probabilidad* y que ésta se *colapsa* con la mera *observación* (medición) dando existencia a una sola *posibilidad*[65], o mejor, permitiendo al electrón (materia) localizarse y materializarse; nótese que tendríamos que deducir que la mera observación hace real algo que antes no podíamos percibir. Entonces, inevitablemente, tenemos que plantearnos la pregunta ¿qué pasa con la realidad que siendo probable no lo fue? Es decir, ¿dónde queda aquella otra parte de la función de onda que no se materializó y que formaba parte esencial de su duplicidad?, aquello que podría ser posible, o que estuvo a punto de ser posible, pero que no lo fue. Es evidente que la función de onda contiene también las utopías y aquellas probabilidades que hubieran podido hacer de la realidad (que conocemos) otra cosa, medianamente o completamente diferente, todas las probabilidades están allí comprimidas, en una sola y extraña singularidad.

Igual que en el caso de la doble rendija, únicamente con la *observación conciente* sabremos en qué estado se encuentra el gato, una vez conocida esta información se *colapsa* el estado cuántico y surge una realidad única (vivo o muerto, pero no juntas a la vez), sin embargo, también queda flotando la pregunta ¿dónde está la otra parte del gato? Es decir, si está vivo ¿dónde fue el 50% que representaba la posibilidad de que el gato estuviera muerto?, dónde fue esa otra parte de la *ecuación de la realidad*, una posibilidad que también tenía la probabilidad de haber sido real, ¿dónde está el azar? Para resolver estas dudas haremos referencia a tres ideas: la observación, la información y el *dónde fue*.

Las implicaciones que tiene la *observación* en el *colapso* del estado cuántico están relacionadas con la *conciencia*, pues sólo la conciencia es capaz de discernir entre la condición "vivo o muerto", por lo que la conciencia es quien juega un papel importante en el fenómeno y no sólo la mera observación; entonces, no es la observación la que colapsa la función de onda, es la *conciencia*, la que al colapsar el estado cuántico ¡produce la realidad! Ahora, en cuanto a la *información*, tenemos que aceptar que es superior a la mera materia, en sí lo que nos asombra no es la materialidad sino la información que ésta contiene y que finalmente se colapsa con la conciencia. Supongamos una comunidad de individuos cuyas decisiones (realidad) dependen de si el gato está vivo o muerto, cuando el gato es visto por el primer individuo los otros siguen en estado de incertidumbre cuántica y en la medida que la información se va trasmitiendo de individuo en individuo el destino del gato va cambiando (el gato existe únicamente en esa red de información) y la realidad de los individuos también cambia porque salen del estado de incertidumbre para entrar a una realidad especifica que origina otras redes de información dando lugar a su propia realidad; esto nos revela que el gato constituye mera información; es decir, la realidad actúa como un *software* que va configurando el contexto y las circunstancias de la vida en la medida que se va *instalando* en nuestras conciencias que le otorgan significación. Es lógico entonces que el destino y la realidad estén más relacionados con la *red de información significativa* que con el gato mismo, que "está ahí" como materia simple.

---

[65] Ver la diferencia entre *probabilidad* y *posibilidad* en la entrada *Concatenación crítica*.

Así que la *observación* no es tan elementalmente fisiológica como creemos, sino que de alguna manera se encuentra *enlazada* con los fenómenos cuánticos y la conciencia; el físico Freedman Dyson, del Instituto de Estudios Avanzados de Princeton, afirmó:

No puedo dejar de pensar que la conciencia de nuestros propios cerebros tiene algo que ver con el proceso que, en física atómica, llamamos "observación". Dicho de otro modo, pienso que nuestra conciencia no es simplemente un epifenómeno pasivo que los fenómenos químicos de nuestros cerebros llevan consigo, sino un agente activo que fuerza a los complejos moleculares a efectuar elecciones entre un estado cuántico y otro. O sea, la mente ya no es inherente a cada electrón, y los procesos de la conciencia humana difieren sólo en grado, pero no en especie, de los procesos de elección entre estado cuánticos que llamamos "azar" cuando son efectuados por los electrones.[66]

Es lógico que la *observación* provenga de un individuo *conciente*, pues sin conciencia no es posible discernir cuál es el verdadero estado de la cosa observada; es decir, nadie puede sustraerse de la conciencia para observar, pues el observador es observador precisamente porque es consciente de lo que observa. Por lo que en realidad no es la observación sino la *conciencia* quien juega un papel subrepticio de enlazamiento con el universo cuántico, lo que nos induce a pensar que son la cosa misma; es decir, *el fenómeno cuántico posee una alta carga de conciencia,* o es conciencia en sí mismo. Entonces, el *objeto* no se define por sí mismo. Ahora, puesto que no se puede separar la *observación* del *sujeto,* ni este de su esencia natural, el *sujeto* adquiere la máxima complejidad. Por tanto, en el pensamiento de la complejidad el *sujeto* deja de ser un simple elemento *subjetivo* (metafísico e irracional, tal como lo percibe la ciencia tradicional), deja de ser una simple idea, aquí la *conciencia* lo convierte en el centro del universo; es el portador de la *voluntad de poder,* es el hacedor e intérprete de la realidad, el *sujeto* es el creador y transformador del mundo; pues sólo la *conciencia del sujeto* permite la trascendencia de la realidad en la dimensión universal del espacio-tiempo.

Veamos cómo, en otros experimentos, esta hipótesis va adquiriendo cada vez mayor solidez, pues el universo se encuentra profundamente interconectado mediante una red invisible, todos sus otros componentes, aquellos ocultos, ininteligibles y demás diversos fenómenos cuánticos, están enlazados entre sí para dar forma acabada al universo y a la conciencia humana.

Entrelazamiento, o acción fantasmal a distancia [67]

Los siguientes artículos *"Borrar el pasado"* y *Señales Fantasmales y partículas videntes"* forman parte del capítulo 7 - "El tiempo cuántico", del libro escrito por Paul Davies, titulado *"SOBRE EL TIEMPO";* estos artículos, que transcribimos a continuación, nos revelan algunas *propiedades psíquicas,* como

---

[66] Freeman Dyson, *"Disturbing the Universe"*, Nueva York, Harper & Row, 1979, pg. 249. Citado por Michael Talbot, en *"Más Allá de la Teoría Cuántica"*

[67] Einstein le da este nombre jocoso al fenómeno del *enmarañamiento,* consistente en que uno o varios electrones se puedan comunicar con otros a una velocidad mayor que la de la luz y sin que exista un medio de transferencia. Einstein no aceptó este efecto y lo llamó "fantasmal" para burlarse de sus defensores y calificarlo como un resultado no científico.

las llama el autor, de las partículas cuánticas.[68] Veremos cómo en el *universo cuántico* el tiempo desaparece; veremos cómo las partículas revelan su *autonomía propia,* facultad que se deriva de su capacidad para autorreferenciarse respecto al experimento o a su gemelo, como se concluyó después de los experimentos. Ante los resultados y el comportamiento *íntimo* de las partículas cuánticas, es inevitable pensar en la manifestación de la conciencia, de una psiquis, de una presencia que no se deja manipular por el experimentador tal como éste lo puede hacer con la materia común. Estamos ante una presencia que no siempre es materia, pero, en ella se observa la existencia de un comportamiento propio -voluntad-, que tiene energía y es capaz de ubicarse y comunicarse con *el todo,* y crea realidades paralelas de las que tiene percepción -conciencia-, porque sabe qué está haciendo el experimentador. De la misma manera, se mueven en el tiempo, tiene la facultad de *predecir* el experimento, lo que constituye prueba de intuición, dominio del tiempo y, sin duda, afirmación de una conciencia superior; son indeterminadas -como lo es el comportamiento de un león en la selva abierta-, y pueden atravesar la materia a la velocidad de la luz,[69] tal como lo haría un fantasma al trasponer una pared. Para comprobarlo leamos al Dr, Davies detenidamente, exploremos estos experimentos y saquemos conclusiones. Subrayamos los apartes más importantes para resaltar el comportamiento de las partículas cuánticas y las conclusiones a que llega este científico.

Borrar el pasado[70]

Los experimentos en los que se intenta determinar el momento exacto en el que un sistema cuántico "toma su decisión" dan resultados sorprendentes y frustrantes. Uno de éstos es el denominado borrador cuántico imaginado por el físico Marlan Scully, que está diseñado para que un experimentador cambie de idea sobre lo que observar o no en un sistema cuántico -¡incluso *a posteriori*!- la figura 7.3 muestra una versión de un sistema de borrador cuántico en el que las partículas cuánticas son fotones provenientes de un láser. El primer paso consiste en que un haz láser choca con un cristal especial que convierte cada fotón incidente en dos fotones más débiles. Estos fotones gemelos emergen del cristal siguiendo caminos diferentes, pero unos espejos redireccionan de modo que se reúnen de nuevo en una lámina semitransparente llamada "divisor de haz". Este divisor de haz es un dispositivo que explota el efecto túnel: los fotones lo atravesaran con la probabilidad 50-50. Esto significa que el divisor de haz refleja la mitad de la luz y transmite la otra mitad. Sin embargo, la geometría del experimento está ideada de modo que ambos fotones gemelos deberían llegar al divisor de haz simultáneamente. Esto entremezcla su destino, aunque, debido al indeterminismo cuántico, usted no puede saber por adelantado que fotón será

---

[68] Artículo transcrito del libro "SOBRE EL TIEMPO, la revolución inacabada de Einstein" de Paul Davies. Ed. Critica Grijalbo Mondadori, Drakontos, Barcelona, 2000. Pgs.175 a 178. Traducción de Javier García Sanz. El Dr. Davies es profesor de ciencias físicas de la Universidad de Adelaida, Australia.
[69] Incluso a velocidades superiores, lo que contradice la teoría de la relatividad.
[70] "Ni siquiera Dios puede cambiar el pasado", AGATÓN.

transmitido y cual será reflejado, los experimentadores encuentran que *si* el fotón inferior es transmitido, entonces el superior es *siempre* reflejado, y viceversa. En cualquier caso, ambos fotones emergen de su encuentro moviéndose juntos a lo largo del mismo camino final. Ambos caminos -superior e inferior en el diagrama- son igualmente probables. Detectores D_1 y D_2 aguardan en cada camino para revelar el resultado concreto en cada caso individual.

La razón de que ambos fotones acaben siempre en el mismo detector, ya sea el superior o el inferior, reside en el hecho de que, en el montaje recién descrito, el experimentador no puede saber que fotón toma cada camino. Puede ser que el fotón 1 tome el camino superior y que el fotón 2 tome el camino inferior, o viceversa, pero, con la configuración mostrada, el experimento no puede revelar las rutas reales tomadas. Según las extrañas reglas de la física cuántica, esta falta de información sobre la ruta implica un mundo esquizofrénico en el que *ambas* alternativas coexisten en una especie de realidad híbrida. Es decir, sin saber que fotón toma cada ruta, tenemos que considerar el mundo como formador de ambas realidades potenciales que coexisten en una especie de solapamiento fantasmal.

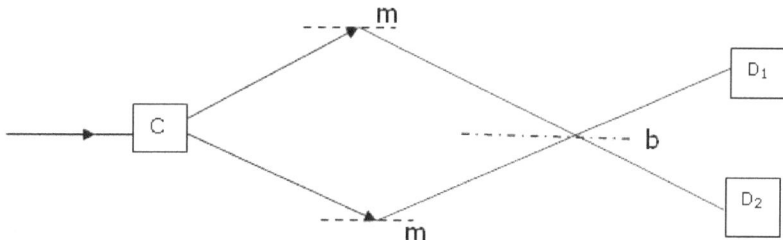

7.3. ¿Realidades múltiples? Los fotones tienen extrañas capacidades en este experimento realizado en la universidad de California en Berkeley. Un fotón que viene de la izquierda procedente de un láser da lugar a fotones gemelos idénticos en el cristal c. Después de reflejarse en el espejo *m,* los gemelos se juntan en un divisor de haz *b*, que transmite o refleja cada fotón con la misma probabilidad. Los detectores d_1 y d_2 controlan el resultado. Si los caminos de los fotones han sido de la misma longitud ambos van al mismo detector -es decir, si uno es transmitido por b, el otro es siempre reflejado. La cooperación fantasmal tiene su origen último en el solapamiento o superposición de dos realidades alternativas, que coexisten aquí porque el experimentador no sabe qué fotón tomó cada ruta.

Esto no es simplemente una forma de visualizar los extraños tejemanejes, sino que conduce a efectos físicos reales. Por ejemplo, podemos decir que las dos alternativas "el fotón uno toma el camino superior y el fotón dos, toma el camino inferior y "el fotón 1 toma el camino inferior y el fotón 2 toma el camino superior" contribuyen *a la vez* al resultado, porque estas alternativas fantasmas se suman para producir resultados que son diferentes de cada alternativa por separado: un proceso conocido como "interferencia cuántica". En el presente ejemplo, es esta interferencia de caminos alternativos la que produce la concordancia antes mencionada, al dirigir ambos fotones al mismo detector.

La interferencia aparece como una consecuencia de la naturaleza ondulatoria de la luz y tiene que ver con el hecho de que las ondas que llegan en fase se refuerzan, mientras que las que llegan en oposición de fase se cancelan. (...) Ahora, la interferencia se produce entre ondas asociadas con una realidad alternativa que se combinan con ondas asociadas con la otra alternativa. El solapamiento de estas ondas de mundos alternativos puede ponerse de manifiesto de forma convincente si se aumenta lentamente la longitud de uno de los caminos hasta que las ondas asociadas con las realidades alternativas lleguen exactamente *en oposición* de fase. En este caso, la interferencia provoca la *cancelación* de la onda, lo que significa que los dos fotones van ahora a detectores diferentes, es decir, los dos detectores se disparan simultáneamente. Un pequeño incremento adicional en la longitud del camino vuelve a poner las ondas en fase y los fotones van al *mismo* detector una vez más. Alargando poco a poco un camino de esta manera, los experimentos pueden obtener una serie de máximos y mínimos –característicos de una figura de interferencia- para los disparos simultáneos de los dos detectores.

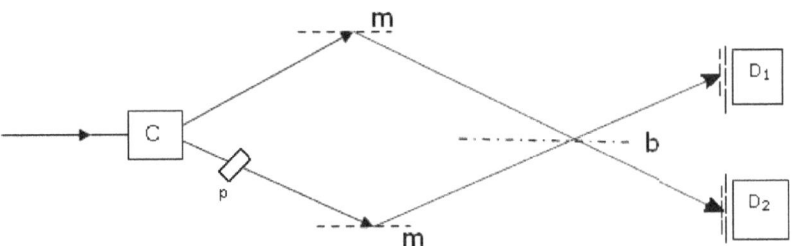

7.4. ¿Cambiar el pasado? El montaje mostrado en 7.3 se modifica introduciendo un dispositivo p en el haz inferior diseñado para marcar el fotón que toma dicha ruta. La cooperación descrita en la figura 7.3 se destruye entonces –los fotones actúan independientemente y pueden disparar ambos detectores simultáneamente. Sin embargo, un polarizador opcional insertado delante de los detectores puede utilizarse para borrar las marcas vitales con posteridad. Cuando se hace esto, la realidad híbrida original queda restaurada, con ambos fotones yendo al mismo detector una vez más, incluso si, para el tiempo en que se hace el borrado, los fotones ya han atravesado el sistema óptico.

La afirmación de que <u>una conspiración fantasmal de semirealidades alternativas conduce a la cooperación de los dos fotones puede confirmarse</u> modificando el experimento de modo que se marquen de alguna forma los fotones individuales para determinar sus rutas reales. Esto puede conseguirse instalando un simple dispositivo en el camino inferior que provoca un giro de 90° grados en la polarización del fotón, (véase figura 7.4). Como resultado, el fotón que tome la ruta inferior será identificable, lo que capacitará al experimentador para decir que fotón sigue cada camino. Cuando se hace esto, los fotones gemelos ya no terminan invariablemente en el mismo detector, si no que se comportan independientemente y pueden disparar *ambos* detectores simultáneamente, incluso cuando las longitudes de los caminos son iguales. (...) <u>Cuando no hay información sobre la ruta, la luz del láser se comporta como onda, produciendo interferencia. Cuando se hace una modificación para permitir que la ruta quede</u>

determinada, la interferencia desaparece y la luz se comporta como si estuviera formada por partículas, siguiendo cada fotón una ruta particular arriba o abajo.

Sorprendentemente, no es necesario que el experimentador continúe realmente y mida las polarizaciones de los fotones -es decir determine los caminos que han tomado- para que sea observado el cambio en el comportamiento del detector. El mero *amago* de obtener tal información es suficiente para destruir la superposición fantasmal de las realidades fantasmales híbridas. Es nuestro conocimiento *potencial* del sistema cuántico, y no nuestro conocimiento real, el que ayuda a decidir el resultado.

La característica misteriosa del experimento de Scully (...) es que la amenaza de obtener información sobre la ruta puede ser retirada más tarde. Para lograr esto se instalan rotores de polarización adicionales delante de los detectores de fotones (véase la figura 7.4) de forma tal que hagan indistinguibles las direcciones de polarización originales (es decir, borren la información) y resulten así la indistinguibilidad de los caminos de los fotones. Cuando se hace esto, se recupera la situación original, observándose una vez más interferencia de tipo onda. La característica sorprendente de este experimento es que la retirada ocurre ¡*después* de que los fotones hayan atravesado el sistema óptico! Es como si los fotones "supieran" de algún modo por adelantado que les aguardan polarizadores adicionales borradores de información, y ajustan su comportamiento en consecuencia. En efecto, la decisión de poner los polarizadores adicionales sirve para determinar la naturaleza de la realidad que *fue* ó sea, para determinar si la situación dentro del sistema óptico fue tal que cada fotón toma una ruta arriba o abajo, o si ambas alternativas coexistieron en una superposición."

Señales Fantasmales y partículas videntes
Todos sabemos qué es la luz; pero no es fácil decir qué es.
Dr. *SAMUEL JOHNSON*

En lugar de marcar los fotones mediante un giro de polarización, como en el montaje descrito antes, se utilizó una estrategia diferente en un experimento realizado recientemente en la universidad de Rochester. En este caso se hacía que la luz láser atravesara *primero* un espejo semitransparente, que dividía la luz en dos, y luego se hacía pasar *cada uno* de los haces resultantes a través de un cristal convertidor para producir pares de fotones gemelos (véase figura 7.5). Los fotones entran en el aparato de uno en uno. Los dos caminos de la luz superiores que emergen de los cristales se cruzan en un segundo divisor de haz, (...) de manera que los efectos de interferencia pudieran ser monitorizados por un detector de fotones. Los fotones que terminan aquí se denominan "fotones señalados". Los que emergían del cristal siguiendo los dos caminos inferiores se denominan "fotones ociosos". La idea de este montaje consiste en que a partir de la observación de los fotones ociosos podamos obtener información sobre la ruta de los fotones señalados. El fotón incidente se convierte en un par de fotones: un fotón señalado y uno ocioso. Si ve que el fotón ocioso sale del cristal *a*, entonces el experimentador sabe que el fotón señalado ha tomado la ruta 1. Si el fotón ocioso emerge del cristal *b*, entonces es la ruta 2 la escogida por el fotón señalado.

Hasta aquí no hay nada sorprendente involucrado. Si el sistema funciona de esta manera, no habrá efectos de interferencia, puesto que el experimentador es capaz de decir, en cada caso qué ruta tomó el fotón señalado. En consecuencia, es la naturaleza corpuscular más que la naturaleza ondulatoria de la luz la que se manifiesta. El paso novedoso procede a *fusionar* los dos caminos inferiores de modo tal que sea imposible para el experimentador determinar de qué cristal ha venido el fotón ocioso. Cuando el grupo de Rochester hizo esto, los fotones señalados creaban la figura de interferencia característica en el detector. Una vez más, la figura *a* aparece a causa del solapamiento de alternativas espectrales. Los mundos del camino 1 y del camino 2 se superponen para formar una realidad híbrida. Si los experimentadores lo quieren, podrían separar los haces ociosos (por ejemplo, bloqueando el camino ocioso del cristal *a*). Cuando hacían esto, el comportamiento de los fotones señalados quedaba espectacularmente alterado: la figura de interferencia desaparecía. ¡El cambio ocurría incluso si los fotones ociosos y señalados permanecían físicamente bien separados en todo momento! Así, sin *hacer* realmente nada directamente a los fotones señalados – simplemente interrogando a sus gemelos ociosos en otra parte del laboratorio- los experimentadores encontraban que los fotones señalados ajustaban su comportamiento cortésmente. Es como si los fotones señalados fueran videntes: ellos "saben" que sus gemelos han sido interrogados y obligados a divulgar los detalles de la ruta.

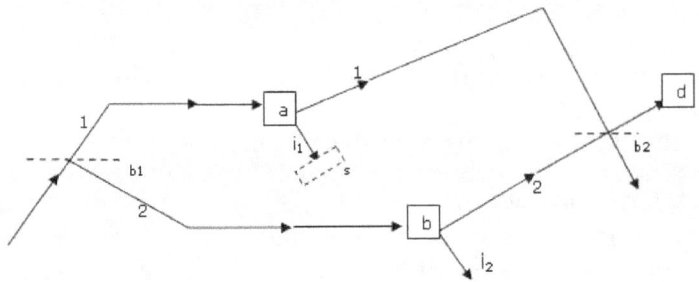

7.5 Fotones Psíquicos. El divisor de haz b1, divide un haz luminoso en dos caminos, 1 y 2, que se cruzan de nuevo en un segundo divisor de haz, b2. Cualquier figura de interferencia en b2 puede ser registrada en el detector d. Cada camino contiene un cristal para convertir el fotón incidente en un fotón señalado, que continúa a b2, y un fotón ocioso (i1 o i2), que puede ser dirigido a otra parte del laboratorio. Si los dos caminos ociosos se mezclan, el experimentador no puede saber que camino cogió el fotón señalado: resulta una figura de interferencia. Si el camino superior ocioso está bloqueado por una pantalla opcional s, el experimentador puede deducir el camino del fotón señalado, y la figura desaparece. De alguna forma los fotones señalados "saben" qué les está sucediendo a los fotones ociosos lejanos.

(...) Einstein consideró el problema de los mensajes cuánticos secretos. Hacía tiempo que era conveniente que la física cuántica resultaba amenazante cuando estaban involucradas observaciones "no locales" –es decir, cuando se realizaban observaciones *simultáneas* en diferentes posiciones del espacio. En 1935, instalado en Princeton, a mitad de su sexto decenio de vida y acercándose al final de su carrera productiva, ideó otro experimento mental con sus colegas Nathan Rosen y Boris Podolsky, conocido por el "experimento EPR" por las iniciales de sus creadores. La idea básica consiste en que dos partículas cuánticas se separan a partir de un punto de origen común y, cuando están bien separadas, se realizan observaciones simultáneamente sobre ambas partículas. Según la mecánica cuántica, el estado de las partículas ampliamente separadas permanece enmarañado de una forma que es imposible de cuadrar con el tipo de realidad fundada en el sentido común que anhelaba Einstein. Él quería creer que las partículas cuánticas tales como los fotones están realmente "ahí fuera" con un conjunto completo de propiedades bien definidas (tales como posición, trayectoria y polarización) antes que alguien decida echarles una ojeada. Pero puede demostrarse que, si la visión de Einstein fuera correcta, las partículas sólo pueden satisfacer las reglas de la mecánica cuántica si de algún modo se comunican secretamente entre sí a través del espacio. (Einstein lo llamaba "acción fantasmal a distancia").

Pero Einstein rechazaba la idea de señales ocultas porque implicaba un dialogo *instantáneo* entre las partículas separadas. Aparte de ser absurdamente conspiratoria (imaginemos dos fotones separados a varios metros de distancia cooperando en el modo de comportarse en sus respectivos aparatos de medición), contradecía flagrantemente la teoría de la relatividad, que prohíbe enviar señales más rápidas que la velocidad de la luz. (…) así la señalización instantánea y el fenómeno de borrar el pasado que aparece en los experimentos de Berkeley y Rochester, son realmente parte esencial del mismo dilema."[71]

Después de escuchar al Dr. Davies traemos algunas conclusiones del capítulo sobre "la partícula cuántica" subtitulado *La naturaleza "holística" de la función de onda* del físico Roger Penrose, allí presenta un experimento semejante, denominado "Interferómetro de Mach-Zehender", donde mediante un divisor se divide un haz de luz; no entraremos a presentar los detalles de este experimento porque son semejantes a los anteriores, lo importante aquí es la conclusión a la que llega Penrose: "El enigma clave es que parece que un fotón (u otra partícula cuántica) tiene que "saber" de algún modo qué tipo de experimento se va a realizar con él mucho antes de que se produzca la realización de dicho experimento. ¿Cómo puede saber por adelantado si debe colocarse en "modo partícula" o en "modo de onda" cuando deja el (primer) divisor de haz?".[72]

Esta *facultad*[73] en que se encuentra la partícula origina un *contexto* específicamente cualitativo dado que tiene la facultad de interactuar no sólo en el espacio sino en el tiempo, puesto que *sabe* con *antelación*. Igualmente, porque el hecho de "saber" con antelación significa que: 1) la partícula cuántica posee dicha información de antemano, es decir, anticipadamente tiene una finalidad concreta, lo que significa que la partícula cuántica esta enlazada con toda la información que conforma la función de onda, dado que tiene conciencia es lógico que este entrelazamiento es de un orden superior *(entanglement)*.[74]

---

[71] Ibidem, pgs. 180 y 181.

[72] *Penrose Roger*, "El Camino a la Realidad: una guía completa de las leyes del universo" Ed. Debate. México, 2007. Pg. 695.

[73] …de "saber" divide a los físicos, pues el conocedor no se puede conocer sino a través de la conciencia

[74] El Tao te King, quizá el libro más sabio y antiguo del mundo, consagra: Antes de que naciera el universo existía algo informe y perfecto. Es sereno. Vacío. Solitario. Inmutable. Infinito. Eternamente presente. Fluye a través de todas las cosas, por dentro y por fuera, y regresa al origen de todas las cosas. Es la madre del universo. (Cp.25).

Ahora, dada la tendencia cuántica y voluntad de poder es necesario imaginar un entrelazamiento universal conformado por una red de conexiones entre las diversas partículas que conforman el universo. Esa red, semejante a la red neuronal que conforma el cerebro, sería un extraordinario sistema de transferencia de información que explica por qué los físicos afirman que el universo es un *software*. Al eliminar la incidencia técnica de la palabra software queda *información;* lógicamente, es inevitable incluir también la *conciencia* puesto que ésta reside en las partículas entrelazadas. Sin duda la conciencia juega un papel vital en el entrelazamiento cuántico.

Rompimiento de la barrera del tiempo

Posteriormente Paul Davies narra cómo los experimentadores insertaron una barrera en la ruta de uno de los fotones, por lo que el fotón tendría que invertir mayor tiempo haciendo un túnel para pasar originando la posibilidad de que no llegue a tiempo al punto de encuentro con su gemelo, con lo que los delicados mecanismos de interferencia se perturbarían originando la oportunidad para que vaya un fotón a cada detector.

Los resultados fueron sorprendentes. Con la barrera insertada "¡el fotón que hacia el túnel llegaba primero! En otras palabras, parecía que la barrera aceleraba el fotón. Pero el fotón ya estaba viajando a la velocidad de la luz, de modo que aparentemente ¡el fotón que hacia el túnel viajaba más rápido que la luz! El grupo de Berkeley infirió un aumento en la velocidad del fotón de aproximadamente el 70 por 100 –es decir, el fotón hacia el túnel a más de 500.000 kilómetros por segundo."[75] Hecho que va en contra de la teoría de la relatividad cuyos postulados no permiten que un objeto, o la misma la luz, viaje a una velocidad superior a la de la luz, porque eso pondría en tela de juicio la teoría de la relatividad.

Entonces, dada la *acausalidad cuántica*, es evidente que la realidad surge por sí misma, por su acción intrínseca; fenómeno que fundamenta nuestro estudio sobre la "finalidad cuántica" y la formulación de la "paradoja primigenia" temas más adelante expuestos en la entrada *"Emergencia a partir de la tendencia cuántica"*, donde presentamos una tesis sobre el origen del tiempo y del espacio. Por tanto, la pregunta fundamental que debe resolver la ciencia ya no es ¿de dónde y cómo surge la partícula cuántica?, puesto que ya sabemos que su manifestación es un fenómeno *acausal*; la pregunta que debe hacerse la ciencia de la complejidad es ¿qué es y de dónde proviene la conciencia? Si las ciencias naturales han profundizado en la racionalización de la materia, las ciencias sociales tienen su veta de investigación en la conciencia, pues sólo a través de ésta se pueden descubrir los paradigmas que cambiarán la sociedad.

---

[75] "SOBRE EL TIEMPO, la revolución inacabada de Einstein" de Paul Davies. Ed. Critica Grijalbo Mondadori, Drakontos, Barcelona, 2000. Pg. 184.

Teletransportación cuántica a larga distancia

Según se expone en un artículo de la revista Nature[76], el profesor Nicolas Gisin, de la Universidad de Ginebra consiguió, por primera vez en la historia de la ciencia física, la teletransportación de las *propiedades* de un fotón a otro fotón que estaba distante dos kilómetros.

La física clásica sostenía que los objetos estaban constituidos de materia y de forma, pero con los descubrimientos de la mecánica cuántica la física moderna ahora defiende que la realidad física está compuesta de energía e información, lo que permite realizar exitosamente el experimento.

Las partículas del experimento, estaban separadas entre sí por 55 metros, pero el cable de fibra óptica que separó a los dos fotones gemelos tenía una extensión de dos kilómetros; en una entrevista,[77] el profesor Nicolas Gisin explicó que la materia y la energía no pueden ser teletransportadas, pero sí la *identidad cuántica* de una partícula, es decir, su más íntima estructura. Así, de una partícula situada en la singularidad local A, es posible transferir sus características físicas a otra partícula situada en el punto B, esta segunda partícula se transforma convirtiéndose en un doble exacto de la partícula A. Mediante el "entanglement" (enmarañamiento), consiguió realizar el experimento, sin duda una aportación a la física cuántica que compromete la noción clásica de tiempo y espacio, dice el artículo.

Pero quedan preguntas por responder, ¿a qué se refiere el profesor Gisin con *propiedades* e *identidad cuántica*? Porque normalmente entendemos por *propiedades* las características de aquello que es material y que permite determinar y cuantificar dichos rasgos, mientras que por *identidad cuántica* entendemos aquello perteneciente al campo de lo no-material y que por no ser perceptible no es mensurable. Es decir, lo no-material, llámese psíquico, espíritu conciencia, no tiene propiedades sino *facultades*, por lo que propiedades y facultades son antónimos respecto a las fuentes que las originan. ¿Qué es lo que teletransportó el profesor Gisin? Si fueron las propiedades de la materia esto, al parecer, significa un gran avance, ¿podríamos entonces transportar una copia de un individuo? ¿Esta "copia" incluye el transporte de las *facultades* psíquicas, su conciencia? o solamente su imagen?

El caso del imán

Pero esta dualidad parece manifestarse incluso en la materia perceptible a través de su carga iónica. El mejor ejemplo es el imán que se caracteriza por tener una carga positiva y una negativa que en el área de convergencia de los dos polos se activan; en teoría estas dos polaridades se repelen, pero por el contrario forman una unidad que se contrae sobre sí misma (quid de energía).

En el quid de energía, las fuerzas positivas y negativas se conjugan formando la unidad magnética; es más, aferrando la unidad por la misma

---

[76] http://www.nature.com/nature/journal/v443/n7111/abs/nature05136.html.
[77] http://www.swissinfo.org/fre/index.html?siteSect=511&sid=1598684

contradicción de sus cargas para dar lugar a un sistema simple. Es evidente que el punto de empalme tiene características superiores a las partes laterales puesto que allí no reside una sola fuerza sino dos, que se conjugan para crear otro tipo de fuerza a la que llamaremos energía. Si se secciona el polo negativo (o positivo), del pedazo obtenido surge un nuevo imán; es decir, el otro polo percibe el corte y envía átomos de carga contraria para formar un nuevo imán, el imán se rehace a sí mismo para reproducirse, en un claro ejemplo que demuestra la acción de complejidad para la autopoiesis. En un primer momento, lo anterior se explica porque: "En los metales los átomos se pueden acomodar de tal manera que sus electrones viajan de un átomo a otro", eso está bien, pero ¿cómo sabe un polo que el otro está siendo seccionado? ¿Cómo es "*consciente*" de que por esta razón debe enviar carga inversa al nuevo trozo de metal, para formar un nuevo imán? ¿O simplemente actúa de esta manera porque ésta es su finalidad natural (entelequia)? Dado que inevitablemente hay transferencia de información imperceptible, sin duda la respuesta se encuentra latente en el mundo cuántico.

Teoría de la relatividad – macrocosmos

Para explicar el macrocosmos tenemos la teoría de la relatividad de Einstein que pone en entredicho el principio de causalidad, el cual consiste en que un evento afecta a otro sólo sí entre éstos hay un intercambio o cruce de información que tiene la dirección: *causa* para originar *efecto*, pero esa orientación no es real. Einstein realizó un experimento imaginado para demostrarlo: en la estación del tren hay un observador "A", un tren pasa a gran velocidad llevando un pasajero "B", mientras otro tren pasa en sentido contrario donde hay un tercer observador "C". Un rayo golpea los dos extremos del vagón donde va B. En ese momento los tres observadores se encuentran a la altura de la mitad del vagón de B, pero no verán el mismo orden del acontecimiento. El individuo A, inmóvil en el andén, ve el rayo golpear al mismo tiempo en la parte delantera y trasera del vagón; el observador B, sentado en medio del vagón, cree que el rayo cayó primero en la parte delantera y luego en la parte trasera; por su parte C, quien viaja en sentido inverso, primero ve caer en rayo en la parte trasera y luego en la parte delantera. Este fenómeno se debe a que la luz tiene que hacer un menor o mayor recorrido respecto el observador, quien se encuentra más lejos o más cerca del evento. Los tres vieron tres realidades diferentes y todas son válidas, pues la sucesión de los hechos está determinada por el movimiento. Estas diferencias pequeñas serán importantes cuando se trate de una nave espacial que viaje a velocidades próximas a la luz.

Otro experimento nos ilustra sobre la impermanencia y la correlación de los hombres y las cosas, sobre la incidencia del cosmos ulterior en todos los fenómenos. El péndulo de Foucault es conocido porque con éste su inventor demostró que la tierra gira sobre sí misma probando la gravitación terrestre. Sin embargo, se trataba de una respuesta incompleta, porque...

...un movimiento no puede ser descrito si no es en relación con un punto fijo de referencia. El movimiento absoluto no existe. Galileo ya había demostrado que *el movimiento es nada*. El movimiento no existe en sí sino en relación con otra cosa. La tierra debe *girar* en relación con una cosa que no gira. Sin embargo,

¿cómo encontrar esa otra cosa? Con el fin de probar la inmovilidad de un punto de referencia, por ejemplo, un astro, bastaría con lanzar el péndulo en su dirección. Si el astro está inmóvil, permanecerá en el plano de oscilación del péndulo, del que sabemos que es fijo. Si el astro se desplaza, derivará lentamente fuera del plano.

Intentémoslo con objetos astronómicos conocidos, de los más cercanos a los más lejanos. Si orientamos el plano de nuestro péndulo hacia el sol, este sale perceptiblemente del plano de oscilación al cabo de unas semanas. Las estrellas más próximas, situadas a unos cuantos años luz, hacen lo mismo al cabo de unos años, la galaxia de Andrómeda, situada a dos millones de años luz, deriva menos, pero acaba por salir del plano. A medida que los objetos probados son más lejanos, situados a miles de millones de años luz, en los confines del universo conocido, no derivan en relación al plano de oscilación inicial del péndulo.

No hay un plano privilegiado. Todas las direcciones son equivalentes. Cualquiera que sea la dirección en que lancemos el péndulo al comienzo, su plano de oscilación permanece fijo, pero no en relación a los objetos celestes cercanos, sino en relación a los conjuntos de galaxias más lejanas que podamos detectar en esa dirección. La conclusión que debemos sacar de este experimento es extraordinaria: el péndulo de Foucault ajusta su comportamiento no en función de su entorno local, sino en función de las galaxias más lejanas, es decir, del universo entero ya que la cuasi totalidad de la masa visible del universo se encuentra no en las estrellas próximas, sino en las galaxias lejanas. En otras palabras, lo que sucede entre nosotros se trama en la inmensidad del cosmos. Lo que sucede en nuestro minúsculo planeta depende de la totalidad de las estructuras del universo.

¿Por qué se comporta de esta manera el péndulo de Foucault? Por el momento no conocemos la respuesta. El filósofo y físico austriaco Ernst March (que legó su nombre a la unidad de medición de las velocidades supersónicas) veía en esto una especie de omnipresencia de la materia y su influencia. Según él, la masa de un objeto (la cantidad que mide su inercia, es decir, su resistencia al movimiento) es el resultado de la influencia del universo entero sobre este objeto. Es lo que denominamos el principio de March. Cuando tenemos dificultades para empujar un coche, la resistencia que éste ejerce al movimiento emana de la totalidad del universo. March no formuló en detalle esta influencia universal misteriosa, que es distinta a la gravedad, y nadie ha podido hacerlo desde entonces. Así como el experimento EPR la estableció para el mundo subatómico, el péndulo de Foucault nos obliga a reconocer que existe en el mundo microscópico una interacción de la naturaleza completamente diferente que las descritas por la física que conocemos: una interacción en que no interviene ni la fuerza ni el intercambio de energía, pero que enlaza el universo entero. Cada parte lleva en sí la totalidad, y de cada parte depende el resto.[78]

Lo más extraño e incomprensible de este experimento es su gran analogía con la teoría cuántica, pues igual que las partículas cuánticas en el péndulo de

---

[78] Trinh Xuan Thuan (astrofísico), en "El Infinito en la Palma de la Mano" Ed. Urano. Barcelona, 2001. Pgs.85 y 86.

Foucault no se trasmite ninguna información: "un fotón queda instantáneamente en correlación con su compañero, y el péndulo de Foucault ajusta su comportamiento en función de las galaxias más lejanas sin que éstas ejerzan ninguna acción."[79] Si vemos más allá de la inmediatez, es evidente que hay *algo* más que la materialidad, el hecho que no podamos ver o medir, no significa que *este* o *estos* fenómenos no existan, y por tanto, formen parte de la realidad.

Si todos estamos irremediablemente unidos, si todos somos parte y el uno mismo, si todos somos uno y muchos, es evidente que la vida se caracteriza porque es el adherente universal hacia un todo único. Entonces, es imposible no pensar que esa interdependencia vital converja hacia el *amor,* cuando el individuo entiende y asume la interdependencia. Solamente la ignorancia nos lleva a la guerra y a la muerte. Si hacemos daño estaremos contribuyendo a la ruina universal, si somos generadores de maldad esa maldad entrará en un vórtice que luego nos afectará, de la misma manera, amar al otro es amárese a sí mismo, favorecer al otro es ayudarse, todos estamos estrechamente vinculados, somos interdependientes como la partícula y la onda del quantum. Esto hace suponer la existencia de una ley o una *ponderación compensatoria* donde nuestras propias acciones determinan nuestro propio devenir y el de los nuestros. Como un enjambre de abejas somos uno sólo. Si no es al amor, ¿a qué otra *cosa* nos puede llevar esa interdependencia? Ahora, el amor no es un atributo proveniente de la razón -como lo es el interés-, no, el amor verdadero deviene de la conciencia (por eso no todos saben o pueden amar), esta facultad –superior- proviene de una fuente que no siempre está activada, pero que podemos poner en funcionamiento.

Esta misma interdependencia, esa impermanencia,[80] donde todos los demás fluyen por nosotros y nosotros por ellos, nos hace también pensar en la sociedad; porque entonces la verdadera *conciencia colectiva* surge de las profundidades del misterio universal. Somos seres sociales, no sólo por naturaleza, sino por inherencia al Todo: al cosmos ulterior y al universo cuántico. Somos un contínuum. En realidad, somos el eslabón perdido entre el uno y el otro, *somos polvo de estrellas*. Nuestra interpretación de la realidad y nuestra conciencia es el producto de las experiencias vividas por la conciencia colectiva desde la creación. A partir del mismo plasma elemental todos somos paridos por el *big bang*, junto con otras sociedades. Es lógico que nuestra condición humana sea sólo una insignificante *borona u onda* en el universo, que está restringida por su confinamiento, por su ignorancia, por su fisiología y especialmente por sus propios perjuicios, los cuales se derivan de las creencias que finalmente provienen de su cerebro. Es decir, puesto que la conciencia puede también expresarse a través del cerebro, en el mundo material, nuestra conciencia está irremediablemente restringida por las percepciones cerebrales. El cerebro es todavía un dispositivo tosco, por lo que es lógico asegurar, que, en los seres vivos, la lucidez de la conciencia depende del cerebro con el que ésta se exprese. Así que

---

[79] Ibidem, pg. 174.
[80] Introducimos este concepto para el universo macroscópico, es una concepción análoga a la del mundo el microscópico de un universo interconectado, enmarañado (entanglement); de la misma manera en el macrocosmos seguimos atados, unidos por ese mismo fenómeno.

la conciencia, por inherencia, actúa sobre el cerebro para especializarlo más y más, hasta que llegará el día en que el hombre será más conciencia que inteligencia; para lo cual tendrá que desarrollar la inteligencia hasta el límite superior. Aunque existe la posibilidad de que surja una estructura disipativa de manera que pueda realizar este salto rápidamente.

Producción de la realidad

Pero volvamos a la teoría cuántica para acotar lo que es un vector de estado y acercarnos a develar cómo se produce la realidad. Cuando un fotón choca contra el electrón de un átomo éste gana energía extra, por lo que sube de órbita; cuando pierde energía, baja de órbita. La órbita no es lineal, la órbita se debe entender como el "área esférica" que rodea al neutrón, tal como lo hace la clara del huevo sobre la yema. El electrón nunca está en un lugar específico de esa "área" periférica; está en la función de onda, en un estado de probabilidad[81]; es decir, en estado cuántico.

Dado el estado cuántico de un átomo, el electrón está en cualquier lugar del área esférica que delimita al átomo; "gira" (entre comillas), pues el electrón está en todas las partes de esa "área" como una la probabilidad; por lo que preexiste, en un estado cuántico...! Pero cuando un fotón se acerca (otro sistema, en su estado cuántico) o aunque solo exista la probabilidad de que otro fotón se aproxime, el electrón se *colapsa* (en teoría colisionan); es más, puede que no colisionen, porque previamente se enlazan y el átomo, que recibe toda la información, se *colapsa*, creando otro sistema, pues el electrón salta a otra orbita. El cambio de "órbita" constituye la materialización del colapso. Es la tendencia, o expansión fractal de la materia, con una trivialidad la describimos, así.

La probabilidad/improbabilidad del átomo, enlazada mediante la función de onda, con la probabilidad/improbabilidad del fotón, produce realidad.

Simplificando tenemos:

Las *probabilidades* del átomo, enlazadas, con las probabilidades del fotón, producen realidad. Ahora, puesto que materia y energía son lo mismo, podemos reducir a:

Dos estados cuánticos (materia/fotón) enlazados producen realidad...!

Nótese que estos dos sistemas son "estados cuánticos", es decir, son función de onda. La alta incidencia de las probabilidades demuestra la presencia del caos en la producción de la materia, la energía y de los fenómenos que organizan. El entrelazamiento de dos estados cuánticos transfiere información y produce realidad. En este proceso podemos intuir tres noúmenos: 1) la función de onda -relación entre probabilidades/improbabilidades o estado cuántico universal-, 2) la *suma de historias* o el entrelazamiento -"transferencia" o mejor *colapso* de información entre dos sistemas- y 3) acción del vector de estado -creación de nueva realidad, por ampliación o contracción de la "orbita". Estas tres características pre-existen en un híbrido, por lo que cuando nos refiramos a cualquiera de éstas, nos estamos refiriendo a todos a la vez, pues son

---

[81] Entendemos por "probabilidad" la relación existente y las permutaciones infinitas que se pueden producir en la función de onda entre las probabilidades/improbabilidades.

manifestaciones del mismo noúmeno y matemáticamente son la misma cosa. Para referir a dichos noúmenos en adelante se utilizará la categoría "función de onda". La *función de onda* es aquí un concepto más amplio en el sentido que contiene toda la información universal (ADN), es la red de información interconectada entre todos los átomos del universo (como lo están las neuronas) a que se refieren los científicos cuando dicen que "*el universo es un software*", por tanto, en el mismo sentido, es coherente con "*el universo de las ideas*" de Platón.[82]

Conclusiones

Los resultados de los experimentos antes mencionados y de otros no expuestos aquí, pero que conllevan a las mismas conclusiones, fueron contrarios al positivismo de la ciencia clásica, la cual se fundamentaba en un universo ordenado y predecible; ahora sabemos que en el universo reina el *caos*. Este primer efecto tiene consecuencias relacionadas con la *conciencia*, pues, los científicos tuvieron que deducir que la partícula cuántica *sabe* cuándo experimentan con ella, es acausal y almacena información, lo que irremediablemente nos lleva a concluir el postulado sobre el que se sustenta este estudio, que: la partícula cuántica tiene conciencia (y no que la conciencia es cuántica, como afirman otros autores). El hecho de que la partícula cuántica tenga conciencia nos indica que tiene voluntad y poder, estas dos características nos inducen a plantear la acción de una *finalidad de existencia* y de una *voluntad de poder* que propulsan la realidad.

Desde las consecuencias epistemológicas de la ciencia positiva, Einstein no aceptaba los resultados de la mecánica cuántica porque no podía creer en la incertidumbre que revelaban los experimentos y especialmente, porque éstos ponían en tela de juicio su teoría de la relatividad al presentar eventos que superan la velocidad de la luz; se devanó el cerebro tratando de hallar inconsistencias que echarán abajo la teoría cuántica y en el mejor de los casos, intentando unificar las dos teorías, pero le fue imposible.[83] Así que en las profundidades del átomo quedó reinando la incertidumbre y el azar sobre los fundamentos de la materia, de la realidad y de la vida. Ante semejante evidencia, fue necesario ponerle un nombre a este fenómeno, por lo que ha surgido así, de la teoría cuántica, la *teoría del caos*.[84] Como un pequeño retoño de la teoría cuántica, el *caos* llegó para quedarse en el pensamiento moderno; no sólo en el seno de la microfísica (como afirman algunos físicos, quienes en vano intentan

---

[82] Antes de Platón, Sócrates había ya dicho que todo el conocimiento reside en el alma, de allí extrajo Platón su concepción original del universo de las ideas.

[83] A mi juicio no existe tal incoherencia, pues no es que la información cuántica viaje a una velocidad superior a la de la luz, no se produce tal viaje; lo que sucede es que el universo constituye un único objeto cuántico, originado por el enmarañamiento de información que está presente en todas sus partes fractales a la vez. No hay viaje ni transferencia, simplemente la información está en todas partes: en cada fracción, en cada molécula, en cada partícula, en cada cuerda.

[84] Basada en la estadística, la nueva matemática del caos ha desarrollado nuevos métodos como los sistemas dinámicos o también llamados sistemas estocásticos, no obstante, siempre buscando resultados deterministas; es significativo recordar que aquello que es psiquis y voluntad no es computable.

atajar en aquel ámbito el caos impertinente, buscando "reducir el daño" para conservar el imperio del positivismo en el mundo macroscópico) sino que también este bicho retoza a sus anchas paseándose por el mundo macroscópico; extrapolando la acción de la complejidad: lo percibimos en el azar, en el clima, en los fenómeno fisicoquímicos, en la vida orgánica, torciendo la actividad social, en la economía, en la política y en toda la sociedad está presente, como lo veremos en los siguientes capítulos (ver libro Fatum Leviatán).

Recordemos que el estado cuántico constituye una *onda de probabilidad* donde reside todo el azar que configura el absoluto y que ésta se *colapsa* con la mera observación dando existencia a una sola probabilidad, o mejor, permitiendo al electrón localizarse y materializarse. Aquella observación (que colapsa) es el resultado de integrar la "información probable" (que reside en la función de onda) al cerebro (*qualia*) y a la dimensión espacio-temporal; con esta acción/decisión, el cerebro, elimina las incertidumbres y convierte esa información probable en un *ente-objeto* posible, determinado y verdadero. Nótese cómo la mera "observación" hace real algo que antes no podíamos percibir, pero debemos dejar claro de una vez que el ojo es sólo un instrumento de la conciencia, por lo que la que observa es en realidad la *conciencia*, pues solo ésta puede diferencia entre onda y corpúsculo, entre energía y materia. Sin duda que este descubrimiento pone a la *conciencia* por encima de la *materia*. Los físicos se dividieron ante las evidencias de estas pruebas, que han sido repetidas muchas veces intentando hallar errores sin que los hayan encontrado; los resultados siempre son los mismos: una *onda de probabilidad* que se *materializa* cuando interviene la *conciencia*. Los físicos calculistas sostienen que hay que ignorar este resultado y construir otra teoría y otra forma de medición[85]; sin embargo, algunos físicos experimentales aceptan la existencia de la conciencia en la función de onda, pues a la final, ésta se manifiesta por los resultados mismos de los experimentos.

La función de onda contiene y procesa toda la información *probable e improbable* que hizo, hace y hará parte del universo; y una vez colapsada, en forma de fenómenos, hechos y realizaciones (ente-objeto, físico), de cualquier manera, organiza y desorganiza la realidad del mundo macroscópico. Es decir, el mundo real finito, es el resultado del colapso del universo infinito presente en la función de onda, sin que necesariamente exista un observador universal. Lo que significa que estamos ante la información del todo absoluto, por tanto, podríamos delimitar la conciencia dentro de esa información universal e intuir que pre-existe en el universo cuántico en una onda de probabilidades. Esto significa que la conciencia no estaría en un espacio-tiempo definido, ni en un órgano

---

[85] Para conservar el determinismo, la teoría de la decoherencia cuántica de Von Neumann y la nueva teoría de la decoherencia cuántica de DeWitt y Graham, intentan explicar el colapso de la función de onda eliminando la observación y sustituyéndola por un proceso de medición. Quieren demostrar que cuando un sistema cuántico hace contacto con el "entorno", evoluciona hacia un estado macroscópico y que, por tanto, no hay participación de la observación (conciencia). Es una explicación *incoherente* porque entonces el estado cuántico estaría separado del resto del universo (entorno), serían dos universos diferentes, habría que establecer una frontera entre estos, ¿cuál es?, no la definen. Si no hay límite el estado cuántico no existiría porque siempre estaría en contacto con el resto del universo (entorno). Ahora, de todas maneras, la "medición" solo es real cuando es valorada *(colapsada)* por la conciencia.

específico, la conciencia es *acausal* y *alocal*; es decir, esta diseminada en toda la materia y en todos los espacios y tiempos creando una red que organiza el *kosmos*. En el mundo macroscópico la conciencia constituye *ese todo* posible e imposible que se extiende mediante los procesos parciales, expresándose en la estría *orden/desorden* para dar configuración acabada a la realidad cotidiana. En estos términos, la función de onda es un nicho de información; pero lo probable/improbable no puede ser información hasta que no se le asigne significación. Dado que la conciencia requiere información para existir y dado que es el único ente que puede procesar la información para entenderla y asignarle significación, podríamos afirmar que la conciencia tiene su esencia fundamental en la función de onda y que son inmanentes, en cuanto la una requiere de la otra para existir. Por tanto, la conciencia esta enlazada con la función de onda y deben entenderse como un solo noúmeno.

Entonces, la idea de una conciencia ligada al sistema nervioso, la idea de una conciencia instintiva y cerebral queda descartada; por tanto, nuestra concepción de la conciencia, no es la de Antonio Damasio, ni la de Roger Penrose, quienes la vinculan a los órganos y circuitos corpóreos expresados en comportamientos somáticos y emociones. Esa conexión no es admisible porque, según los resultados de algunos experimentos de la mecánica cuántica, la conciencia es anterior al ser, es alocal y acausal, lo que significa que la conciencia no necesita del cerebro para existir, tampoco es un órgano, ni un circuito fisiológico; la conciencia no nace, crece, se reproduce ni muere, como el individuo común; la conciencia está hecha de información y es básicamente información. Inferimos entonces que conciencia y mente son dos cosas diferentes, la mente surge de los procesos neuronales que se dan en el cerebro, el cual se alimenta de información externa, de lo que percibe del entorno; mientras que la conciencia aloja información interna, no la percibe, es la información misma.

Ahora, dado que la información por sí misma no es nada, se deduce que *es* en cuanto es interpretada por el cerebro (apropiada); esta revelación emerge en la medida que interactúa con la materia, lo que nos permite percibir su significación. Es lógico deducir que la conciencia constituye dicha interacción, pues es la única que puede interpretar y conocer; sin embargo, esta "interacción" va mucho más allá de la simple semántica del término, puesto que la conciencia requiere del cerebro para revelarse, pues sin este no podría *colapsarse* y sin su manifestación no podríamos percibirla, pues de hecho no tendríamos conciencia para hacer real la realidad. Entonces, es evidente inferir que *materia* y *conciencia* forman un sistema dual y que este constituye, por ende, un estado cuántico (en otro nivel de realidad). Ahora, dado que todo es información y que ésta trasciende la materia, para ir más allá, a las profundidades de la creación, es evidente que la conciencia es básicamente información; pues la conciencia no puede existir sin información ni ésta sin la conciencia. A la sazón, volvemos a los mismos resultados de los experimentos, si la información constituye la onda de probabilidad es lógico también que la conciencia integra esa onda universal de probabilidades, configurándose, de alguna manera desconocida, en un estado cuántico, tal como se manifiesta en la partícula primigenia.

Pero esto no significa que en la función de onda está escrito el *destino* del universo; sería absurdo, porque tendríamos que suponer la existencia de un creador de la función de onda quien definió cuál es la información *probable/improbable* que la conformaría y la sucesión de eventos colapsados. Ahora, puesto que ese creador tiene un límite (para ser definido como creador) no puede ser superior a la función de onda, es evidente que él existiría dentro de ella; por tanto, esta posibilidad queda descartada. Entonces, ¿cómo se produce el *destino*? En primer lugar, tenemos que decir que el destino constituye la suma (de caminos) de las realidades parciales que se van colapsando. En segundo lugar, los colapsos que se van produciendo van modificando la transición de la función de onda al mundo macroscópico, mediante las leyes de la naturaleza; pues la agregación de realidades presenta cierta autonomía dado que las primeras condicionarán las posteriores, llamaremos a este fenómeno *concatenación crítica*.[86]

Dado que la conciencia es la esencia y el ser es la consecuencia, para lograr un cambio de paradigma, es evidente que tenemos que cuestionar nuestros objetivos epistemológicos respecto a esta nueva visión de la realidad ¿o nos sostenemos con tozudez en la vieja pretensión de seguir buscando la "verdad", desconociendo *de qué* está hecha y sin saber *cómo* influye la *conciencia* en el origen del ser? Éste quizá sea uno de los problemas más fundamentales que tenemos que resolver para orientar el pensamiento, las ciencias sociales y el destino de nuestra sociedad. Es lógico que se requiere un cambio fundamental, porque la filosofía no puede seguir trabajando en vano en la búsqueda de la "verdad", soslayando la vital incidencia que tiene la conciencia en la construcción de la realidad; primero es esencial saber qué es la conciencia, cómo construye la realidad, cómo la colapsa y cómo cada colapso generado es afectado por las leyes de la naturaleza y cómo va condicionando la creación de nuestro mundo. En todo caso, ya podemos concluir que no somos seres aislados, sino que somos el mismo individuo; *uno* más de los otros *unos* quienes producen la realidad en conjunto. Esta *visión unificadora* ayudará mucho en el diseño de las nuevas ciencias sociales.

Los estudios analíticos de la teoría cuántica, han demostrado en varios experimentos que la partícula cuántica tiene voluntad y actúa discrecionalmente con conocimiento previo a los experimentos que sobre ella se realizan, eso conlleva a concluir sin errata *que la conciencia es anterior al ser*. Este resultado no lo puede dar la física matemática porque la conciencia no es un atributo computable; es decir, matemáticamente este hecho tampoco se puede contradecir. Toda vez que es anterior al ser, la conciencia se convierte en la *categoría* más importante por estudiar, pues a partir de allí surge la vida y la realidad que conocemos. Nuestra filosofía, en lugar de preguntarse ¿por qué el ser y no la nada? (una pregunta caduca), ahora tiene que preguntarse ¿Por qué la conciencia plena de conocimiento previo y no la mente ignara, que todo lo debe aprender?

---

[86] Para ampliar la idea remitirse a la entrada *Concatenación crítica*, en el segundo capítulo.

Finalmente, aceptar el hecho de *que la cuántica tenga conciencia o no la tenga*, o asumir una posición neutral o escéptica, es a la larga completamente natural porque paradójicamente esta diversidad de probabilidades configura la función de onda, extrañamente, no podemos estar todos de acuerdo ¡porque violaríamos las leyes de la teoría cuántica! Es tanto lo uno como lo otro, depende como se le mire; si lo percibimos desde la matemática, desde un algoritmo, jamás podremos aceptar tal probabilidad porque la conciencia no es computable lo que impide la cuantificación de la función de onda. Para pensadores como Vedral, el universo es un *quantum de información*,[87] es decir, un mero *qubit* de información, lo que es perfectamente coherente con la idea de un universo fractal y entrelazado que explica la afirmación de algunos físicos que defienden la concepción del universo como un software.

Sin duda todo lleva a concluir que el universo está configurado por el entrelazamiento de una red de enlaces entre las partículas cuánticas. Esa red, semejante a la red neuronal que conforma el cerebro, sería un extraordinario sistema de transferencia de información. Al eliminar la incidencia técnica de la palabra software queda información; lógicamente, es inevitable incluir también en este sistema la *conciencia* puesto que en ésta residen en las partículas cuánticas y seguramente son el motivo del entrelazamiento; pues, cómo sabe una partícula que otra se aproxima (o que solo existe la probabilidad de que se aproxime) para entrelazarse.

Sin duda la conciencia juega un papel vital en el entrelazamiento cuántico. Existe una alta probabilidad de que la conciencia proceda del universo cuántico o sea anterior a éste; de cualquier forma, la teoría cuántica y la conciencia nos exponen al límite del pensamiento, nos llevan hasta la frontera entre la ciencia y la mística, nos emplazan entre la razón y la espiritualidad, nos lanzan a un fondo borroso escapando al entendimiento humano. Sin embargo, estamos seguros de algo, la conciencia no puede ser otra cosa que mera información cargada de significación, pues la conciencia es la única que puede otorgar comprensión a la información.

El lector está en libertad de aceptar que *la cuántica tiene conciencia o no la tiene*, tal como la comunidad de científicos de la física están divididos por la misma razón; de hecho, la mayoría de los físicos que trabajan y escriben sobre teoría cuántica y que se cuestionan sobre la incidencia de ésta en el origen de la vida y la inteligencia[88] se ven en la obligación de incluir un capítulo sobre el *libre albedrío o la conciencia*, ya sea para explicarla, objetarla o reconocerla, pero este tema es obligatorio porque hacia allí fluyen todos los resultados de los experimentos de la mecánica cuántica. El problema consiste en que, dado que la *conciencia* no es computable, el asunto rebasa el alcance de la física común; ante esta disyuntiva, la mayoría de físicos (positivistas) tienden a negar tajantemente la existencia de la *conciencia* en la esencia de la partícula fundamental (sin aportar ninguna prueba, ni argumento contundente); pero, dados los resultados

---

[87] Ver, Vedral Vlatko, "Decodin Reality: the universe as quantum information". University of Oxford, England and National University of Singapure. New York, 2010.

[88] Otro grupo de físicos no se cuestionan sobre estas consecuencias porque se dedican al mero cálculo operacional.

inobjetables de los experimentos en mecánica cuántica otra generación de físicos acepta esa presencia, revelando así el enlace entre el mundo cuántico y el universo macroscópico.

De todas maneras, el escepticismo, la neutralidad o la "no-aceptación" son coherentes con el *principio de incertidumbre* (pilar de la teoría cuántica) y no contradicen los resultados de los experimentos ni eliminan la existencia de la *conciencia* como fenómeno fundamental para producir la realidad y la vida inteligente, tampoco anulan los procesos parciales de la evolución ni su trascendencia como hecho innegable de *la finalidad existencia,* la cual es inducida por una fuerza intrínseca y desconocida que caracteriza la naturaleza compleja del universo, la *voluntad de poder.*

Espero haber tocado el aldabón de oro en el pórtico de la comprensión, no es fácil exponer los extraños comportamientos del estado cuántico, pues todo el tiempo predomina esa absurda compulsión de la incertidumbre y ese protagonismo descomunal del caos generando una borrosidad imposible de analizar; espero haberme hecho entender, sino, permítanme una humilde justificación evocando a Georgias de Leontini, quien afirmó: *"Nada existe, si algo existe no es cognoscible por el hombre; si fuese cognoscible, no sería comunicable".*

De la Teoría Clásica a la Teoría de la Complejidad [89]

...porque observaba por esos días un cierto aturdimiento
de la naturaleza: que las rosas olían a quenopodio,
que se le cayó una totuma de garbanzos y lo granos
quedaron en el suelo en un orden geométrico
perfecto y en formas de estrella de mar...
Gabriel García Márquez
En "Cien Años de Soledad"

Este capítulo está dedicado a presentar algunos fenómenos que caracterizan los sistemas complejos en el mundo macroscópico. Dado que no ha sido posible concebir una definición satisfactoria de complejidad más adelante indicaremos algunas características que permiten identificarla; mientras tanto, presentamos algunos problemas que ésta nos ha planteado. No sabemos por qué el huevo de las criaturas terrestres es completamente esférico mientras que el huevo de las aves es ovalado; sabemos que si el huevo terrestre rueda no se encuentra en mayores peligros y también deducimos que si el huevo de las aves fuese esférico, al rodar tiene más probabilidades de caer del nido, por esta razón el huevo de las alturas es ovalado, pues cuando rueda, gira, evitando caer, lo que garantiza la supervivencia de la especie: ¿cómo desarrolló esta característica tan única el huevo de las aves? Existen diversas complejidades en las aves: su sistema de orientación para la efectiva migración o el hecho increíble de que el colibrí pueda *retroceder* o *detenerse* en pleno vuelo sin cambiar el sentido de su aleteo, ¿cómo lo hace?

En abril de 2010, en la ciudad Knin (Croacia), una joven de 13 años entró en coma, a las 24 horas despertó expresándose perfectamente en alemán, idioma que no hablaba y que recién comenzaba a estudiar; en sustitución, extrañamente, olvidó su idioma materno, el croata, por lo que tuvieron que valerse de intérpretes para que pudiera comunicarse con sus padres. Esta prueba empírica, de la vida real en Croacia, sin supuestos, sin interpretaciones, donde la naturaleza se manifiesta por sí misma, es mucho más valida y efectiva que cualquier experimento de la física cuántica o que cualquier interpretación de sus resultados. Estos son sistemas complejos.

Como tradicionalmente lo ha hecho la ciencia cuando sus leyes no pueden explicar algo, en la ciencia de la complejidad no podemos pasar inadvertido este insólito hecho. Es necesario que pensemos en el asunto y sobretodo, que cedamos el paso a nuevas interpretaciones, pues ésta sería una clara prueba de la función de onda (que lógicamente es mera información), lo que explicaría la premonición, la intuición y el *dejá vú*, fenómenos como la combustión espontánea y el caso de Sincé (Colombia) donde los objetos se incendiaban por

---

[89] Los principios de la mecánica de Newton son omitidos en este capítulo, pero Ilya Prigogine y Gregoire Nicolis, en su obra "La Estructura de lo Complejo", 2ª Ed. Alianza Editorial, Madrid, 1997, hacen un brillante análisis de los mismos en términos de complejidad. Igualmente, Jorge Wagensberg, en su obra "Las Raíces Triviales de lo Fundamental", Metatemas, Tusquets Editores, Barcelona, 2010, también se ocupa de la complejidad desde la perspectiva de la mecánica de Newton.

voluntad propia y muchos otros casos más, a los que la "ciencia física" siempre les aplica la técnica de "soslayar". Ahora, si la niña estaba en coma, por ende y tal como tradicionalmente lo suponen los científicos comunes, "no tenía conciencia"; entonces, ¿cómo es posible que aprendiera el idioma alemán sin tener conciencia? Es lógico que, en las profundidades de la naturaleza humana, resida algo mucho más magnánimo y profundo que la conciencia común, donde todos estamos de alguna manera unidos; eso se llama *conciencia cuántica* o *conciencia eidética*.

Por tanto, tenemos que aceptar definitivamente que no toda la información es computable, precisamente porque no es física. Y aquella que lo "es", será computable siempre y cuando se refiera a propiedades cuantitativas que caracterizan físicamente la materia o la energía, pero no a las facultades cualitativas que ocultan la acción de la complejidad, de la qualina[90] y que permiten la identificación del *sí mismo*, de lo contrario no existiría la complejidad. Hay dos tipos de información: una cuantitativa que puede ser computada y sobre la cual es posible aplicar métodos matemáticos (mente) y otra, que, por su naturaleza cualitativa, no permite la computación de sus contenidos (conciencia). Dada su fractalidad, la primera es discreta y la segunda es continua, inagotable, enmarañada y oculta en un solo *qubit* de información, lo que explicaría la transferencia del lenguaje alemán en sustitución del croata. Ese binomio fractal produce la conciencia y la realidad.

Dado que *el todo* está hecho de información, es válido deducir que el máximo bien que existe en el universo es la *información*; entonces, es lógico que la información sea la realidad en sí y por ende, la conciencia, puesto que al conocimiento y a la realidad se llega solamente por la información y la conciencia. Por tanto, la búsqueda de la realidad no es una tarea única de la "ciencia física", puesto que ésta no puede aplicar sus métodos matemáticos a la información cualitativa, la cual constituye la esencia compleja que interpreta la semántica de la realidad. Es evidente entonces, que se debe dar paso a un pensamiento menos rígido; abandonar el "hard", para darle paso al "soft", donde verdaderamente se activa la dinámica de las cosas. A la larga la materialidad y las propiedades que observamos de ésta, no son más que el casquete donde se aloja el "soft", donde reside la esencia de la complejidad. Damos prioridad a lo externo y medible, con esta corta visión jamás podremos cambiar la esencia interna para conseguir un cambio de paradigma que permita la cimentación de un orden humano más justo.

La naturaleza germina adaptándose en sucesivos procesos de orden/desorden para emerger en nuevos fenómenos, formas y especies (ente-objeto) que, en el mismo transcurso de la emergencia, mediante la transferencia oculta de información, "aprenden" a protegerse de todos los efectos que le son nocivos y que ponen en peligro su reproducción. La ciencia clásica no ha dado respuestas a estos fenómenos de la complejidad, por lo que nuestras mentes los han olvidado; si pudiéramos descifrar su oculto comportamiento obtendríamos la información necesaria para controlar el sistema. Pero esa información oculta esta enmarañada desde los orígenes de la materia y del universo, produciendo un

---

[90] Es el proceso que impulsa la finalidad hacia la vida y el mundo que conocemos. Ver pg. 121.

software, una conciencia que al parecer domina todos los fenómenos que caracteriza la naturaleza. Por lo tanto, todo indica que para arribar al laberinto del Viejo hay que tomar el atajo de la complejidad; para facilitar este camino presentamos a continuación algunos aspectos inherentes a la complejidad que facilitan su identificación; comencemos por el principio, con el vacío.

En las profundidades del azar

No hay naturaleza más sorprendente que el azar. Si el universo es información, como han dicho los físicos, pienso que el azar es una transmisión errada de contenido que divaga indefinidamente como "un ruido" buscando donde alojarse para crear realidad. Es allí donde confluyen los límites del universo.

El azar es comparable con el inconsciente del universo, una entidad de antítesis profunda donde preexiste la *acausalidad* de las incertidumbres. Es decir, de allí surge sin causa "algo" para hacer real lo que no podía ser, logrando así crear la conciencia capaz de cuestionar su misma existencia. El azar llena los vacíos de lo indeterminado, es la solución de la ecuación universal para dar origen a lo determinado. En lo cotidiano, la antítesis interna del azar colisiona contra la tesis externa de la realidad (lo indeterminado choca contra lo determinado) produciendo lo que llamamos la "casualidad" y que tiene un efecto psicológico de sorpresa en los hombres (sincronicidad, en Jung).

Ahora, buceando en las profundidades de lo ignoto, imaginemos el choque entre millones de sucesos internos del universo, composiciones utópicas para nuestro cerebro, todos sucesos azarosos y anteriores al hombre; es evidente que se produce una red enrevesada, tal como la red neuronal, donde cada colisión es un evento creador que reproduce más información (autopoiesis), la cual se transfiere y se vuelve a combinar hasta armonizarse, para dar origen al orden. Es el azar quien se encarga de ajustar las condiciones del universo para crear y sostener la ley antrópica; es el azar quien prepara las diversas mezclas de energía y materia para que aparezca la vida, tal como la conocemos; es el azar quien le da orden al caos subyugando su renuencia a lo perfecto. El azar trabaja permanentemente en la clandestinidad de lo ignoto. Es la complejidad más profunda, es la matriz de todas las complejidades.

El azar es instrumento de la conciencia, es fuerza creadora, es la dinámica oculta que navega en cada cosa y en cada variante del universo incidiendo en la realidad total. En las cosas constituye la sustancia compleja que no podemos extraer del sustrato, en el hombre subyace en su inconsciente como una sombra que se entromete en su conducta y en la toma de decisiones, para, a través de él, adosar variaciones ocultas en la realidad; así, irrumpe en lo cotidiano por su obstinada tendencia a emerger. En el azar se ocultan la finalidad de existencia y la voluntad de poder, por esa razón los hechos imposibles de prever resultan emergiendo sin que la intención o voluntad de los hombres influyan en su producción; el zar tiene su propia existencia porque emerge de una manera u otra en virtud de su propia "intencionalidad" para crear realidad.

Siempre presente, el azar configura la realidad oculta que no podemos determinar pero que nos absorbe esclavizándonos para poder adquirir un poco de certeza. En realidad, vivimos en los límites de un miedo inconsciente: trabajamos para no morir de hambre, trabajamos para mantener el orden de nuestra convivencia con las cosas, vivimos con esfuerzo para apenas subsistir, creamos dioses y buscamos afanosamente la verdad para estar tranquilos y en paz interior; con la cantidad de trabajo diario que incorporamos creemos que dominamos las incertidumbres, pero ellas habitan perennes en el fondo de la naturaleza porque allí retoza a sus ancha el azar reproduciéndolas.

Se infiere entonces que el hombre no es un ser depurado, no es libre porque no puede ser autónomo, en realidad ni siquiera la subjetividad es suya del todo. Sin duda el hombre está atado al universo por el cordón umbilical de una información pasiva y azarosa que cuelga como un apéndice retorcido del principio de incertidumbre y que no puede alcanzar.

Entonces: ¿Es el azar el dueño de nuestro destino? ¿Tiene la identidad del azar un código oculto capaz de intervenir a nivel de nuestra realidad? ¿Hay otras formas ocultas de existencia que vegetan bajo el embozo de nuestras existencias reales?

Sin duda, son pedazos de azar que configuran eventos difíciles de identificar, son fragmentos aleatorios que pisamos todos los días, son pegotes de incertidumbre que se pegan a los pies dificultando el caminar seguro, son esquirlas convertidas en dudas, plenas de desconfianza e inseguridad. El azar da forma acabada a las contingencias y angustias contra las que tenemos que luchar todos los días.

Pero también, en la lucha diaria por la vida, los sentimientos y las emociones surgen incitadas por la brisa del azar, por el logro de vencer lo absurdo y abrazar lo deseado, las buenas sorpresas nos hacen vivir las alegrías y los buenos momentos; sin las maravillas y los desconciertos que nos impone el azar no seríamos nada, no construiríamos nuestra dignidad a base de lograr éxitos contra lo utópico, ni tendríamos la caricia que nos da la felicidad cuando descubrimos o vencemos lo imposible. No seríamos seres humanos en toda su dimensión. El azar nos hace humanos.

La complejidad del vacío

El hombre siempre se ha preguntado por la nada y el vacío. Aristóteles agregó a los cuatro elementos el éter, como la *quinta essentia*. Dada la inexplicable existencia de la gravedad y convencidos de que la luz no podía desplazarse en el vacío, los clásicos complementaron la idea del éter como un fluido que permitía la trasmisión de la gravedad y de la luz a través del espacio.

Posteriormente Michelson y Morley demostrarían que el éter no existía, lo que sirvió para que luego Einstein desarrollara su teoría de la relatividad que postula la curvatura del espacio-tiempo, arguyendo que ésta presenta cuatro dimensiones. En contraposición, Nikolas Tesla, afirmó que "la curvatura cuatridimensional no es la característica determinante del espacio, sino que existe un "medio original" que llena el espacio y que se torna materia cuando la energía cósmica actúa sobre él, cuando cesa dicha acción entonces la materia desaparece"[91] y regresa a ese medio original. Esto es perfectamente coherente con la yuxtaposición y acausalidad cuántica, las partículas cuánticas aparecen y desaparecen sin explicación, es posible que el campo original de Tesla sea el medio que permita este fenómeno.

En la actualidad está confirmado que solamente el 4% del universo es materia física, el resto es vacío[92]; en este vacío se detecta la presencia de la materia oscura y la energía oscura; éstas no se pueden ver ni medir, pero se sabe que el vacío presente en el universo está conformado por el 24% de materia oscura y el 72% de energía oscura (NASA). Esto no es todo, en el vacío también están presentes la gravedad, los fenómenos eléctricos y magnéticos y, la atracción de los átomos para concatenarse y formar la materia. Al respecto Laszlo, afirma:

Los fenómeno eléctricos y magnéticos se adscriben ahora al campo EM universal (electromagnético), la atracción mutua de objetos no continuos, al campo G universal (gravedad universal), y la presencia de masa al campo de Higgs universal. Siguiendo el mismo razonamiento sería lógico atribuir la coherencia no local observada en la naturaleza a un campo interconectador[93]

(Paréntesis fuera de texto)

Respecto al *campo interconectador* que agrega Laszlo, este se refiere al *software*, al que hacen referencia algunos físicos para definir el universo y que permite el enmarañamiento cuántico creando así la función de onda; es decir, *conciencia* (si le quitamos la connotación técnica al vocablo "software"). A los componentes anteriores tenemos que agregar la *antimateria*, pues ésta no puede ser otra cosa que vacío y también, la *temperatura* que no es materia, pero se presenta variada en los diferentes sectores del cosmos. En virtud de la característica *holofractal* del universo, la infinitud del espacio no se debe percibir como un simple volumen, sino que esa infinitud es también intrínseca originando un mayor vacío; es decir, a escalas infinitesimales, un centímetro cubico de espacio es tan infinito como el universo en toda su magnitud, el infinito contiene una infinitud de infinitos plenos de información, a ese fenómeno lo llamaremos *vacuidad*, que junto con la función de onda o conciencia universal, originan el *kosmos*. Los últimos descubrimientos de la teoría cuántica han revelado que el espacio vacío tiene su propia dinámica y como agua en ebullición se reproduce expandiendo del universo.

Entonces, el vacío no lo podemos reducir a la simple nada, por el contrario está pleno de complejidades ininteligibles, pero que de alguna manera podemos pensar como "un medio original" conformado por: 1) el campo electromagnético universal, 2) el campo de gravedad universal, 3) el campo de Higgs universal, 4) la antimateria, 5) la temperatura, 6) la materia oscura, 7) la energía oscura[94] y 8) el campo interconectador universal de la función de onda que alojaría la conciencia universal. Todo esto, según Einstein, dispuesto en un espacio curvo tetradimencional; pero, es evidente, que no podemos reducir semejante

---

[91] Laszlo Erwin, "El Cambio Cuántico", Ed. Kairós. Barcelona, 2010, pg. 151.
[92] ¡La misma disposición vacía del átomo!
[93] Ibidem, pag. 150.
[94] Responsable de la expansión acelerada del universo.

maravilla inmensurable a cuatro dimensiones,[95] pienso que es infinitamente dimensional (la teoría de cuerdas acepta más de cuatro dimensiones) según la característica holofractal del espacio-tiempo, es *vacuidad* infinita.

Ahora, imaginemos las fuerzas de todos esos componentes en eterna interacción, intercambiando información, procesando sus inducciones y permutando el azar y sus emergencias; las fluctuaciones de la energía de ese sistema, en función con el campo de Higgs, terminó por originar múltiples partículas dispersas[96] que luego se fueron articulando por efecto de la constante de Plank para crear la materia; luego surgirían los patrones de la ley antrópica para configurar el orden cósmico.

A comienzos de 2019, aparece un experimento que corrobora la manifestación *acausal* de la materia. La revista "Nature" publicó el artículo "Correlations detected in a quantum vacuum"[97], en el cual da cuenta del experimento de los científicos Benea y Chelmus quienes demostraron la existencia de correlaciones entre las fluctuaciones del campo eléctrico en el vacío. La traducción de la conclusión es la siguiente.

Un resultado sorprendente en la mecánica cuántica es que el vacío no está vacío. Las partículas pueden aparecer de la nada durante períodos de tiempo muy cortos. Este fenómeno se puede entender como una consecuencia del principio de incertidumbre de energía-tiempo, por el cual la restricción de una medición a un intervalo de tiempo extremadamente corto conduce a grandes fluctuaciones de energía en el intervalo. Si bien los efectos indirectos de estas partículas "virtuales" están bien estudiados, solo mediante la exploración de un vacío en escalas de tiempo muy cortas, las partículas se vuelven "reales" y se pueden observar directamente.[98]

La aparición *acausal* de estas partículas explican la formación de la materia en el universo, lo que significa que la materia se crea sola, posiblemente desde el "medio original" se *colapsa*, tal como lo hace la función de onda, pues la mera observación (de la conciencia) la convierte en materia. Dado que para que se produzca el *colapso* se requiere la presencia de la conciencia, entonces, ésta sería una prueba indecible de la existencia de la conciencia universal. Toda vez que ese experimento explica la aparición de la materia, la pregunta ya no es ¿cómo se produce la materia?, sino ¿cómo se reproduce el espacio?, de donde se derivan otros cuestionamientos fundamentales: ¿es el espacio (vacío) el *medio original* donde se aloja la conciencia para cumplir la función de *campo interconector* con el propósito de permitir que las partículas originales *(quarks)* se ensamblen dando forma acabada a la materia? ¿es el espacio la *suma de caminos*? ¿es el espacio una única y totalizante función de onda?

---

[95] Lógicamente para realizar las computaciones matemáticas y lograr un resultado coherente con el orden macroscópico es necesario reducirlo a un número pequeño de variables, pues trabajar con el infinitito no permitiría la aplicación de ninguna fórmula eficaz y el resultado desbordaría la lógica común.
[96] Lo que explica la *acausalidad cuántica* y de donde deviene el postulado de la *voluntad de poder*, pues sin duda este fenómeno requiere de un "poder superior" que permita originar la materia y las leyes antrópicas.
[97] "Correlaciones detectadas en un vacío cuántico".
[98] Revista Nature, 568, 178-179 (2019). doi: 10.1038/d41586-019-01083-z. Riek, C. et al. Science 350, 420–423 (2015). Recuperado 19/06/2019.

Entonces, es evidente que la *nada* está llena de *algo* que supera la cantidad de materia física y desborda nuestro entendimiento. El vacío tiene una dinámica de producción y emisión de espacio, materia y energía, es el cántico silencioso del universo, es el vientre de todas las cosas, es la vida en su expresión eidética. En su *vacuidad* persiste la conciencia de la creación, donde se alojan los misterios que están más allá de la teoría cuántica.

La complejidad de lo simple

En el exordio hicimos alusión a la *complicación* manifestando que ésta se expone mediante aquellos procesos y sistemas problemáticos, imprecisos, con múltiples variables, pero que, después de incorporarles un cierto grado de trabajo, se pueden determinar, controlar, modificar, predecir y describir mediante algoritmos lineales. De primera mano, en el mundo macroscópico y toda vez que la complicación carece de complejidad, la complicación es *simple*.

Lo *simple* subsiste como antónimo de *complejo*, por lo que se espera una definición inversa que nos permitiría definir la complejidad por defecto, pero esté no es el caso. Si bien la complejidad es caótica y plena de incertidumbres, no excluye lo *simple*, porque estaría excluyendo el orden, lo reglado, lo estático y elemental, lo que significa que tendríamos que escindir la realidad para abordar la naturaleza de la complejidad; una propuesta absurda porque desconocería la concepción del todo enmarañado, del universo como un solo objeto o software.

Sin embargo, en esta ocasión la natura nos proporciona un fenómeno maravilloso que nos incita a la admiración: lo *simple* es también *complejo*. La complejidad de lo *simple* radica en la pregunta ¿cómo es posible que exista lo *simple* en un universo cuya esencia es el *caos* y sus procesos y fenómenos son producto de la *complejidad*? Es evidente que, para *simplificarse*, lo *simple* tuvo que someterse a severos procesos *complejos*; así que lo *simple* no puede existir sino como *producto* de la acción de la complejidad y el caos; entonces, es indudable que entre lo simple y lo complejo transitan las leyes de la naturaleza. Ahora, ¿por qué lo simple se nos antoja *simple* y no vemos su complejidad? ¿Nuestra condición humana está diseñada para superar esa antípoda complejidad? ¿Qué extraño papel juega la *conciencia* en esa percepción?

Lo *simple* es *simple* porque es fácil de asimilar y discernir por el cerebro (orgánico), lo que permite penetrar una mente poco evolucionada. Es más, toda vez que lo *simple* garantiza *acceso común*, permite que todos los sistemas se homologuen y haga un lectura más efectiva y rápida del entorno, facilitando de esta manera su adaptación, organización y posterior *evolución*; lo que significa que la *realidad* se simplifica para hacer *posible* lo *probable*, para eliminar las incertidumbres que complejizan su existencia y presentarse de manera sencilla y *dable*. El agua es *simple*,[99] pero *da* toda vida. Igualmente, lo simple puede ser fácilmente retenido y entendido, lo que origina memoria y mente, con lo que se

---

[99] El agua es de *acceso común*, porque no deteriora casi nada, al contrario, origina y sustenta la vida; es simple, no solo en su sabor y maleabilidad, sino también en su composición atómica, pero a la vez, encierra toda complejidad.

alcanza la comprensión; finalmente, con la comprensión, se crea la *qualia,* dando lugar al hombre y al mundo que conocemos. Lo simple es necesario para crear el cerebro y la mente humana, lo simple es una herramienta de la complejidad.

Características de la complejidad

Dada la alta diversidad de criterios que se deben aplicar para formular un concepto de complejidad y toda vez que la complejidad incluye una dinámica del todo (lo que dificulta aún más esta tarea), nos vemos avocados a enfrentar este desafío describiendo algunas características de la complejidad que permitirán identificarla. Lo primero que tenemos que mencionar al respecto es la correlación que se produce entre el sistema y la conciencia que lo *colapsa*, pues se origina una estrecha relación entre el sistema y el observador, puesto que, al otorgarle significación, a través de la conciencia, el individuo entra a formar parte del sistema que analiza. Esta incorporación del individuo en el sistema también está dada por el *enmarañamiento*, pues, como lo ha sostenido la teoría cuántica, todo está estrechamente enlazado y las cosas se pertenecen unas a otras en virtud de que las parcialidades discretas están unidas en la totalidad del *continuum*, donde las diferentes correlaciones son simétricas dando forma al mundo y sus fenómenos; lo que significa que las autonomías son inevitablemente relativas. En este contexto, la complejidad transita a través de los procesos intermedios de la realidad, manifestándose alternativamente en los sistemas y revelando, entre otras, las siguientes características:

1. Los procesos complejos son irreversibles e irreducibles, lo que significa que la complejidad constituye una forma de simplificación de la realidad.
2. Existen sistemas cuyas partes son heterogéneas, pero, inexplicablemente, trabajan unificadas para alcanzar la supervivencia o emergencia del sistema.
3. El sistema presenta un comportamiento hermético, su capacidad para procesar información es indescifrable, por lo que existe información que no conocemos del sistema.
4. El sistema no se puede controlar.
5. El sistema no se puede describir mediante algoritmos lineales, ni es computable matemáticamente.
6. El sistema es impredecible o se encuentra en estado de no equilibrio, pero se conserva desarrollando un proceso intrínseco de homeóstasis, lo que le permite utilizar el no-equilibrio para afrontar las adversidades del entorno.
7. El sistema aprende del entorno y codifica dicha información en su qualina o ADN, luego se reproduce incorporando esa información internamente, fortaleciéndose, o desarrolla un nuevo comportamiento para adaptase al entorno y garantizar su supervivencia.
8. Cuando el sistema es sometido a perturbaciones rompe su simetría originando nuevas reglas y propiedades.
9. Generalmente presenta características determinadas e indeterminadas (fractalidad) que se conjugan para dar unidad y energía a su existencia.

10. El sistema es intrínsecamente adaptativo por lo que una de sus estructuras puede asumir la función de otra estructura que haya perdido, o puede asumir nuevas funciones con la misma estructura.
11. Para ajustarse a los cambios del entorno y garantizar su autopoiesis, el sistema es capaz de auto-organizarse, transformando sus partes y funciones, para emerger en forma de un nuevo sistema.
12. Existe transferencia de información entre sistemas o al interior de estos, originado un aprendizaje que permite la adaptación y emergencia.
13. Pequeñas variaciones en las condiciones iniciales de un sistema pueden dar lugar a grandes cambios en el mismo. Estos cambios lo pueden volver caótico u organizado, según la adaptabilidad requerida.
14. La correlación orden/desorden origina y dinamiza la acción de la complejidad.
15. Inducido por sus condiciones, su comportamiento y la cantidad de individuos interactuantes, así como por los niveles de energía y materia utilizada, el estado inicial de un sistema puede transformar estos niveles críticos (de su materia y energía) induciendo al sistema a alcanzar la *frontera del caos*; al llegar a este punto automáticamente se produce otro sistema completamente diferente al primero, con nuevas propiedades y reglas, configurando así un nuevo orden en la realidad (estructuras disipativas).
16. El sistema es *discreto*, constituye una identidad aparentemente única, pero su mera presencia lo afianza en la diversidad del *continuum*, como si heredara la condición cuántica, es lo uno y lo otro. No hay dos hombres iguales, no hay dos leones iguales, ni dos bosques idénticos. La identidad produce la existencia de la diversidad y viceversa. En el plano social las libertades individuales quedan limitadas por esta complejidad.

Lo antes mencionado es apenas fragmentario, incumbe a los procesos parciales que se dan entre materia y energía. Pero respecto al todo tenemos que decir que, en virtud del enmarañamiento cuántico, el todo es un *continuum*, un solo objeto, una sola cosa, intrínsecamente configurada por múltiples campos de fuerza. Sin embargo, ese todo no es determinado, no tiene leyes que lo gobiernen, no es materia ni energía, es un híbrido inconcebible. Es caos. En últimas, es mera información (software). Dado que la información tiene que ser significación, el universo es *conciencia*. Por tanto, la conciencia es la matriz del caos y de todas las complejidades.

Lo extraño es que la *complejidad* se enmascara dentro de lo simple, en las leyes de la naturaleza, dentro de los modelos lineales y entre la cotidianidad; se oculta para crear un mundo que está más allá de lo convencional a los ojos del hombre. Es lógico que esta característica se produzca por efecto de la carga de indeterminación que alberga en el *continuum*, pues emerge como producto de la interacción de las leyes naturales; en *La Estructura de lo Complejo* Nicolis y Prigogine, afirman, "la complejidad está muy alejada de cuestionar las leyes de la naturaleza y más bien aparece, bajo condiciones adecuadas, como una consecuencia inevitable de éstas"; claro, porque produce también lo simple y lineal, porque activa la acción de las leyes naturales e impulsa la correlación orden/desorden, con lo que se dinamiza la producción de la realidad.

Concatenación crítica

La *concatenación crítica* nos dice que la *probabilidad* es la pre-existencia en la función de onda de la *posibilidad* y que lo *posible* es aquello potencialmente permitido para un sistema determinado que está sujeto a las leyes de la naturaleza y a las condiciones de su entorno. Es decir, en la función de onda siempre existirá la *probabilidad* y en el mundo macroscópico la *posibilidad*; el límite entre una y otra está dado por la observación y por las leyes de la naturaleza. Por ejemplo, existe la *probabilidad* de que una ballena pueda volar, pero esto aún no es *posible* en el mundo macroscópico porque intervienen las leyes de la naturaleza en las condiciones del entorno y en el sistema mismo, originando una prohibición. Aun así, esto no significa que tenemos que descartar para siempre tal *posibilidad*, pues dicho sistema se puede transformar posteriormente originando nuevas leyes; pues esa *probabilidad* y sus leyes pertinentes, subsisten en la función de onda,[100] pero aún no las conocemos, o no se han *colapsado* en la genética de la ballena.

Así, la *concatenación crítica* está conformada por dos partes articuladas entre sí. Una de esas partes es *indeterminada* y la otra *determinada*, la segunda deviene de la primera en cuanto es *colapsada*; la primera es infinita y la segunda es finita porque está limitada por la observación y por las leyes de la naturaleza. Sin embargo, no son antitéticas, pues conforman un artilugio compatible que se retroalimenta recíprocamente.

De las opciones probables el jugador observa algunas posibles que al jugarlas producen una historia de eventos (trazabilidad) representando la memoria del juego ejecutado (serie de jugadas colapsadas). En Jn la partida termina y la función de onda se clausura para dicho evento.

FUNCIÓN Y COLAPSO DE ONDA

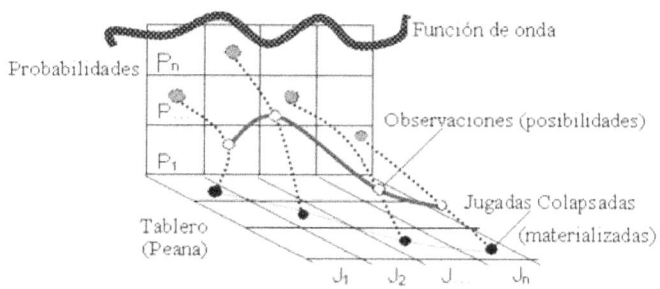

Pero, ¿cómo funciona este fabuloso sistema? ¿Cómo lo determinado y lo indeterminado pueden ser compatibles y construir la realidad física donde existimos? Para comprender la forma como opera la concatenación crítica es necesario dividirla en tres partes fundamentales: 1) el reino de la información, donde coexisten todas las probabilidades/improbabilidades inmersas en la dimensión caótica de la función de onda, 2) la observación, que es obturada

---

[100] En el universo de las ideas de Platón.

mediante la qualia y 3) el mundo macroscópico, donde operan las leyes de la naturaleza y se materializan las posibilidades. Para entenderlo mejor pensemos en todas las contingencias que puede presentar un juego de ajedrez (ver gráfico): 1) las probabilidades/improbabilidades de la función de onda, 2) el jugador es el mismo individuo observador consciente y 3) el tablero de ajedrez es la peana del espacio social en que vivimos y, en una representación más general, el universo macroscópico, donde se hace real lo posible.

Al iniciar la partida[101] (big bang) están disponibles todas las permutaciones que implica la interacción de las fichas (materia y energía) sobre el tablero, algunas serán probables otras no lo serán, pero están disponibles. Las que son *probables* tienen mayor *posibilidad* de ser visualizadas por el jugador conciente, quien al percibir la jugada y mover la ficha *colapsa* la función de onda, "creando realidad" (ente-objeto) sobre el tablero. Una jugada mejor pudo estar disponible, pero el jugador sencillamente "no la vio", esa falta de *observación* impidió el colapso de una probable realidad que "no fue". Sin embargo, cuando la jugada se observa y ejecuta, una probabilidad única, un evento pre-existente que reposaba en el reino de la información, fue *materializado* al mundo físico. Mediante la sucesión de las observaciones-acciones cada jugada modifica la función de onda (bien ampliándola o reduciéndola) y condiciona la observación y el colapso de las siguientes realidades.[102]

Ahora, es posible que el jugador: 1) supone lo que su contendor está pensando, o 2) ha visto una jugada pero decide no realizarla, esa suposición y jugada, se encuentran en la mente del jugador, aún no han sido colapsadas pero ya existen como una pre-realidad que condicionará el resto de sus decisiones; es decir, de cualquier manera, influyen en la realidad que se está colapsando (nótese que éstas no son reales, pero ejercen una poderosa compulsión sobre el juego, llamemos a esta influencia *tensión crítica*). Ahora, pueden existir jugadas que no vieron ninguno de los dos jugadores, estas jugadas continúan en la función de onda, pero, de cualquier manera, desde allí ejercen sus ocultos influjos sobre el resultado del juego; pues conocemos casos donde los jugadores sorprendidos se hallan frente al *mate*; no lo habían visto pero llegaron a éste por una "conspiración oculta"; es como si el ajedrez fuese un *ente-objeto*[103] que también juega su propia partida mediante su *tensión crítica*. De igual manera actúa la realidad, impulsada por el efecto de la *tensión crítica* se constituye en un ente único, con "temperamento y personalidad" propia.

---

[101] Según las reglas del ajedrez (leyes de la naturaleza), antes de realizar cualquier jugada hay 20 jugadas posibles en la función de onda, en la medida que se van colapsando las jugadas, las probabilidades de la función de onda se incrementan, tal como las posibilidades del juego se van aumentando y modificando.

[102] Se deduce entones que el azar es la entidad fundamental de la complejidad que anida en la función de onda, y que junto con los procesos macroscópicos, que se dan entre la energía y la materia, producen las contingencias parciales del orden-desorden que mueven el universo.

[103] Entendemos por *ente-objeto* aquellas posibles realidades que se pueden colapsar o materializar y que forman parte del mundo físico, tales como: leyes que condicionan los sistemas, toda clase de fenómenos de la naturaleza o aquellos producidos por el hombre, las formas emergentes de la naturaleza, las cosas, actos, sustancias y energías, en fin todos los elementos integrantes (y posibles) que conforman la realidad.

La suma, concatenación o acreción de cada uno de estos eventos colapsados intervienen en la construcción de la realidad configurando una *trazabilidad* (en analogía con la *historia de caminos*, como la denominó Feynman para el universo cuántico) o historia de eventos que define el *ente-objeto* materializado. La trazabilidad se produce por la *tensión crítica* y por la *ruta crítica* que sigue la observación (consideraciones respecto al entorno, apropiación del concepto, decisión selectiva, entre otros) para colapsar la realidad. Si incluimos las ideas de *consideración, apropiación y decisión*, es lógico que en este proceso no sólo intervenga la mera observación, sino que ésta está condicionada y es complementada por elementos externos, así como por la herencia del pasado (teleonomía). Y esta complementariedad también se produce dada la presencia inminente de las leyes de la naturaleza, porque todos los *entes-objeto* tienen propiedades y elementos con los que son compatibles e incompatibles y que están sujetos a esas leyes. Es decir, un individuo no podrá colapsar un *ente-objeto* absurdo porque este es *imposible* en el entorno físico; podrá ser posible en el mundo de las *imágenes, ideas y enunciados* y, por tanto, solamente podrá ser plasmado -una forma de colapsarlo- en el ámbito de la literatura, la poesía, el cine, las artes plásticas o "la realidad virtual", pero no en la realidad física. Lo que indica que cada *ente-objeto* obedece a unas leyes y condiciones específicas que, en un primer momento, son independientes del observador.

Decimos en un "primer momento", porque 1) existen *entes-objeto* que pueden observarse de manera diferente por cada individuo: es decir, se pueden hacer éxitos de los fracasos y viceversa, y un individuo puede ser aceptado por otro quien percibe su virtud, sin embargo, también puede ser rechazado por otro, cuyos prejuicios, impiden observar tal virtud. Lo que significa que este tipo de realidades son relativas puesto que tienen incorporado un alto grado de subjetivismo que caótiza el sistema, y según se le mire e interprete, es apropiada (la realidad) por el individuo; llamaremos a este tipo de realidades, *entes-objetos indeterminados*. 2) Ahora, las realidades físicas que son concretas, tal como un camión, una piedra, un árbol, son *entes-objeto determinados*, que obedecen al orden de las leyes de la naturaleza, lo que significa que incorporan una alta carga de determinismo y una menor cantidad de caos. Sin embargo, los *entes-objeto determinados* estarán siempre sometidos al escrutinio de la conciencia, por lo que su lectura les añade una alta carga de *indeterminación*; la conciencia no dejará de incorporarles su subjetividad y cierta incidencia caótica; en consecuencia, tenemos que inferir que la realidad macroscópica (y social), de cualquier manera, sigue obedeciendo al principio de incertidumbre que predomina en el universo cuántico.

La concatenación y trazabilidad se origina por: 1) la presencia de las probabilidades e improbabilidades en la función de onda y, 2) en el mundo macroscópico, por las condiciones y posibilidades física que permiten las leyes de la naturaleza; lo mismo que por las necesidades[104] a las que está sujeto el individuo.

---

[104] Se incluyen aquí también los deseos, proyectos, frustraciones y demás condiciones naturales y sociales que determine el contexto.

En el siguiente gráfico, el cuadro blanco representa el universo macroscópico donde predominan las leyes naturales y las objetividades (líneas rectas y cuadrados negros), pero donde también se perciben trazas de indeterminación (grumos). El área negra representa el reino de la información de la función de onda, donde residen todas las probabilidades e improbabilidades (líneas y grumos blancos), se observan algunas líneas rectas gruesas que

representan las leyes allí existentes pero que aún no han sido colapsadas, esta área envuelve el cuadro blanco porque es infinita.

La mente aguda Newton penetra el universo oscuro de la indeterminación para sustraer una fórmula matemática. La concatenación de las dos líneas gruesas que llegan a la cabeza de Newton constituyen la trazabilidad: cada paso dado por la línea blanca punteada constituye la suma de caminos en la función de onda, lo mismo que cada paso dado por la línea negra representa la trazabilidad (desarrollos algorítmicos y experimentos realizados en el mundo físico) para llegar a la formula final, (colapso). Solamente la conciencia puede transferir dicha información.

El colapso se define por la presencia de la formula resultante: "fuerza igual a masa por aceleración"; una ecuación inexistente hasta ese momento, que desde entonces configuró una nueva ley de la naturaleza (línea horizontal gruesa) cambiando la vida de la humanidad para siempre. Desde entonces la interpretación de la realidad física quedó condicionada por dicha ley. Esta ley constituye un *ente* colapsado, de la misma manera que la plomada constituye un *objeto*, también colapsado.

Sin embargo, nuestro destino no está escrito en ninguna parte, lo vamos creando, y en la medida que vamos colapsando los entes-objetos indirectamente se va modificando la función de onda, la que a su vez va condicionando la realidad (existente y venidera), de la misma manera que las *apropiaciones* y las interpretaciones subjetivas que hacemos de ella van configurando nuestra vida cotidiana, la realidad en que vivimos y el destino que nos espera. No estamos solos, pues es imposible ignorar que un extraño software eidético nos obliga a colapsar (producir) nuestra propia realidad, al parecer, de una manera propia en coherencia con nuestras propias predisposiciones.[105]

---

[105] De ahí surgen varias ideas: que nosotros mismo creamos nuestra propia realidad, la idea del karma y del destino ya prescrito.

Concepto de fractal geométrico

Una línea recta representa una dimensión en cuanto ésta no tiene ancho ni grueso. La misma línea, ahora curvada o plegada, lleva implícita un área, es decir, la nueva forma que adquiere fija dos dimensiones a los ojos del observador. Por tanto, el perímetro del área que percibimos es diferente al largo de la línea que lo conforma, por lo que se perciben dos dimensiones en el mismo objeto. Ahora, la superposición de áreas genera un volumen virtual, cuyas dimensiones son diferentes. Una hoja de papel representa una superficie de dos dimensiones, pero si la arrugamos y formamos con ella una pelota, adquiere una dimensión más, dando forma a una figura tridimensional cuyas medidas de perímetro y contorno son diferentes. Al desarrugar la hoja tendremos la *información cartográfica* que daba forma a la bola de papel, si adicionamos la longitud de los dobleces obtendremos una dimensión diferente al perímetro de la pelota. En realidad, encontramos dos dimensiones en las cosas.

Otra característica del fractal consiste en que una forma compleja e irregular se repite constantemente y a diferentes escalas dentro del mismo modelo. El proceso de iteración surge por la reproducción de estructuras autosimilares tanto a escala macro como micro, por lo que éstas tienen auto-similitud en todos sus niveles; es decir, en cuanto es copia re-iterada, la parte más pequeña tiene una estructura igual a la del todo. Un fractal geométrico es por definición "Un conjunto cuya dimensión de Hausdorff–Besicovitch es estrictamente mayor a su dimensión topológica". Es decir, $D \geq DT$. En síntesis, D no necesariamente tiene que ser un número entero, "si uno usa el término fractal en sentido amplio, como sinónimo de número real no entero, algunos de los valores de D anteriormente expuestos son fraccionarios; así pues, a menudo se llama dimensión fraccionaria a la dimensión de Hausdorff–Besicovitch. Ahora bien, D puede tomar valores enteros (menores a E pero estrictamente mayores que DT). Diré que D es una dimensión fractal" (Mandelbrot, ibidem, Pag. 33). Por ejemplo, en el caso de dos superficies equivalentes la dimensión de una superficie arrugada, tiene una dimensión mayor a la de una superficie lisa; cada arruga origina curvas y recovecos que agrandan la dimensión o perímetro del objeto, mientras que para las áreas lisas la dimensión es inferior por la inexistencia de sinuosidades. Tenemos un claro ejemplo en el "copo de nieve" de Helge Von Koch, (1910), cuya superficie es limitada por su perímetro infinito. Estamos entonces frente a una variable determinada en su área que de pronto se vuelve indeterminada en su perímetro. Sin duda una extraña paradoja para el mundo objetivo y un monstruo para la geometría tradicional.

FORMACIÓN DE UN FRACTAL GEOMÉTRICO

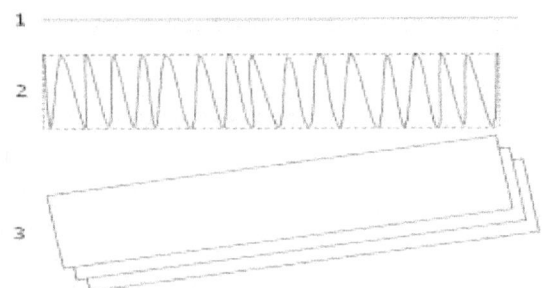

Pero Benoît Mandelbrot hace referencia solamente a aquello que percibimos a simple vista, no consideró la materia desde su estructura molecular y atómica, lo que nos permite desarrollar el concepto de fractal para acceder a las profundidades de este fenómeno y complementarlo mejor. Vista la materia así, conformada por estructuras microscópicas, la característica de *pulida o lisa* pierde su importancia ya que la medición alrededor de las moléculas origina una dimensión mayor, pero menor que el perímetro de las estructuras atómicas de la materia y esta dimensionalidad se va reduciendo si penetráramos en las partículas subatómicas que, a su vez, nos llevarían a adentrarnos en las propiedades cuánticas -*indeterminadas*- donde la dimensionalidad no existe o se *borrosea* por la presencia de la infinitud. Por eso afirmamos que D es infinito, no simplemente *mayor* como lo afirmara Mandelbrot. Mientras que D_T corresponde a la dimensión que podemos medir, percibir y palpar a simple vista. En síntesis, extrañamente, la materia se repliega sobre sí misma, se contrae como si el espacio vacío del átomo la absorbiera, por lo que existen dos dimensiones en todos los objetos, una determinada a simple vista y otra indeterminada que obedece más a la sustancia de la *cosa* que a su forma. Es como si la sustancia y la forma se unificaran para configurar la fractalidad que proviene de la esencia de la naturaleza.

FRACTAL DE LA ISLA DE VON KOCH

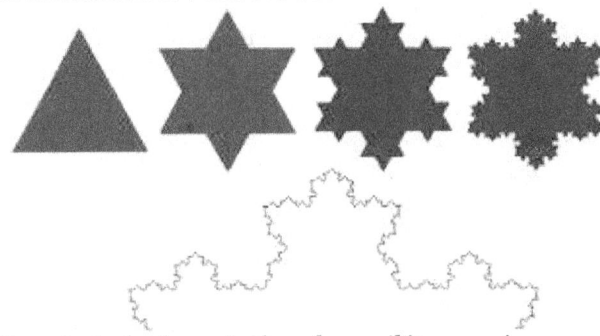

En el centro de cada lado de un triángulo equilátero se incorpora un triángulo con lados iguales a un tercio de lado inicial, se hace lo mismo con cada uno de los lados resultantes y luego de varias iteraciones se obtiene la isla. Aunque la isla de Von Koch ocupa una región finita del espacio, su perímetro es ¡infinito! "Es esta similitud entre el todo y sus partes, incluso las infinitesimales, lo que nos lleva a considerar la curva de von Koch como una línea verdaderamente maravillosa entre las líneas. Si estuviera

viva no sería posible aniquilarla ni suprimirla de un golpe, pues renacería sin cesar de las profundidades de sus triángulos, como la vida en el universo" (Cesàro, 1905; citado por Mandelbrot).

Analógicamente y a partir de la homotecia interna del universo, en la construcción de la realidad cada dimensión fractal constituye un nivel (cuántico, atómico, molecular, celular, pluricelular, individuo, sociedad, etc.) que emerge del anterior dotándolo de características diferentes. Es lógico que estas emergencias surjan a partir de las iteraciones de los patrones que conforman el nivel anterior, lo que nos permite deducir que toda la realidad es fractal. De hecho, del nivel cuántico/atómico, que está conformado por energía y vacío, emerge toda la realidad física que conocemos. Estamos entonces ante la reciprocidad dinámica que surge entre el *positivismo/objetivo* y lo *complejo/caótico*. Por esta razón los fenómenos escapan a la definición, las cosas no se revelan como son y la vida no tiene una frontera específica; la realidad es el resultado de la conjunción entre los procesos determinados e indeterminados, ambos válidos e indispensables para entender los patrones no lineales de su comportamiento.

Esta descripción de fractal nos permite adaptar el término a los fenómenos sociales. Es evidente que el concepto de *fractal social* tendrá que ser una *abstracción* en contraposición al concepto de fractal geométrico de imagen única, cuya cualidad fundamental estriba en que es visible y graficable. La dimensión *indeterminada* del fractal social queda definida en términos psíquicos, si reconocemos que la conciencia (abstracta e indefinida) constituye la parte esencial del hombre. Por esta razón, D corresponde a la dimensión psíquica del individuo, la cual, coexiste -*y desborda*- la topología del individuo, *determinada*. Ahora, el grupo social D_T en cuanto elemento topológico, está conformado por lo material/corpóreo, por aquello que podemos percibir y medir; en lo individual por, la figura, masa, peso, medida, color, altura, etc; en el marco social porque pertenece a una etnia o raza, tiene una familia, nombres y apellidos, una historia clínica, una hoja de vida, un prontuario, una profesión, un número que lo identifica, etc., variables que significan una posibilidad mensurable que al aglutinarse dan forma a la topología de la sociedad (sin desconocer que hay una conciencia colectiva y sintética que también tiene características *indefinidas*). En consecuencia, el hombre puede ser desentrañado como fractal, incluso los comportamientos inexplicables provienen del gran fractal histórico de la humanidad, y no son más que *reflejos* provenientes de los diferentes *arquetipos* que la conforman. El caso de canibalismo (más adelante comentado), que no responde a una costumbre habitual ni se presenta con frecuencia, es un ejemplo claro, pues deviene del *fractal arcaico* del canibalismo que subsistió en algunas tribus prehistóricas y que se extiende en forma de arquetipo a través del inconsciente de las generaciones sucesoras.

Números fractales y holofractales[106]

El universo puede ser visto como un fractal, e incluso como un multiuniverso "La materia contenida en cada esfera es proporcional al radio. Esta es la condición requerida para que se cumplan las leyes de la gravitación y de la radiación. En algunas direcciones el cielo aparece totalmente negro, aunque haya una sucesión infinita de universos. La *proporción del mundo* en este caso N=7 en vez de 10^{22} que correspondería a la realidad",[107] y Nottale, refiriéndose al universo macroscópico, afirma que nuestra concepción -conciencia- del universo es ambivalente, por momentos, cuando olvidamos su magnitud, creemos conocer sus límites y dominarlos; en otras circunstancias nos sentimos perdidos en el insondable vacío sin frontera, donde la firme eternidad parece tan simple como un instante. La conciencia fluctúa entre lo uno y lo otro, durante el sueño nos perdemos, durante la vigilia nos reencontramos en nosotros mismos. Esta extraña situación está relacionada con la fractalidad del universo, se puede explicar de manera simple con un ejemplo numérico.

Siempre hemos imaginado los números reales como una vasta fila que va aumentando sus dígitos a lado y lado (-,+), hasta el infinito. Pero si iteramos esa línea creando una sucesión infinita de filas (-∞... -3, -2, -1, 0, 1, 2, 3 ....∞), cada una de las cuales contiene la misma secuencia de números infinitos, entonces, también podemos verlos como un *área*. Como los números son infinitos lógicamente la *superficie* que hemos creado es infinita, a esta área la llamaremos los números *transinfinitos* (Ω). Si sobre cada dígito de las filas iteramos sucesivas columnas de números trans-infinitos, tendremos un conjunto *volumen* formado por números *trans-infinitos*. Además, hay que agregar que los números vistos como *objetos* separados, son *discretos*, pues un número es diferente a otro, también es importante observar que su agregación origina el *contínuum*, dando lugar a la totalidad. Lo discreto es *determinado*, simple y medible; el *contínuum* es *indeterminado*, función de onda, conciencia, complejidad, infinito.[108]

Este volumen, que constituye la dimensión absoluta de los números reales, no es otra cosa que el fractal de los números -holofractal numérico (¤)-, puesto que cada gaveta o cubo obtenido entre una y otra dimensión o entre uno y otro dígito es, igualmente, infinito. Es decir, entre cero y uno, hay una iteración idéntica al absoluto como a la existente entre 0,1 y 0,2, porque entre estos números, los guarismos existentes son igualmente, infinitos. El infinito contiene una infinitud de infinitos. Este concepto es aplicable tanto al espacio como al tiempo, en cuanto el espacio sea recorrido a cualquier velocidad jamás se llegará al final o se traspasará la gaveta, entonces el tiempo es también un fractal infinito.

---

[106] El cero, en cuanto indica vacío es un número caótico que complejiza la realidad, los romanos no usaron el cero por esta razón.

[107] E. Fournier, 1907, Charlier, 1908, 1922, (citados por Mandelbrot), y actualmente, ésta concepción fue retomada por Laurent Nottale, 2006, para sustentar su investigación sobre *La Relatividad de Escala*. Igualmente, con el descubrimiento de la antimateria la física moderna planteó la posibilidad de que existan infinitos universos y mundos idénticos que jamás conoceremos.

[108] Lo discreto (finito) se debe entender como parte del contínuum (infinito); no son dos cosas diferentes, sino que se pertenecen, pues lo infinito de cualquier manera influye en lo discreto; tal como la conciencia eidética subyace en cada individuo en particular y el sujeto molde la contiene.

Este conjunto holofractal (¤) se epitera infinitamente, por lo que tendremos el holofractal 1, el ¤2, el ¤3 ...¤∞, los cuales, a su vez, se sobreponen formando los holofractales transinfinitos (¤Ω).

Alfombra de Sierpinski

Esponja de Menger

La esponja de Menger se vuelve un fractal porque los infinitos vacíos deforman la dimensión geométrica de "cubo" creando otro objeto, antes desconocido.

Todo aquello que se pueda circunscribir en este modelo transinfinito constituye un *holofractal;* dado que el espacio y el tiempo conforman un fractal perfecto es evidente que la realidad del universo constituye el *holofractal transinfinito* por excelencia. Sin embargo, todos esos conjuntos son elementos de sí mismos, lo que indujo la paradoja de Cantor, pues la infinitud es su propiedad común. Es lógico, tal como lo afirma el teorema de Gödel, que ante esta monstruosidad[109] una fórmula matemática determinista es apenas fútil e insuficiente para explicar todo el conjunto *holofractal transinfinito*; es decir, la realidad absoluta; sin embargo, puede estar dotada de validez *parcial* en cuanto lo más pequeño e insignificante es coherente con el todo. Me explico, la matemática puede interpretar la realidad discreta y parcialmente física pero no podrá explicar las interacciones energéticas (información) que se producen como resultado de la existencia del *holofractal transinfinito*; el cual, tal como lo veremos más adelante, constituye el enmarañamiento (en inglés *entanglement*), de la función de onda para configurar el reino de la información que da lugar a la conciencia eidética.

Todas las *gavetas* (sistemas) resultantes son iguales respecto a sí mismas; es decir, tienen el mismo *valor* tridimensional (*1x1x1=nxnxn*).[110] Sin embargo, su perspectiva es diferente respecto al individuo, lo que le da una *medida* relativa. Una *gaveta* puede reducirse tanto como infinita es, lo que -ante nuestros ojos y cerebro- la despoja de dimensionalidad; sin embargo, ésta no ha desaparecido,

---

[109] Esta palabra es usada en este libro para definir aquello que rompe un paradigma permitiéndonos acceder a otras dimensiones de la realidad. Es un fenómeno que aunque denota anormalidad, no necesariamente significa inconsistencia; pues presenta otra manera de ver el mundo, que generalmente es absurda para la mente convencional, quien por la misma sujeción al paradigma roto, no acepta fácilmente dicha *monstruosidad*.

[110] Los científicos no descartan la posibilidad de que las cuerdas tengan múltiples dimensiones.

sólo ha adquirido una composición que no es perceptible por el cerebro humano. La tridimensionalidad se encoge replegándose sobre sí misma; en el universo cuántico, lo que para el hombre es imperceptible adquiere *dimensiones* inmensamente vacías; pues, si elevamos cada digito al cuadrado, obtenemos un holofractal transinfinito mayor al de los números reales, que va siendo mayor si lo elevamos al cubo, a la 4, a la 5, a la *n*, sin embargo, son iguales dado que todos son igualmente infinitos (Ver el Teorema de Cantor o su *hipótesis del continuo*), esto se cumple como resultado de su fractalidad y por el hecho de que son elementos del conjunto de sí mismo, ya que, cumpliendo con las propiedades de los fractales, la parte más pequeña tiene una estructura igual a la del todo. Así, la fractalidad nos proporciona la manera lógica de resolver estas paradojas.

Ahora, si admitimos que los números positivos se extienden "hacia fuera" dando origen al espacio y al tiempo y que los números negativos inducen su repliegue y encogimiento -puesto que reducen espacio y tiempo- llegando hasta las cuerdas,[111] tendremos una *curvatura* en el espacio tiempo que se reproduce en cada gaveta como en todo el *holofractal*. Este des-doblamiento tiende a la convergencia de alcanzar un sólo punto de contracción infinita. Por su parte, los números positivos, como cada vez se extienden más y más, tienden a la divergencia infinita (expansión del universo, que últimamente ha aumentado). Pero como la realidad no es cuadriculada ni cúbica, como no lo son los árboles, las montañas ni los ríos; no hay razones que impidan suponer que el universo está conformado por la unión de los extremos del holofractal universal, formando un torón. Así como la yuxtaposición cuántica revela que la partícula se ubica en varios lugares a la vez; igualmente, la *holofractalidad* nos persuade de la coexistencia de los multiuniversos que existen en un hiper-espacio profundo, donde cada *gaveta* constituye un universo envuelto en una *brana* (membrana) que lo aísla de los demás. Como en las matrioskas rusas y obedeciendo a múltiples divergencias, los sistemas que configuran la realidad en su interior albergan otro sistema, el cual a su vez contiene otro y este a su vez aloja otro; en un número infinito de iteraciones yuxtapuestas, ramificadas en múltiples bifurcaciones, los sistemas se contienen a sí mismos, tal como los números mayores contienen a los menores. Lo que demuestra que la *totalidad* está contenida en sus partes y las partes constituyen la *totalidad*;[112] sin embargo, la discretalidad de cada sistema forma el *continuum* que produce la infinitud. El universo es un fractal.

---

[111] La *Teoría de las Cuerdas*, creada para formular una teoría cuántica de la gravedad, sostiene que las partículas cuánticas están formadas por *cuerdas* (energía en vibración) y que éstas configuran varias dimensiones; para ajustar sus cálculos los físicos de las cuerdas necesitan entre 4 y 26 dimensiones, pero no hay razones que impidan pensar que éstas son infinitas. Es decir, nuestro universo de tres dimensiones tiene su origen en el multiuniverso de infinitas dimensiones, lo que demuestra la característica fractal del espacio, del tiempo y de la realidad.

[112] La *totalidad* contiene la dinámica originada por la correlación orden/desorden, lo que significa que los sistemas están sujetos a la interdependencia de sus propias entropías y a la permutación de sus propias complejidades. Así mismo, contiene la negación del sistema como la negación del todo; por tanto, la *totalidad* se vuelve indecible.

Noúmeno y fenómeno

El *fenómeno* constituye la realidad de la cosa tal como se nos presenta y el *noúmeno* constituye aquella realidad que no conocemos de la cosa en sí porque no la podemos abordar. Para Kant el fenómeno afecta los *sentidos*, es aquello que sentimos por la causalidad que genera la cosa observada; mientras que el noúmeno no afecta los sentidos, no genera causalidad, es aquello que no percibimos, pero que *pensamos* de la cosa, porque sabemos que está dentro de ella. Por tanto, el fenómeno es *determinado*, mientras que el noúmeno es aquello *indeterminado* que no podemos medir, definir, ni palpar, no ocupa un lugar en el espacio, pero constituye la sustancia de la cosa observada, es su realidad inextricablemente oculta.

Históricamente la filosofía ha estado buscando resolver la conexión antípoda entre estos dos conceptos, pero en el mundo o en la mente de los hombres, estos no pueden existir por separado; pues por naturaleza el hombre tiene *sensibilidad*, lo que inevitablemente conlleva a que los objetos lo afecten, pero también por naturaleza el hombre tiene *qualia* que lo obliga a pensar e intuir la cosa observada, pues sospecha que tras la realidad aparente que se le presenta, existe algo más. Pero, aun así, ni siquiera el hombre puede hacerse un auto-juicio que le permita escindir estos conceptos, pues, dada su fractalidad, no conoce la frontera entre su cuerpo y su conciencia, él no se conoce a sí mismo. Sin embargo, en el fondo sabe que él es una criatura resultante de la correlación entre dichas entidades.

El universo también se nos presenta en estos dos ámbitos: el noúmeno constituye la *función de onda* y el fenómeno la *realidad física*. En teoría cuántica, el híbrido entre estos dos "aspectos de la realidad", origina el *estado cuántico*. Tendremos que decir entonces que, como el átomo, el universo también existe en estado cuántico, es un software, es conciencia. El noúmeno es *continuum*, el fenómeno es *discreto*; su híbrido expresa el patrón de toda la complejidad.

Acoplamiento teleonómico

El campo de fuerza que origina la correlación *discreto/continuum*, quizá uno de los ejes fundamentales de la naturaleza, se constituye en un fenómeno fractal porque alberga dos fenómenos antagónicos que dan sentido diferenciado a la realidad.

Lo *discreto* permite la construcción de la identidad individual, lo definido, lo específico y original; está relacionado con el ego, la mente, lo subjetivo, la unidad y la autonomía. Se puede identificar, contar y *determinar*, por lo que hace referencia a lo *cuantitativo*. Lo discreto hace relación al ente objeto aislado en su esencia, esta esencia alude a su finalidad. La *finalidad* en lo discreto es coherente con la *finalidad teleológica*, es decir, lleva implícita una causa final, pero esta finalidad es parcial porque solo atañe a un solo individuo o sistema. Me explico: una semilla de roble lleva implícito el ADN de un árbol de roble, si germina, a partir de ésta, crece un árbol de roble y no otra cosa; es decir, no puede producirse una diversidad adyacente.

El *continuum* contiene el conjunto de las discretalidades originando la organización de la realidad total del mundo macroscópico, mediante la formación de las especies, las sociedades, las razas, reinos y géneros, así como a través de la configuración de los fenómenos materiales. El contínuum es difícil de contar; a menudo es *indeterminado*, por lo que está más relacionado con lo *cualitativo*, hace referencia a la *conciencia universal*, a la diversidad y al conjunto de los entes objetos, su existencia, su vida y su convivencia. Aquí no aplica directamente la *finalidad teleológica* en el sentido estricto, pues la construcción del contínuum está íntimamente ligada a la herencia y suma de historias de lo discreto, a la experiencia conjunta de las discretalidades; por tanto, no es la finalidad teleológica la que opera, se trata más bien de la *acción de la teleonomía*,[113] pues la evolución de los fenómenos y entes objetos también depende de su adaptación para garantizar el éxito de la autopoiesis. Es decir, los sistemas discretos memorizan y aprenden de sus propias experiencias, acumulan información que luego utilizan para enfrentar las limitaciones del entorno y permitir la reproducción. No hay una finalidad única (como en el caso de la semilla de roble), aquí el futuro depende de la experiencia y herencia del pasado, depende de la transferencia de información externa y de la trazabilidad del sistema, y no exclusivamente de la información interna del sistema (su finalidad teleológica). La variedad que conforma el contínuum, se produce en la medida que los sistemas van adquiriendo información del entorno y van cambiando su información genética, o la van transfiriendo para crear otros sistemas, o metasistemas; entonces, el continuum surge por la interacción de los sistemas.

Lo *discreto* está relacionado con la información interna del sistema y que el sistema apropia para sí como algo intimo que interioriza, dando así sentido a su identidad individual, produciendo una copia exacta de sí mismo (finalidad teleológica). El *contínuum* está relacionado con la información adquirida del entorno, su experiencia de existencia, su interacción, sus procesos de adaptación y auto-organización (acoplamiento teleonómico); estos procesos al interiorizarse originan cambios genéticos que permiten la aparición de especies, razas, sociedades, y al acumularse mediante procesos complejos, originan la presencia de fenómenos como el sistema solar, la tierra, la vida, las especies, las sociedades, el medio ambiente, etc.

La presencia agregada de lo discreto (su actividad, sus condiciones y reglas), produce cambios en el sistema originando el fenómeno de la *frontera del caos* para generar luego un nuevo fenómeno o sistema. Sheldrake afirma que la influencia del pasado se produce por *resonancia mórfica* y que "el primer sistema ejerce una influencia sobre el segundo sistema, luego el primer y el segundo sistema ejercen influencia sobre el tercero", luego el segundo y tercero ejercen influencia sobre el cuarto y así sucesivamente. Lo discreto también puede convertirse en *atractor* o *meme* y al lograrlo origina impacto en el entorno generando *contínuum*; la crucifixión de Cristo fue un hecho discreto, pero su impacto originó contínuum cambiando para siempre la sociedad. Estas son formas como lo discreto se transforma en contínuum (el destino).

---

[113] Término acuñado por Jacques-Lucien Monod, ver su obra el "Azar y la Necesidad".

En suma, la teleología no debe relacionarse con la causa final del mundo sino con las finalidades parciales de éste; es decir no hay un programador divino quien dictó la finalidad del universo. Aquello que lo configura está atado a la singularidad y dinámica de los procesos complejos que se reproducen de conformidad con las experiencias del presente y con la historia de cada sistema; no hay una finalidad específica, lo que existe es un conjunto de actuaciones parciales que se van ajustando y engranando de acuerdo a sus requerimientos, con el objeto de garantizar su supervivencia y autopoiesis. Y que los sistemas tienen un punto de quiebre entre la identidad interna (autonomía) y la diversidad externa o del entorno (independencia relativa).

Acreción fractal

Constituye un proceso de *iteración fractal* que, por *acoplamiento* hacia un *atractor,* despliega la materia en sus diferentes órdenes[114] y mediante los cuales se auto-organiza para producir las emergencias de objetos y fenómenos naturales. Una partícula atrae a otra y estas dos se concatenan con otras, por lo que son atractores entre sí formando una sucesión lineal; en otro evento, el *medio* atrae las partículas actuando como *cuenca del atractor,* donde las partículas en principio se agrupan aleatoriamente, pero cuando trascienden cierta parte del proceso alcanzan *el límite del caos* y se ajustan en un *orden casual* originado un nuevo sistema o fenómeno. Se trata de un conjunto de procesos de adhesión que pueden presentarse por concatenación (como algunos aminoácidos o en formas volumétricas: radial, esférica, cilíndrica)[115] o simplemente en contexturas amorfas originadas por el acople de elementos entretejidos al azar, como el sistema de *redes* neuronales que conforman el cerebro. En algunos casos se configuran como secuencias *continuas,* pero, en muchos casos, intrínsecamente están conformadas por series *discretas,* y en otros casos, su organización obedece a la sucesión de Fibonacci.

Las series concatenadas linealmente alcanzan un límite de ordenación que configuran nuevas formas y entidades, a partir de los cuales dejan de ser simples "hileras" originales ya que producen un nuevo sistema; a este punto de transferencia, se le ha denominado *frontera del caos.* La dificultad de esta complejidad consiste en determinar por qué o en qué momento se produce la frontera: por ejemplo, los aminoácidos que originalmente constituyen simples hileras de proteínas terminan produciendo el ADN, el cual se *bifurca* para producir otro individuo; de la misma manera, un grano de cebada arrojado al suelo de tierra no produce ruido, cien granos tampoco, pero llegará un momento que cierta cantidad de granos producen ruido, ¿cuál es esa cantidad (frontera) y de qué depende? ¿Es posible calcularla matemáticamente?

Es claro entonces que toda linealidad lleva implícito cierto grado de complejidad.[116] Este fenómeno es más perceptible en las paradojas, donde

---

[114] Átomos, partículas, moléculas, células, organismos e individuos, entre otros.
[115] La naturaleza no presenta estas formas exactamente definidas.
[116] Lo *simple* intrínsecamente ya alberga la *complejidad.*

enunciados de la forma "*lo que digo es mentira*" es tan verdadero como falso, pues si es verdad no miente, por lo que a la vez estaría mintiendo, lo que significa que existe una doble argumentación que encripta la verdadera identidad de la realidad y puesto que son antípodas, los enunciados deducidos se contradicen a sí mismos, siendo a la vez, orden y desorden, el uno del otro. Esta bifurcación de la realidad origina un evento de *borrosidad* que la lógica no puede determinar; es decir, ante una paradoja un computador (inteligencia artificial) queda ejecutando eternamente un algoritmo circular o entra en error. Sólo la *conciencia* puede percibir la configuración de una paradoja; la paradoja es un fenómeno complejo de la realidad, de orden superior, que sólo la conciencia puede entender.

Los procesos de acreción que se configuran en forma de *redes* se producen porque, sin obedecer a un orden explícito, se originan y/o unen concatenaciones que obedecen a criterios influidos por el *medio*, por la *contingencia* o por la *especialización*. Un medio como el agua, donde los elementos no se hunden y ondulan, conlleva a una concatenación diferente a un medio propenso a la fuerza de la gravedad o a la dureza de los materiales; las conexiones (*hubs*) con las cadenas *especializadas* se producen porque éstas configuran puntos erógenos que han sido exitosos y por tanto, garantizan mayores posibilidades de supervivencia; predominan porque crecen y dada su especialización, desarrollan resiliencia para absorber las perturbaciones del entorno con lo que dominan las entropías asegurando su reproducción y un mayor lapso de vida. Por lo que podemos inferir que la *selección natural* es también una elección de la especialización exitosa, que, en su tendencia por existir asegura la adaptabilidad,[117] de la que emergen los nuevos ordenes de organización.

Leyes de la termodinámica

La expresión "termodinámica", proviene de *termo*, que significa "calor", y *dinámico*, que significa "fuerza", la fuerza a su vez implica movimiento, así como el calor supone energía; por lo que la termodinámica hace referencia a la fuerza a partir del calor, o el movimiento a partir de la energía. Esta disciplina se dedica a evaluar las consecuencias de las variaciones de la temperatura, presión y volumen de los sistemas físicos a un nivel macroscópico. Las leyes de la termodinámica no aplican en el nivel cuántico. Veamos en qué consisten estas leyes y su efecto macroscópico, que podemos consultar en cualquier libro de texto de química o física.

La primera ley de la termodinámica establece que, al cambiar la energía interna en un sistema cerrado, se produce calor y un trabajo; por lo que se concluye que la energía no se pierde, sino que se transforma.

La segunda ley revela la dirección en que se llevan a cabo las transformaciones energéticas. El flujo espontáneo de calor siempre es unidireccional, desde los cuerpos de temperatura más alta hasta los de temperatura más baja. Esta orientación da lugar al concepto de *entropía*, que se

---

[117] Resulta por la acción de la finalidad de existencia, ver este proceso en la entrada Proceso adaptativo de auto-organización.

define como la magnitud de la energía que no se puede utilizar para realizar un trabajo. La entropía de un sistema es también un grado de desorden del mismo que tiende a incrementarse arrastrando el sistema hacia el caos; razón por la cual los sistemas ordenados se desordenan espontáneamente, subsistiendo en una relación orden/desorden. Por lo que, si se desea restituir el orden original, es necesario incorporarle energía al sistema (trabajo).

La tercera ley sostiene que no es posible alcanzar una temperatura igual al cero absoluto mediante un número finito de procesos físicos, ya que a medida que un sistema dado se aproxima al cero absoluto, su entropía tiende a un valor constante específico. A medida que el sistema se acerca al cero absoluto, el intercambio calórico es cada vez menor hasta llegar a ser casi nulo. Ya que el flujo espontáneo de calor es unidireccional, desde los cuerpos de temperatura más alta a los de temperatura más baja (segunda ley), sería necesario un cuerpo con menor temperatura que el cero absoluto, y esto es imposible.

La ley cero de la termodinámica establece que, si dos sistemas A y B están en equilibrio termodinámico, y B está en equilibrio con un tercer sistema C, entonces A y C están a su vez en equilibrio termodinámico.

La entropía es la expresión de las variaciones irreversibles, por lo que para restituir el orden original *es necesario incorporarle energía al sistema*; esta incorporación de energía significa ejercer un *control humano* sobre el sistema para detener su irreversibilidad (la conciencia en relación con el fenómeno), Prigogine lo dijo de este modo:

Las transformaciones reversibles pertenecen a la física clásica en el sentido de que definen la posibilidad de actuar sobre un sistema, de controlarlo. El objeto dinámico es controlable por medio de sus condiciones iniciales. Dentro de este marco, la irreversibilidad viene definida negativamente, aparece sólo como una evolución *"incontrolada"* que se produce cada vez que el sistema escapa al control. Pero se puede invertir este punto de vista: se puede ver en los procesos irreversibles que disminuyen el rendimiento, el último vestigio que pueda subsistir de la actividad **espontánea e intrínseca de la materia** en una situación en la que las manipulaciones se canalizan. (...) ...los cambios reversibles son un caso límite en los cuales la naturaleza tiene tanta propensión hacia el estado inicial como hacia el estado final; por eso el paso del uno al otro es posible en los dos sentidos.

La *propensión* (tendencia "espontánea e intrínseca") hacia uno de los dos estados parece ser una disposición intrínseca del sistema para no caer en el caos y constituye, por tanto, una evidente inclinación hacia la auto-organización. Toda vez que la acción humana es vital para impedir el caos del sistema, entendemos que los procesos de comunicación juegan un papel esencial en la conformación y sostenimiento de la organización. Debemos entonces concluir que la información es un componente complejo necesario para mantener el equilibrio de los sistemas, y que éstos disponen de la información o se valen de ésta para mantener el estado natural de los sistemas. Por tanto, en cuanto medio, la información se constituye en un recurso vital que permite la manifestación de la complejidad y por ende, la expresión de la vida.

La segunda ley, propuesta por Carnot, causó gran polémica por dos razones básicas: estaba en contra de la primera ley que sustentaba "la conservación de la energía", pues si la entropía tiende al caos, a su muerte térmica, entonces ¿cómo puede conservarse la energía? La otra conjetura era de mayor calibre, pues no se esperaba que el universo armónico y estable de Newton estuviera amenazado por las *advenedizas* fuerzas de la entropía. Esta confusión se dilató porque poco tiempo después apareció *El Origen de las Especies* de Charles Darwin, quien sostenía que la evolución de las especies se iniciaba a partir de seres muy simples y microscópicos, que se desarrollan por selección natural, hasta conformar seres superiores y complejos. Lo que ponía en tela de juicio el principio de entropía, toda vez que, según Darwin, el orden se antepone al desorden intrínseco de las entropías y en cuanto la dirección en que se llevan a cabo las transformaciones energéticas (entropía) es contraria a la dirección en que se lleva la evolución de las especies cada vez más superiores y organizadas. Lo que nos enseña la presencia de una entropía positiva que induce la *tendencia* de un sistema hacia el *soac*.

Pero estas dos propensiones no son excluyentes, por el contrario, constituyen la expresión visible de la tendencia configurando un fenómeno único. Pues en su crecimiento, al vencer los retos del entorno (puntos negros) la tendencia alcanza el mayor grado de "maduración" o valor óptimo determinado (VOD), dado que a este nivel adquiere una alta perfección, logra su mayor nivel de organización para reproducirse con mayor eficacia.

CICLO DE EXISTENCIA DE UN SISTEMA

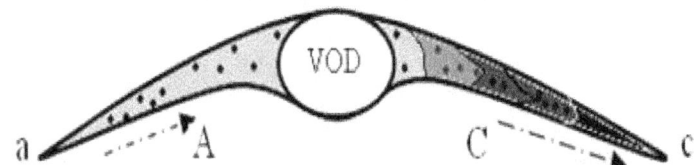

En "a" se inicia el ciclo de existencia de un sistema, "A" constituye la tendencia del sistema hacia VOD y "C" la tendencia de la entropía; los puntos representan las entropías a que está sometido el sistema. En VOD alcanza su mayor grado de madurez y en "c" termina el ciclo de vida o de existencia del sistema.

En VOD comienza la degeneración del sistema y su posterior decadencia, dada la influencia inminente de las entropías. Sin embargo, esto no significa que antes de VOD el sistema no pueda terminar su ciclo de existencia, pues el azar o las entropías pueden anticiparse. Por tanto, la producción de entropía tiene dos facetas, un flujo de producción de orden y otro de producción de desorden; Ilya Prigogine dio a este fenómeno el nombre de *antidifusión*. Todo sistema ha evolucionado a partir de pequeños procesos endógenos de *antidifusión*. Por la acción de una ininteligible programación interna nuestras células mueren permanentemente y en ese acto liberan sustancias que van creando nuevas células,[118] cada segundo estamos muriendo, cada segundo estamos naciendo. En

---

[118] A este fenómeno se le llama *apoptosis*. Al alcanzar el VOD la célula invierte su proceso de nacimiento, se encoge, destruye sus proteínas básicas y desprograma su ADN eliminándolo, en este proceso arroja las sustancias vitales que luego son absorbidas para alimentar a las células nacientes. Un proceso completo de

ese abstruso hervor, la muerte hace posible la vida. Por tanto, la entropía no debe percibirse como un hecho aislado, constituye un proceso conjunto, un campo de fuerza de la forma *orden/desorden,* que hace realizable la formación de la vida, de los fenómenos y de los procesos parciales que configuran la realidad.

Dimensión espacio/tiempo

Tiempo y espacio son inseparables. Del tiempo podemos afirmar que es quizá el fenómeno dotado con mayor grado de complejidad; la ciencia todavía no ha podido enfrentarlo porque escapa a toda formula y resiste cualquier análisis, por más objetivo que sea. Sin embargo, parece gobernar nuestras vidas y los fenómenos que la sustentan, lo encontramos en todas partes porque no podemos escapar a sus influjos. No sabemos qué es, pero estamos sometidos a la prontitud de su persistencia o al letargo de su parsimonia. En nuestra vida diaria somos seres sujetos al tiempo porque no podemos escapar a los procesos irreversibles que conlleva la inmanente relación *vida/muerte*. Entonces, aún sin definirlo nos condiciona, por eso no podemos más que afirmar que es relativo e ilusorio y que dentro de esta relatividad se presenta de diferentes formas, más real o menos real, dependiendo las condiciones del individuo, del entorno y según como se le observe. El tiempo se yuxtapone en:

1. *Irreal.* La física cuántica, la matemática y la física relativista han demostrado que el tiempo no existe; por esta razón los físicos sostienen que el tiempo es una mera ilusión psíquica.
2. *Psíquico.* En condiciones de estados síquicos alterados (miedo, felicidad, drogadicción, entre otros), el individuo no es conciente del tiempo. En estos estados alterados el individuo actúa como una "onda" y al no ser conciente de su corporeidad pierde la objetividad temporal.
3. *Fisiológico.* El tiempo es un fenómeno emergente que se deriva del agotamiento del cerebro y de la presencia de entropías por la acción de las sustancias. A partir de la tendencia de la finalidad de existencia y de la voluntad de poder se producen reacciones fisicoquímicas originando ritmos e impulsos que imponen una marcha continua de los procesos -internos y externos- marcando de esta manera el acontecer cotidiano que identificamos como tiempo y que finalmente termina con la muerte. Sin embargo, no siempre somos conscientes de estos ritmos porque comienzan a formar parte del paisaje y de la condición humana; entonces, el tiempo -o el espejismo que tenemos de éste- se encripta en la naturaleza propagándose en sus procesos y dándole forma acabada a la interpretación individual que hacemos de la realidad.
4. *Personal.* Existe un tiempo personal que no coincide con el tiempo de los demás y que se nos pasa, a menudo, inadvertido porque vivimos en el tiempo social. Este tiempo surge por la yuxtaposición de los tiempos

antidifusión. Un proceso fractal. Es lógico suponer, que en este proceso permanente, la célula naciente incorpora nueva información al ADN, lo que excitará la transformación de la especie. Por tanto, el proceso biológico de *antidifusión* no es un sistema tan elemental como parece, por el contario, encierra quizá la más profunda complejidad.

psíquicos, fisiológicos y el tiempo subjetivo; es la temporalidad que transcurre mientras vivimos los fragmentos (fractal) de la realidad que conforman la cotidianidad del sí mismo.
5. *Social.* Tiempo del calendario, de los procesos colectivos y de las instituciones, es más perceptible porque involucra compromisos y fechas de recordación y celebración. Pagos y vencimientos que están asociados con la cultura, la economía y el estado. Igualmente, existe la concepción antropológica de que el tiempo es una mera concepción cultural.
6. *Histórico.* Los hallazgos de la arqueología y la antropología han determinado diferentes eras y etapas en la evolución de las especies. Así mismo, aquellos episodios que formaron las naciones, la economía, la sociedad y el estado están marcados, reconocidos y definidos en el tiempo; de esta manera éste queda registrado en la memoria y la hace posible, en cuanto su "existencia" nos permite clasificar los antecedentes y los hechos anteriores. El tiempo histórico permite la presencia del olvido y del recuerdo.
7. *Metatiempo.* La NASA mediante su programa de exploración WMAP[119] data la aparición del universo hace 13.730 millones de años y de la tierra hace 4.467 millones de años. También se han calculado eventos tales como el choque de nuestra galaxia con la galaxia de Andrómeda dentro de seis mil millones de años, la desaparición del sol dentro de unos siete mil millones de años y la existencia del universo se ha considerado eterna.

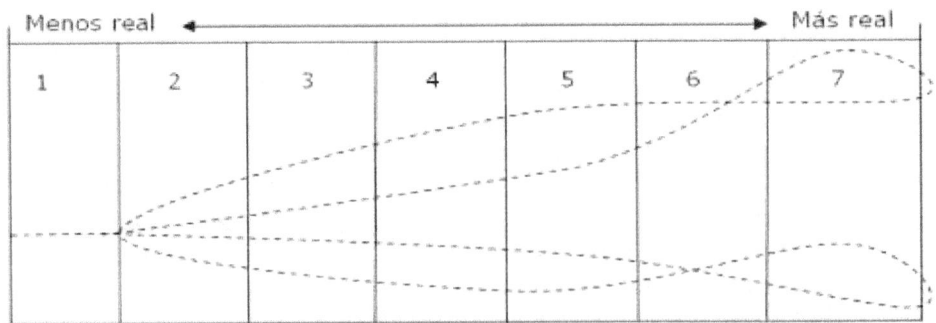

El tiempo se manifiesta como un "bucle" es nulo y positivo a la vez, cada extremo aunque contradictorio, se une con el otro: pues con la infinitud del universo y su aparición ahistórica revela otra forma de nulidad.

El tiempo existe en toda su magnitud hasta desaparecer en la eternidad.

Es posible que la expansión del universo que ahora experimentamos, sea solo un movimiento de la diástole/sístole, que, como un respiro, da forma a una pulsación universal de extenso período. Ni durante la aparición del universo, ni durante su desaparición estaremos aquí, esos tiempos tan extensos e indefinidos escapan a la realidad humana, entonces, por su excesiva e infinita extensión, el tiempo vuelve a ser irreal, replegándose sobre "sí mismo" tal como un bucle se contrae y se recoge para poder extenderse. Sin duda, entonces el tiempo es

---

[119] http://map.gsfc.nasa.gov/ - Consulta, noviembre de 2018.

tendencia cuántica dado que: 1) las diferentes formas mediante las que se presenta están yuxtapuestas, lo que nos permite afirmar que el tiempo es un fenómeno fractal que se origina a partir del estado cuántico, y 2) está sometido a las condiciones que fija la conciencia, quien lo *colapsa* para adaptarlo a la realidad y a las necesidades del individuo.

Pero el tiempo se complejiza más porque también es inherente al espacio; dada su fractalidad el espacio es tan infinito como *discretamente* determinable. Por tanto, estamos ante la *dualidad espacio/tiempo* que configura el estado cuántico puro y que se caracteriza por pertenecer a una forma extraña de bidimensional fractal: el espacio constituye una variable *determinada* porque se puede medir en cuanto es por esencia un fenómeno topológico; en cambio el tiempo es *indeterminado* e ilusorio dado que existe como una abstracción en cuanto fenómeno psicodimensional. Uno es externo y el otro es interno, uno es *determinado* y el otro *indeterminado*, por lo que es evidente que estamos sujetos a la suerte de esa sorprende correlación existente en las profundidades del estado cuántico; la vida y la realidad física subsisten como resultado y en el contexto cuántico de un *campo de fuerza* complejizante, que le impone condiciones concretas al orientar su emergencia y auto-organización.

Ahora, tiempo y espacio aportan las dimensiones de la realidad. El espacio aporta tres dimensiones y el tiempo constituye la cuarta; debemos admitir que la conciencia constituye la quinta dimensión, pues sin ésta el espacio/tiempo no sería percibido. Esta característica excepcional hace de la conciencia y del espacio/tiempo quizá el fenómeno de mayor complejidad en la realidad, es más, la habilita; da la impresión que la conciencia permite la articulación espacio/tiempo pues sólo la conciencia puede ser *conciente* del transcurrir del tiempo y del espacio.[120] Así, en las abismos de la complejidad cósmica, se engendra el primer sistema que pone en funcionamiento la realidad: el espacio es un *contexto* donde se desplaza la conciencia, en ese tránsito se despliega la velocidad y el tiempo; con tal desplazamiento, la conciencia adquiere auto-referenciación por la experiencia del movimiento sobre el espacio recorrido y esta acción produce *mente* en cuanto se comienzan a acumular tal experimentación, obteniéndose la *memoria* del recorrido y por ende, produciendo información, que se asocia, para dar forma a los sustratos del sí mismo. Es decir, la experiencia del recorrido por el espacio tiempo reproduce información, al retener tal experiencia (memoria) emerge la mente y se activa la *qualia,* originando el *sí mismo* y la existencia del *ser*. ¡Un sistema tan simple como maravilloso!

La Información[121]

Dada la influencia imperceptible de la función de onda en toda la naturaleza, es lógico inferir que en la *información* reside la esencia de la

---

[120] Aunque a mi juicio el espacio debe ser entendido como la condición y el entorno emergente originado por la mera presencia de la conciencia en el vacío. La correlación entre conciencia, entorno y condición, origina el *contexto*.

[121] No aplicamos aquí el concepto de información que suministra la "Teoría de la Información", esta teoría define información como el grado de libertad de una fuente para elegir un mensaje de un conjunto de posibles mensajes; no se encarga del significado del mensaje trasmitido sino de la cantidad de información que se

complejidad, pues la *evolución* es en sí mera transferencia de información, y esta afirmación se enfatiza si tenemos en cuenta que el hombre se diferencia del animal porque puede beneficiarse de la información procesada. Entonces, es evidente que la información ejerce una acción sobre la realidad porque su *tendencia* permite que un hecho ocurra o sea transformado. Si miramos hacia la profundidad de la materia o del universo vemos muchos interrogantes llenos de una *manifestación pasiva*[122] que espera ser interpretada; en cuanto impresiona y dado que tal manifestación está dotada de un alcance ininteligible, la conciencia del observador está obligada a subyugarse al impacto de su trascendencia. Es decir, no podemos ignorar la existencia de la realidad porque ésta es de hecho *significado trascendente* que conmociona nuestra conciencia para luego convertirse en *información activa*; la presencia de la realidad históricamente ha embargado la existencia de los hombres llenando sus vidas de significado, no obstante, aún estamos desentrañando los medios y procesos parciales que producen esa información. Digo esto, *significado* luego *información*, porque ninguna información puede ser generada a partir del misterio y de la incomprensión; ¿qué es?, es un cuestionamiento que se hace la conciencia indagadora porque desconoce el significado, cuando éste aparece y se *comprende,* emerge la *información activa* que junto con la cosa observada conforman una identidad con sentido, por lo que es válido afirmar que significado e información son lo mismo. Entonces, no hay información activa sin significado ni significado sin información activa.

    El mito entendido como información primigenia tiene dicha estructura. Ante la infinitud misteriosa del cosmos; las diversas culturas, las religiones y las ciencias se han referido al universo generando una alta carga de información que en la mayoría de los casos no está validada, pero que tiene un *significado trascendente* que luego produce la condición humana. El macrocosmos es *significación latente* (la manifestación de su *tendencia*) que está disponible para ser interpretada (pero aún no tenemos los medios para *acceder* a ella, lo que nos indica que, dadas las limitaciones del foco de linterna, la información exige la aplicación de otros recursos, para obtenerla y en cuanto la realidad es infinita la información también lo es). Pero, valga la pregunta ¿la adquisición de este recurso es en tiempo real?, ¿cuál es la consecuencia de disponer de información diferida? ¿Cómo afecta esta situación la realidad resultante? Esto es importante porque también los hombres actuamos con base a supuestos, incluso nuestra ciencia está edificada sobre supuestos y aunque estos no son reales, entran a formar parte real de nuestras vidas configurando la realidad social.

    Me ha causado gran admiración y curiosidad el hecho de que la gravedad (en la teoría de la relatividad de Einstein) se haya comprobado aprovechando un eclipse para verificar la curvatura del espacio-tiempo. Porque la luz transmite *información* desde una estrella lejana a la tierra, el hecho de que los lejanos

---

trasmite y confunde el medio con la información; tampoco contribuye a despejar la configuración compleja de la realidad. Dicho enfoque no es adecuado para los propósitos de este estudio, que la percibe a mayor profundidad.

[122] No es en sí información, aceptemos que es una "manifestación pasiva" en cuanto aun tiene que ser interpretada para hallar su verdadera significación.

cuerpos celestes se nos presentan mediante información producida en tiempos remotos; es decir, estamos viendo la estrella, pero es muy posible que ésta ya no exista, sin embargo, asistimos al pasado de esa estrella desde un lugar ajeno a su causalidad (¡!); vemos pasarla en forma de luz y sigue su recorrido por el vasto universo durante muchos milenios o eternamente, sin embargo, ya no existe en forma de materia, es sólo una espiral de energía conformada por ondas donde se alberga la información de la estrella. ¿Este recorrido que hace la luz, es también el movimiento serpenteante de una delgada cuerda de las que conforma el vasto universo, o una onda cuántica del orden macroscópico? ¿Cuál es el verdadero significado de esa información y qué relación tiene con el tiempo?, porque vemos que, de cualquier manera, ¡la luz permite la prolongación de la existencia de la estrella! La luz almacena y transfiere información, la luz es el movimiento eterno de la existencia, permite la *tendencia* de la información.

La información es la expresión de la *tendencia*. Y lo es en cuanto la existencia toda, es decir, la realidad absoluta, está integrada en una *función de onda* donde lo probable e improbable constituye un estado cuántico que hace real la realidad,[123] que la hace tal como es. Lo probable solamente es posible en cuanto existe lo improbable, si no, todo sería certeza y la función de onda colapsaría creando un Hades pleno de vacío, porque todo lo sabríamos de antemano y el mundo sería terrible para los hombres, pues no existiría la posibilidad de la expectativa para hacer probable lo improbable mediante la acción, no tendríamos esperanza, ni finalidad de existencia, ni fe, seríamos bestias que soslayan el devenir. Ese estado cuántico *probable/improbable* constituye una condición neguentrópica que hace factible la conciencia; lo que demuestra una vez más que la función de onda produce el potencial de la conciencia, o que es la conciencia en sí misma, y es lógico, pues sin conciencia no puede existir la información y viceversa.

En este contexto, el universo es en sí *significado* en cuanto constituye la expresión de la tendencia primigenia y es conciencia en cuanto sólo ésta puede hacer *probable* la significación; aceptemos que todo es y tiene información, aun lo desconocido es información porque es *improbable* y tiene trascendencia que nos erige como individuos y que dispone todas las cosas y fenómenos en la estría *orden/desorden* dándole una hiper-significación al universo y su realidad. En los fenómenos y procesos parciales de la materia, en el mundo de los hombres, la información se distingue por ser *transmisión con significado*, aquello que no signifique no es información, tal como lo expresó Henry Atlan, (1990), "se sabe que un mensaje sin significación no tiene interés y en último término, no existe". Me permito complementar afirmado que la información tiene también un límite (frontera del caos), puesto que un exceso de significación originará interpretaciones erradas, lo mismo que su encriptación y yuxtaposición, esto es, la información oculta o manifestada en un contexto al que no pertenece; la falta

---

[123] Lógicamente, la idea de un *estado cuántico* en el mundo macroscópico puede sonar absurdo para un físico convencional. Pero para pensar en grande hay que ir más allá de nuestros sentidos y recordar que las medidas son *nada* en la fractalidad universal, simples ilusiones, porque: 1) están limitadas a la mera observación de nuestro estrecho foco de linterna, 2) la idea del universo fractal implica que una parte es igual al todo, 3) existe una única función de onda para toda la realidad.

de significación por exceso, tal como su exuberancia o distorsión contextual, originan un ruido -*blurred*- induciendo un efecto contrario: *desinformación,* por supuesto, carente de significación trascendente. En estos casos, sin que se haya colapsado la función de onda, hemos dado por real lo que apenas es un supuesto que forma parte de la información improbable, o posiblemente probable; pero, que en todo caso, aun no lo es. En el filo de la cuchilla, en ese límite del estado de no-equilibrio, vivimos la realidad.

Igualmente, debe considerarse información aquello que aun siendo "carente de significado" para los hombres transforma la realidad sometiéndolos a nuevas modificaciones; es carente de significado puesto que no conocemos esa información, pero es información en cuanto es capaz de transformar la realidad en *objeto significante*, lo que aclara que la complejidad queda "expresada" por la información que no conocemos del sistema pero que mediante su *finalidad de existencia* hace posible la complejidad de ese mismo sistema. Se trata de una *información ignota* que nos empeñamos en descubrir, se podría objetar que no es información en cuanto no la conocemos; no obstante, existe en el fondo de la materia y en el misterio de las cosas como *significación* en cuanto ella hace posible los fenómenos de la realidad compleja, por lo que está ahí, haciendo su trabajo de producción de la realidad en cada fenómeno. Hemos entendido tradicionalmente que "todo lo racional es real y todo lo real es racional" (Hegel); sin embargo, tenemos que aceptar que lo improbable no es irracional sino que también es racional (real), en cuanto lo irracional hace posible lo racional dada tal duplicidad en la función de onda; en otras palabras, aquello *irracional-improbable* también conforma el todo material y eterno porque siempre estará latente en la función de onda como una posibilidad que permite la materialización de lo probable, en cuanto forma parte de ésta. Es decir, y aunque esta afirmación parezca prematura, para sosiego de Kant, la conciencia es holística y eterna, opera como un infinito aljibe de donde gota a gota se va destilando la realidad.

Athan afirmó con mucha razón que la "cantidad de información de un sistema (la función H) es la medida de la información que nos falta, la incertidumbre sobre este sistema"; es decir, la complejidad es aquello que no conocemos de un sistema y que necesitamos saber para poder *controlarlo*, pero esta carencia no significa lo absurdo, por el contrario, es la que hace posible y "racional" el sistema. Este efecto adverso de la información siempre está en correlación con la incertidumbre disminuyendo las posibilidades de equilibrio y eficiencia de los sistemas sociales. Por tanto, diremos que la información tiene la capacidad de interferir en la estría *orden/desorden*, estableciendo características y definiendo el destino de los sistemas. La información no conocida constituye la complejidad del sistema, pues su ausencia impide la producción de información para controlarlo. Sin información *colapsada* es imposible producir significado y sin éste es imposible producir más información, por lo que ésta se comporta también como un bucle que emerge a partir de sí mismo: significado-información-significado-información (*autopoiesis*).

Si esto es así, entonces el desorden no es la complejidad misma -el desorden no es desorden, tal como lo irracional no es irracional-, sino que se nos presenta por la incertidumbre o falta de información que el observador tiene del sistema. Nótese como la información sustituye las entropías físicas -reales- del sistema. Pero, en realidad, es el *estado de conciencia* del observador, no en sí del individuo, porque si bien éste puede poseer la información, es posible, que si no cuenta con la conciencia pertinente no podrá valerse óptimamente de la información poseída para darle el significado y el *sentido* que la información realmente lleva incorporada.[124] Esto es válido porque la información permite una respuesta efectiva después del desarrollo del siguiente algoritmo mental:[125] la información se obtiene (recepción), luego se procesa (correlación), en seguida se interpreta (inteligencia), posteriormente se entiende (semiosis), después se asume y almacena (soma), por consiguiente se elabora una declaración (formulación) y finalmente se re-utiliza (respuesta).[126] En cualquier fase se puede romper el proceso, lo que frustrará el mensaje y la subsiguiente respuesta. Después de la recepción el proceso es teórico mientras que la información puede corresponder a la realidad física, a la praxis del mundo material.

En la fase de *formulación* el individuo está generando -a futuro- el *impulso* de una realidad que aún no existe, conjuga la perspectiva teórica con el aspecto práctico en un sólo sistema, esta proyección dispone un *orden ordenado*, perfecto, en cuanto aún no se ha ejecutado, por lo que constituye un mero postulado. Sometido a esta situación, el individuo está procesando toda la información que le suministra la realidad en el límite del caos para depurar y materializar el orden desordenante en una verdad. Cuando la idea se materializa (postulado/verdad) se revelan -emergen- las entropías del *desorden desordenante* (apelación/refutación) que controvierte la formulación. Entonces, la verdad vuelve a escapar en un ciclo infinito formado por bucles inciertos de aproximaciones. Gebauer, lo pone en estos términos:

Éste es, precisamente, el tipo de orden que se está desordenando todo el tiempo, de acuerdo con la segunda Ley. La explicación es simple: entre el orden del pensamiento (tal cual éste lo entiende) y el desorden molecular de la materia, existe una contradicción que requiere de trabajo -tanto en un sentido físico propiamente tal como en su sentido cotidiano habitual- para ser superada.

Si la mente es la que teoriza y formula, entonces, la mente es orden y la realidad física desorden. Esta relación implica que las entropías, o por lo menos una segunda generación emergente de entropías, está dada por la correlación de la *mente/conciencia* (qualia), con el mundo físico. Las emergencias suscitadas a través de la historia de la humanidad, que dieron lugar a sistemas

---

[124] Desde esta óptica, conciencia e información son estrechamente inherentes porque la información también permite ejercer la función de alarma y suministra los estados autorreferenciales en la dimensión espaciotemporal, alimentando constantemente la conciencia. En realidad, esta alimentación es en tiempo real, o mejor en *acción fantasmal a distancia*, si me lo permiten, pues información y conciencia son la misma cosa, tal como lo son los gemelos del fotón en los experimentos de Aspect y Scully.

[125] No queremos afirmar con esto que para su funcionamiento la conciencia requiera de algoritmos; el cerebro en cambio sí puede estar sujeto a procesos específicos, especialmente cuanto éstos son técnicos, tecnológicos o científicos. El ejemplo lo presentamos para explicar el funcionamiento de la conciencia humana (qualia), la información y su relación con los individuos.

[126] La no-respuesta es una forma de contestación; puesto que el silencio es una forma de hablar, así como el estado de reposo es una forma de actuar.

independientes, igualmente tienen incorporados sistemas únicos de información, por lo que no podemos aplicar el concepto de información discriminadamente a uno y otro sistema. Cada sistema es tan *holístico* como *fragmentario*, porque es fractal.[127] En el universo cuántico persiste el caos, pero en un nivel superior, donde los átomos se agrupan para formar el mundo macroscópico, ese caos extrae su información interna y termina organizándose matemáticamente para producir un orden ininteligible que a su vez se enmaraña, ocultándose a la percepción humana, para originar la complejidad.

Toda esta simetría y articulación lógica nos lleva a suponer que un quídam dirige, que algún artilugio -o variable oculta, como decía Einstein-, determina y transmite el orden oculto desenredando el caos. Las bacterias patógenas no sólo re-conocen el antibiótico como un agente externo dañino, sino que, ante su presencia, en una reacción inteligente/adaptativa: recepcionan información (decodifica el significado) y formulan una respuesta química (codifica) para impedir que el anticuerpo destruya su auto-organización o mutan a otra forma de organización, para asegurar su supervivencia (significado/sentido). Por esta razón, no se han podido comprender ni controlar las sucesivas mutaciones bacterianas y virales.

Como una reacción para mantener su supervivencia "las bacterias tienden a mantener una baja tasa de mutación porque de lo contrario acumularían gran número de mutaciones, con la mayoría neutras, o incluso deletéreas (y muy poco ventajosas)" ¿cómo saben las bacterias que las mutaciones pueden ser estériles o venenosas, lo que pondría en riesgo su propia especie? ¿O es ésta una forma de información intrínseca, una especie de transcriptogenoma, que es en "sí la bacteria misma" o mejor, ¡biosemiosis!, ¿es decir, su significado, emergiendo -a conciencia- para defender la vida al neutralizar desde un principio las amenazas que la ponen en riesgo?

Sin duda esto es así porque la bacteria tiene acceso a un sistema de *información/significación* que no conocemos, este fenómeno nos enseña que la autonomía de la vida es relativa y se sustenta en el inextricable campo de fuerza *información/significación*, que no puede depender sino de la interpretación que aquel organismo realice por sí mismo de la semiosis del entorno, lo que expone la presencia inminente de una forma de conciencia oculta sobre la cual se funda la c*omplejidad,* que posee un "saber genético" porque sabe y comprende su situación de riesgo. Ésta es una prueba de la presencia de la *finalidad de existencia* y de la *voluntad de poder,* que se revela en la *esencia* misma de los organismos celulares.

Sabemos que los virus se reproducen solamente en células vivientes. Para infectar la célula el virus tiene que penetrar la membrana de la superficie celular de su víctima, perforar la membrana citoplasmática y separar algunas secciones de su cáspide, de manera que el genoma vírico disponga de "espacio" para luego entrar en contacto con las estructuras que realizan la transcripción o traslocación, allí se aloja y reproduce. ¿Cómo sabe el virus que tiene que realizar

---

[127] Por esta razón es importante tener prudencia con la emisión e interpretación de los conceptos, según el contexto. Con frecuencia, los seudo pensadores, sin mayor esfuerzo ni razonamiento, se valen de este oculto *demonio absolutista* para eliminar sin miramientos ni profundidad las ideas más substanciales.

todos estos pasos? ¿Cómo distingue la estructura precisa? Es más, ¿sabe que tiene que reproducirse? ¿Estos pasos son originalmente algorítmicos, o el virus los ha aprendido estocásticamente durante los millones de milenios que lleva en replicación convirtiéndolos en una secuencia lineal?; es decir, ¿ha configurado su propio "orden" para sobrevivir? Esto es muy probable, pues creemos que su conducta obedece a la inducción de la *qualina* y a la repercusión de los *quantos de información* provenientes de la finalidad de existencia, ya que el virus distingue (decodifica), de ese orden complejo en que vive, una secuencia específica de información que implica una serie de operaciones (casi un trabajo) y las realiza, para lograr su autopoiesis.

Recordemos el comportamiento de la partícula cuántica, y tendremos que estar de acuerdo en que, sin duda, estamos ante una entidad psíquica cargada de información/significación que se manifiesta a través de variables ocultas (como en el gato de Schrödinger). Todo esto nos demuestra que en los sistemas de complejidad existe una conciencia especializada porque utiliza básicamente información inescrutable, es una información intrínseca que caracteriza al individuo en sí mismo, o que es el individuo mismo. La biosemiosis es un fenómeno común de la complejidad.

Ahora, ¿qué tipo de información son la intuición y la premonición? ¿Cómo y por qué podemos acceder a ella? ¿Es la psiquis quién participa allí? Sin lugar a dudas, la recepción de este tipo de información opera a través de la conciencia, en la mayoría de los casos esta información llega con certeza, no es una simple sospecha, es una convicción inquietante, que supera cualquier estado neguentrópico otorgando la facultad de comprender las cosas instantáneamente, sin necesidad de razonamiento, ya vienen ordenadas, colapsadas. No es simple información aleatoria cotidiana, por el contrario, es información proveniente de la función de onda, es algo telepático mucho más elaborado, es comprensión, es significación interior que llega por acción fantasmal a distancia.

Y ¿qué decir del *déjà vu*?[128], quién no ha tenido esa experiencia maravillosa, al recibir la activación semántica de una alta carga de información que nos hace percibir con certeza que ya hemos vivido previamente una situación nueva, la cual usualmente va conectada a una indiscutible sensación de estremecimiento y admiración. Sin duda tenemos que suponer la acción de un *campo* desconocido donde se produce la *pre-existencia* de esos sucesos a partir de *quantos de información* (qubits-bits).[129] Esto es válido dentro de la física moderna en cuanto el tiempo tiene carácter inexistente y, por tanto, todos los hechos tienen que suceder a la vez, de lo contrario no existiría la posibilidad -aceptada por la física- de viajar en el tiempo. ¿Entramos por breves momentos a otra dimensión? Esta percepción de la realidad previa también es coherente con la función de onda y el universo platónico, que plantea la idea de que todas las verdades están sumergidas en el mundo de las ideas, *interregno* donde podemos acceder todos los hombres, una conciencia universal *eidética*. Este salto en el tiempo a otro campo adimensional constituye la presencia de un evento cuántico, del cual

---

[128] Del francés: *deza vy*, 'ya visto'.
[129] El *qubit* hace referencia a lo indeterminado del universo cuántico, el *bit* a lo determinado del mundo físico.

participamos sin ser concientes de ello. Todo indica que el *déjà vu* constituye un colapso *acausal* de la función de onda, que configura un fenómeno contrario a la *realidad diferida* y que también nos llega por efecto de la *acción fantasmal a distancia*.

Y los sueños, ¿son sólo imágenes desordenadas de la mente o del inconsciente, como comúnmente se cree? No siempre es válida esta apreciación, porque existen sueños ordenados, es más, sueños que se repiten de manera idéntica una y otra vez, sin que presenten imágenes en yuxtaposición ni hechos anormales, son sueños que parecieran obedecer a un proceso algorítmico. ¿Dónde se almacenan estos sueños?, ¿por qué durante su almacenaje no se alteran? Es factible que la conciencia tenga alguna relación con este fenómeno, es posible que ésta provoque una conexión con aquello que no ha sido, que fue o que será materializado a partir de la función de onda. Pues en ese "dominio" existe tanto el orden como el desorden, lo probable como lo improbable y dado que no puede existir el tiempo, todo está condensado en un estado de neguentropía absoluta, lo que nos induce a inferir que el sueño aparece como resultado de la conexión entre la qualia y la función de onda. Por tanto, no hay razones para eliminar la conciencia de este fenómeno, lo que demuestra que la conciencia no se pierde durante el sueño, de hecho hay muchos casos donde los problemas (sin que sean soñados) son resueltos durante el sueño, los individuos simplemente despiertan con soluciones brillantes superando problemas que durante la vigilia eran casi incomprensibles y difíciles de resolver; Mozart, Dirac, Einstein, Poincaré, entre otros, se han despertado con soluciones científicas sin que necesariamente las hayan soñado. De la misma manera, estas soluciones han llegado en pleno estado de vigilia y sin que se esté trabajando sobre el tema, simplemente llegan al cerebro, en muchos casos de manera condensada, en un mero qubit o bit de información. Esta magnífica conexión no se puede negar, nos ha sucedido a casi todas las personas, de hecho, hemos acuñado la frase "lo voy a consultar con la almohada".

El problema humano de la información consiste en que la hemos relacionado estrechamente con la verdad, el *sapiens* quiere su verdad. Buscamos despejar la verdad entre el acervo de tanta improbabilidad, pero al buscar caemos en una paradoja, pues *la información también desinforma*. Extrañamente la información, como la conciencia, se reproduce por "sí misma", pues sin información es imposible pensar. De hecho, la imaginación es una forma de información que nos llega como el sueño, la intuición o la premonición, cargada de una semántica oculta y quizá, eidética. La información sólo se produce a partir del significado de la propia información; lo que nos lleva a deducir que la finalidad de existencia y la voluntad de poder producen información, pues transfieren la información fundamental, la semiosis primigenia. La información es una onda infinita que viaja por la dimensión espaciotemporal produciendo y absorbiendo la realidad. Una vez *humanizada*, la conciencia percibe la información de manera relativa, lo que fragmenta la información universal en individualidades, estas individualidades quedan sujetas a la manifestación del "sí mismo" y a "su verdad". Por tanto, la información se desvanece en un caldo indeterminado de fractalidad, donde la duda, la mentira y lo postulado, con su acción tan relativa como categórica, producen la *verdad* de la realidad física, la existencia individual y la realidad social.

ORDEN OCULTO EN EL MICROCOSMOS Y EL MACROCOSMOS

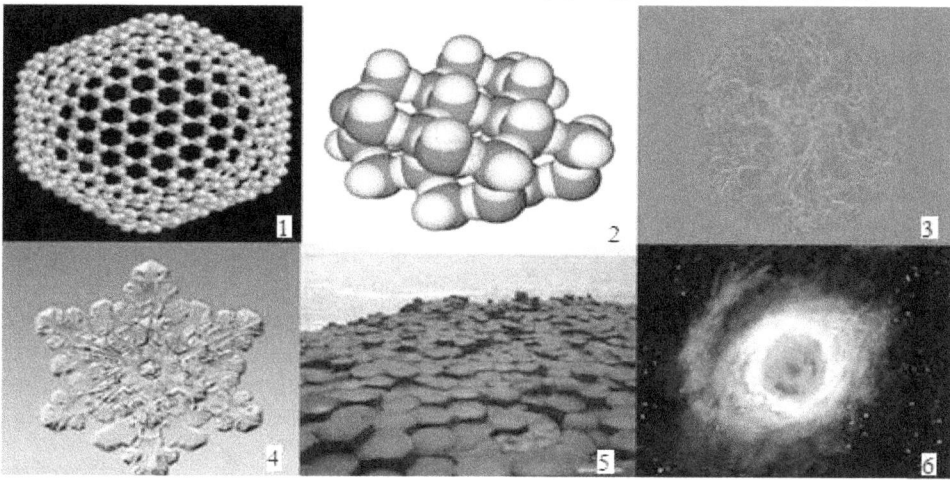

Naturaleza Fractal: 1) El buckyball, nueva molécula de carbono, 2) Moléculas de agua, 3) Colonias de bacterias, 4) Cristal de nieve, 5) Simetrías del Giant Causeway, formación de piedras (Irlanda), 6) Nebulosa de Hélice, llamada también el ojo de Dios (Nasa). Un orden oculto subyace en medio del caos.

La información configura la función de onda y la conciencia, despliega un papel concluyente en la configuración del universo, ejerciendo una actuación profunda que va más allá de las "leyes" convencionales de la complejidad.[130] Y en esto están de acuerdo los físicos cuánticos y los físicos del macrocosmos porque finalmente los razonamientos llevan a deducir que la información estaría comprometida con los orígenes de la creación. Así lo manifiesta la teoría cuántica, tal como lo vimos en el capítulo primero: la *función de onda* y su consecuente *acción fantasmal a distancia* se explican solamente si la información está conectada con el todo infinito o si ésta es el todo mismo, lo que significa que la información es *irreducible*; tal como lo es un virus respecto a la información que hace posible su autopoiesis y la existencia de su *biosemiosis*.

En los procesos parciales la presencia de la información constituye una evidente revelación de la conciencia puesto que incorpora conocimiento y autorreferenciación, otorgándole identidad a los fenómenos y a las cosas mediante las que se manifiesta. Pero holísticamente el hecho eficaz consiste en que necesariamente la información es génesis y también conciencia, o está arraigada en las profundidades de los orígenes de la conciencia, desde donde surge *el todo* que nos rodea y que curiosamente, indagamos a partir de la misma

---

[130] Sobra decir que por esta razón y por lo antes expuesto, existe información que no es computable. Aquella que lo es da cuenta del mundo convencional, mientras que la información no-computable clausura los fenómenos de la complejidad en las profundidades del Hades de lo improbable, la incertidumbre y la sospecha; que, paradójicamente y dada la acción del estado cuántico, aun no siendo, son.

conciencia. Sin más, tenemos que deducir que la filosofía no debe seguir buscando a ciegas la verdad, primero debe abrir el ojo e indagar por la conciencia para verificar cómo ésta colapsa la realidad, sólo allí encontrará la verdad.

Dado que todo es información es lógico que de allí se desprenda que la información es el fenómeno concreto que hace posible y real la naturaleza y la presencia del sujeto observador; es decir, "la acumulación de información es el hecho objetivo que hace posible la constitución objetiva de entes del tipo denominado *sujeto*. Está vinculada a la posibilidad de que haya sujeto, y por lo tanto conocimiento. Significa un modo de ser efectivo, material, de la posibilidad del conocimiento, lo cual implica que la posibilidad de conocimiento y el conocimiento mismo constituye un hecho material (es decir: entra en esta dimensión, con independencia de que tenga otras)";[131] por tanto, es válido afirmar que sin el sujeto consiente no hay información y sin información no existe el sujeto conciente; lo que claramente expone que la información y los sujetos concientes, son productos de sí mismos, permanecen inherentes (como un estado cuántico), se configuran (colapsan) en el mundo que habitamos y su interacción produce transfiere conocimiento; es decir, sabiduría y conciencia, *existencia* y *poder*.[132]

Entropía

En la segunda ley de la termodinámica aparece el concepto de *entropía*, que se define como la magnitud de la energía que no se puede utilizar para realizar un trabajo, lo que se traduce en la tendencia de un sistema al caos; la energía perdida para realizar un trabajo también es una forma de entropía puesto que un sistema no podrá producir su propia energía para mantenerse en movimiento, porque hay una cantidad de energía que irremediablemente se pierde. Es decir, la máquina de movimiento perpetuo no puede existir por mandato de la segunda ley de la termodinámica, ya que la energía perdida es irrecuperable, por ende, el sistema es *irreversible*.

En el estado del arte de la física, los científicos se devanan el cerebro preguntándose si la información se pierde, si al caer en un agujero negro la información se destruye, es decir, si tiene entropía. No hay manera de saberlo matemáticamente. Un agujero negro constituye la antítesis de la función de onda que se caracteriza porque se colapsa en una realidad material; por el contrario, el agujero negro absorbe la información material y la colapsa en una mezcla *heterogénea* que después se convierte en una sola cosa, energía. Equivalente a una forma de "olvido", la información se pierde, pero es indudable que la información entra al universo de lo *probable* e *improbable* para formar parte del *reino de la información*. Es decir, la información de cualquier manera "vuelve" a

---

[131] Fondevila Lourenco, "Indeterminación Cuántica e Irreversibilidad Entrópica: Filosofía y tiempo en la Física del siglo XX (I). http://dspace.usc.es/bitstream/10347/1194/1/pg_159-184_agora20-2.pdf.

[132] El futuro de la humanidad está plenamente ligado a la información, el hombre del futuro será digital y recibirá información mediante transferencia. La inteligencia humana se fusionará con la inteligencia del ordenador cuántico.

la función de onda; aunque claro que en realidad no vuelve, siempre ha estado allí.

Da la impresión entonces que la información no se destruye, sino que se transforma como la energía; lo que nos indica que podríamos estar ante una forma de expresión de la conciencia. Y esto es relevante porque sin conciencia no son posibles los fenómenos propios de la complejidad, los cuales en el fondo son mera información: el orden, el equilibrio, la realidad formal, la información, las condiciones iniciales de un sistema, las colisiones orden/desorden, la determinación de que un sistema es adaptativo o no, la percepción del espacio-tiempo, el foco de linterna, dentro otros múltiples fenómenos de la complejidad, son solamente posibles por la conciencia humana. Sin duda el mundo de los leones, las hormigas, las bacterias, tiene otro orden y otras entropías. Queda flotando la inevitable pregunta ¿es la conciencia humana la responsable de "crear" estos fenómenos, de implantar sus propias entropías?, no hay duda que así es, si el hombre no existiera, ésta existiría solo como una probabilidad en la función de onda. De la misma manera la interpretación que la conciencia hace del mundo permite el colapso de sus leyes; pues el universo tiene un orden interno que le es propio y en lo particular, cada uno es dueño de su vida, según el *colapso* que realice de ella y la concepción de sus propias entropías.

Ese orden interno obedece a la acción del *"principio antrópico"*[133] consistente en que todas las leyes del universo se sincronizan entre sí para producir la vida y la realidad que conocemos.[134] Si los protones y neutrones estuvieran unidos o separados por una fuerza superior o inferior, la materia se hubiera agolpado en una sola y única masa; si por el contrario la fuerza nuclear no hubiera sido suficiente, las partículas atómicas jamás se hubieran unido y organizado para producir la vida y la realidad que conocemos (son fuerzas y variaciones infinitamente pequeñas, que se ajustaron en la constante de Plank). Estas "casualidades" tan perfectas las encontramos en todos los fenómenos, en el calor, en la gravedad, en la luz, en la masa y prácticamente en todas las variables que conforman el universo, por lo que no se trata simplemente de la mera casualidad, sino que, en el fondo, hallamos un fin, un propósito irremediablemente relacionado con la conciencia y la vida.

Ahora, ese orden interno tiene su contraparte en los "universos paralelos", donde habitan los gatos muertos, donde las leyes de la física que conocemos no existen porque allí las fuerzas son otras y la materia, la luz, la gravedad, el movimiento, entre otras variables, obedecen a otro "orden", un orden desordenante que yace en un función de onda plena de improbabilidades, son universos donde prevalece la entropía, una entropía superior que requiere de un trabajo adicional para configurar un mundo donde prevalezca el orden ordenante. Da la impresión que, en los mundos paralelos, ese des-orden no se configura en una realidad ordenante porque no han sido observados por la

---

[133] Del griego *anthropos*, hombre. Lo que nos induce a colegir que son las observaciones de los hombres las que han ayudado a forjar la realidad conocida y las leyes de la física.

[134] Tal como se armonizan las notas musicales. Cuando en la guitarra, una cuerda pulsada produce una nota perfecta; la otra cuerda, no pulsada, pero que esta templada en la misma nota, vibra por la resonancia que produce la primera (su gemela). De la misma manera se sincronizan las leyes de la naturaleza.

conciencia, así como la entropía existe porque la conciencia no ha podido determinar cómo superar el hecho de que el trabajo de un sistema se pierda por sí mismo. Tampoco podemos descartar la posibilidad de que allí se materialicen otros mundos, muchos más perfectos y ordenados que el nuestro, donde es posible que se configure el *soac*.

En el ámbito de nuestro mundo macroscópico, donde se producen los procesos y fenómenos propios de la materia y la energía, la entropía es intensamente dinámica y eficiente en la producción de la realidad. Hemos visto que al interior de la fruta llega la larva de la mosca *drosophila*, ésta inicia un proceso de descomposición de la pulpa que alimenta al gusano permitiendo su desarrollo; en un evidente proceso de entropía y *preservando* su propia existencia, los gusanos crecen a partir de la fruta y luego se convierten en un enjambre de moscas que continúan contaminado las frutas de otros árboles llevándolas a la putrefacción. En su lucha por alimentarse de los frutos indefensos, pájaros y otros insectos cumplen ciclos semejantes, contribuyendo también a la polinización para que la fruta no desaparezca y la mosca siga existiendo. Los pájaros que polinizan también aportan a la existencia de la mosca. La entropía avanza por sí misma, por la voluntad de poder que involucra su propia complejidad. La complejidad reproduce la entropía porque esta es necesaria para cimentar el orden existente y sincronizar las leyes de la naturaleza que originan el proceso antrópico.

En el plano de nuestro mundo social, dado que la energía perdida se tiene que recuperar con esfuerzo humano, la entropía se convierte en la ley que obliga a los hombres a trabajar, es la ley de la esclavitud humana, la ley que nos prohíbe ser sibaritas, ser dionisios, ser dioses eternos. Somos humanos mortales por la segunda ley de la termodinámica. Esta ley funge como la Constitución de toda la humanidad, pues, sin escapatoria, prescribe nuestra mísera condición humana al someternos irremediablemente al trabajo y después, a la muerte. Hemos creado artilugios contra este mal incurable: el estoicismo, el cinismo, el optimismo, el éxito, pero de todas maneras nos toca trabajar y luego morir. Por el efecto de esta ley emergen los imperios y sus economías, emerge el poder. El poder no trabaja, manda a otros a trabajar. ¡Cómo es posible que una ley abstracta obligue a trabajar al hombre poderoso! Así, esta propiedad de la natura se convierte en un derecho del apoderado que le es transferido mediante un mito, el cual tiene la función de eliminar toda entropía que le afecte.

En los sistemas sociales podemos introducir un elemento político, afirmando que la entropía puede ser negativa o positiva, negativa cuando tiende al caos y positiva cuando un exceso de trabajo conduce el sistema a la perfección y al orden excesivo, lo que posteriormente también podrá inducir al caos. Es decir, por la derecha también se llega a la izquierda y viceversa, fenómeno tan común en esta época y que aplica notablemente en los sistemas políticos: en su lucha por el poder para definir quien tiene que trabajar, los fachos son tan peligrosos como los comunistas y éstos tan brutales como los fachos, en realidad constituyen un sólo engendro, monstruo bicéfalo, que se ataca a sí mismo. He ahí la encarnación política de la entropía humana en el *Fatum Leviatán*, (ver tomo II)

En cuanto a la vida del hombre común, recordemos que García Márquez afirmó que la tragedia del hombre consiste en no saber olvidar. El olvido es la pérdida de la información, pero también es un no-recuerdo, por tanto, la expresión hace alusión también al recuerdo, la recuperación de la información. Escribimos libros para recordar, pero no podemos desescribir libros para olvidar, el olvido no es fácil y es tan necesario como secundario, pues si recordáramos todo, absolutamente todo, aquello malo y perverso nos llenaríamos de odio y de rencor, la vida sería horrible, porque seguramente la viviríamos maldiciendo y clamando venganza. Si no olvidáramos nada, simplemente no existiría el recuerdo. Sin olvido todo sería certeza, la incertidumbre no se presentaría y por tanto, viviríamos en el horror de una *singularidad diferida*.

Así que el olvido es necesario para mantener las incertidumbres y por ende, la estructura de la realidad humana. En la conciencia, el olvido es una forma de entropía que curiosamente y a diferencia de los fenómenos físicos, es en parte recuperable, es parcialmente *reversible* puesto que podemos recordar, o caer en la amnesia definitiva. Afortunadamente la *entropía* existe para hacer efectivos los procesos parciales e intermedios de olvido y recuerdo, sin ellos no seríamos humanos, sin la nostalgia y sin la evocación no serían posibles las relaciones sociales, los sentimientos no estarían completos porque no existiría el afecto ni el amor. Seríamos como crueles bestias que, sufriendo el asedio de la monotonía cotidiana, rumian la estepa del presente irreversible; seres sin sentido, que vagan sin causa, vegetando en el frívolo Hades pleno de vacío.

Estado Neguentrópico[135]

Los estados de incertidumbre, que en sí son muy semejantes a los estados cuánticos, originan inestabilidades que se caracterizan porque son coherentes con la función de onda, por tanto, el hecho se presenta de una manera u otra, al presentarse se *colapsa* alcanzando un estado predominante. Leamos al Dr. Gebauer por un momento:

Será un estado neguentrópico cualquier estado que no sea el propio estado de equilibrio, en el cual la entropía es máxima. Muchos estados neguentrópicos serán, simplemente, estados transitorios camino al equilibrio. ..."estado neguentrópico" es equivalente a decir "estado improbable". Es así porque siendo el estado de equilibrio el estado más probable, cualquier estado neguentrópico es necesariamente improbable. Pero no solamente eso. Desde el momento en que un estado neguentrópico se hace predominante (se convierte en el macroestado predominante), deja de ser un estado neguentrópico.

En otros términos, la improbabilidad es una condición tanto necesaria como suficiente de un estado neguentrópico (un estado que no sea improbable no puede ser un estado neguentrópico y basta que un estado sea improbable para que sea un estado neguentrópico).

El estado neguentrópico, entonces, es consubstancial al estado transitorio de no equilibrio; por ende, se termina con el equilibrio. Según Prigogine: "En pocas

---

[135] Esta definición es del Dr. Gabriel Hernán Gebauer, "Una Nueva Teoría Acerca de las 'Diluciones Homeopáticas: El Estado Neguentrópico". Ver su página personal: http://www.homeoint.org/books3/diluciones/index.htm. Consulta Mayo 2014.

palabras, la distancia respecto al equilibrio es un parámetro esencial para describir el comportamiento de la materia". Y hace la siguiente rotunda afirmación: *"Lejos del equilibrio, la materia adquiere nuevas propiedades en que las fluctuaciones y las inestabilidades desempeñan un papel esencial: la materia se vuelve más activa". (Ilya Prigogine, 1996, p.75.).*

...suponemos que hay un punto crítico en la duración de un estado neguentrópico, superado este, el sistema presentaría condiciones aptas para que resonancias especiales puedan difundirse por el sistema. Esto convierte al concepto de neguentropía en un concepto con sentido propio.

Es importante resaltar la afirmación de Prigogine, en este estado la materia adquiere nuevas propiedades, y la de Gebauer ...el sistema presentaría condiciones aptas para que resonancias especiales puedan difundirse por el sistema. La transformación que sufre el sistema sin duda esta correlacionada con la adaptabilidad, porque el sistema se encuentra en un estado de no-equilibrio que lo pone en situación de improbabilidad (¿es o no es?) y luego se auto-organiza superando la imprevisión. Está claro que en un sistema en equilibrio está situación no se presenta; es decir la materia no tiene que activarse, está en reposo por su misma autodeterminación. Entonces, ¿cómo sabe el sistema en qué estado se encuentra?, y si su condición es neguentrópica, ¿cómo sabe que tiene que activar su materia creando resonancias especiales para transformarse?, ¿cómo sabe que tiene que resolver su estado de incertidumbre intrínseca? ¿Cómo sabe que ya se ha determinado y alcanzado una condición "predominante"? El estado neguentrópico -de desorden máximo- alerta al sistema para que éste emita órdenes propias -resonancias- orientadas a superar el estado de improbabilidad, con el fin de que se adapte a su nueva situación o la supere y emerja en una nueva forma de auto-organización. Todo un fenómeno natural y perfecto de auto-evolución intrínseca, donde la incertidumbre se resuelve por sí misma; es evidente que estamos ante una iteración de la función de onda que constituye un estado de conciencia, el cual se manifiesta mediante la activación de la materia y la resonancia resultante para estabilizar y autodeterminar el sistema.

En el plano social el estado neguentrópico se diferencia de la simple incertidumbre porque éste se resuelve por "sí mismo", mientras que la incertidumbre tiene que ser resuelta por agentes externos, y si no tiene solución, entonces los individuos le asignan una solución creando un mito -o una *realidad explicada*- mediante una "verdad" elaborada, pero no significa que esta explicación representa la verdad real. Igual que la *incertidumbre cuántica*, en la realidad social existen estados de incertidumbre que no pueden resolverse "objetivamente", o mejor, que no pueden identificarse plenamente, ni evaluarse ni medirse porque están sujetos a la acción de variables desconocidas, estos estados de la realidad se yuxtaponen en cuanto la probabilidad de una u otra respuesta son válidas a la vez. Lo que significa que este fenómeno es lo uno y lo otro porque está en estado de indefinición yuxtapuesta. Ante esta situación los individuos terminan por asumir una posición supuesta a partir de la cual crean su propia realidad, lo que significa que el estado neguentrópico actúa de manera idéntica a los estados de *incertidumbre cuántica* y por tanto, como la función de onda. Mediante el estado neguentrópico la función de onda se extrapola al universo macroscópico.

Efecto mariposa o atractor de Lorenz

Edward Lorenz, meteorólogo y matemático estadounidense, planteó el efecto mariposa como aquel fenómeno consistente en que un pequeño cambio en un sistema posteriormente causa grandes resultados originando perturbaciones que transforman el sistema. Es decir, una pequeña variación en las condiciones iniciales de un sistema origina poderosas perturbaciones en los resultados finales del sistema. Dicho de la manera clásica y popular: el aleteo de una mariposa puede generar una tormenta.

El efecto mariposa produce un resultado altamente desconcertante porque cunde la incertidumbre en todo el sistema alcanzado. Esta situación da lugar a un fenómeno también de los sistemas complejos, *la borrosidad*,[136] pues no hay información disponible que permita visualizar el estado de las cosas para tomar decisiones acertadas. Ante la borrosidad se recurre a otro *atractor extraño*, seguramente el más conocido por su estabilidad: por ejemplo, paradójicamente después de la crisis generada en Estados Unidos, para evitar un colapso en sus finanzas los inversionistas, terminaron invirtiendo sus recursos en bonos del Tesoro de Estados Unidos.[137] Un bucle, se vuelve al origen de crisis para resolverla.

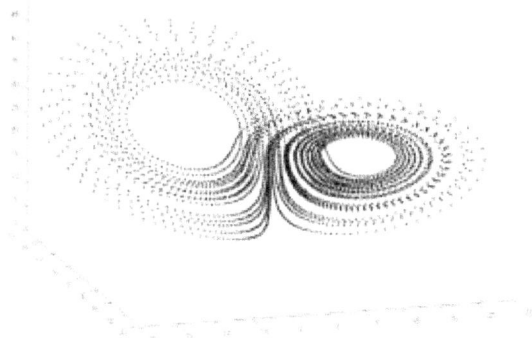

ATRACTOR DE LORENZ,[138] la crisis mundial iniciada en EEUU durante noviembre de 2008, comenzó en un escritorio de una Compañía calificadora de Riesgo, donde se tomó la decisión errada (para incrementar las ventas del mes) de avalar algunos créditos hipotecarios carentes de solidez económica, pero generaban utilidades para la compañía. Este proceso se fue reproduciendo lentamente mientras trasladaba el efecto de esas pequeñas irregularidades a la banca, quien por su insignificancia no percibió el error. Luego y ya incorporada la dinámica perversa, los prestamos serían impagables quitándole liquidez al sistema financiero, por lo que éste no pudo desembolsar préstamos a otros sectores de la economía, ni pudo responder a las demandas de sus ahorradores, generando un pánico bancario, por lo que se vio en la obligación de declararse en quiebra (Lehman Brothers Bank). Los sectores económicos así debilitados no contribuyeron con el flujo normal de recursos a la economía del país, conllevando a una alta reducción de las importaciones y exportaciones, lo que eliminó los pagos que de allí se derivaban erosionando la economía de otros países. Por esa misma vía el fenómeno se continuaría

---

[136] La borrosidad se expresa en todas las disciplinas, por ejemplo: el 95% del ADN del genoma humano tiene funciones desconocidas, no conocemos sino una nano-fracción minúscula del universo, en realidad nada porque lo vemos, pero en realidad es *borroso*.
[137] Este retorno es lo que se llama un *bucle* en sistemas complejos.
[138] Imagen tomada de http://atractordelorenz.blogspot.com/ Recuperado el 19/06/2019

replicando en el mercadeo global originando descontroles y distorsiones cada vez mayores, hasta producir la crisis mundial que conocimos.

Hay sistemas que están conformados por partes y movimientos de partes -mejor definidos como algoritmos y flujos de información- construidos con base en números enteros, -digamos que su movimiento está en un rango entre 0 y 2 lo que garantiza una alta estabilidad; pero cuando el número es irracional (complejo), entre $\sqrt{1}$ y $\sqrt{2}$,[139] el sistema lentamente va perdiendo equilibrio hasta que llega un momento en que salta y se transforma radicalmente o se destruye. Dada su mutabilidad interna, estos últimos están más propensos al desgaste o a la aparición de una estructura disipativa surgida a partir de la irracionalidad incorporada en su rango de desempeño. Este fenómeno puede surgir también a partir del desgaste crónico de un sistema.[140] En su decadencia, simplemente el sistema trasciende lentamente de su estado inicial después de superar los puntos críticos o de tolerancia, y se colapsa. Cuando el sistema ha trascendido su valor óptimo y alcanza su límite, las entropías se apoderan de éste y lo destruyen.

Efecto Foco de Linterna

Esta complejidad se fundamenta en tres postulados básicos: 1) dada su propiedad fractal la percepción de la realidad obedece al principio de homotecia; 2) la realidad solamente es posible en cuanto es colapsada por la conciencia; y 3) ningún sistema (humano, animal, teórico, o incluso, artificial) podrá acceder a la realidad totalizante, (Ver Teorema de Gödel).

Dado que el átomo es 99.9% vacío, la materia es mera energía en vibración y el todo un contínuum puro. Por tanto, lo que denominamos materia en realidad no es otra cosa que la manifestación de la emisión o absorción de esa energía, o para mayor precisión, del espectro electromagnético de la materia. Dicha radiación emerge como una difusión de onda cuántica que puede ser percibida a través de: 1) la longitud de onda de la radiación electromagnética que constituye la luz visible, 2) la frecuencia de onda del sonido, y 3) la intensidad de la radiación, en el caso de la emisión de radioactividad de algunas sustancias. El espectro electromagnético cubre toda la realidad absoluta, lo que significa que va desde la longitud de onda del universo cuántico (identificada como la longitud de Planck) hasta el límite máximo del universo astrofísico. De este rango, tan inmensurablemente extenso e infinito, el hombre, por su condición humana, solamente tiene acceso a una fracción muy minúscula, la luz visible (ubicada más o menos en el centro del espectro); el vasto excedente está vedado para la condición humana, al menos que acceda con instrumentos que midan la longitud de onda de la materia para identificar su composición y determinarla, (espectroscopio, hoy se utiliza para "ver" nebulosas que están a miles de años luz de la tierra). Esta microscópica fracción visible es como un diminuto foco de

---

[139] De $\sqrt{2}$ han logrado obtener 46.000 decimales y hay más.
[140] Siempre y cuando el individuo o la conciencia no conozca el desgaste. Las estructuras disipativas existen siempre y cuando sus causas sean desconocidas, cuando éstas lo son las estructuras disipativas deja también de serlo.

linterna que se aventura en medio de la oscuridad del universo, en la profunda infinitud y borrosidad del todo absorbente, en busca de la verdad absoluta.

En nuestro pequeñísimo universo de la *luz visible*, la realidad es percibida por el individuo en la medida que éste se desplace físicamente y en cuanto tenga acceso a la información. Desde esta óptica, la realidad es asimilada de manera fragmentaria tal como la percibe un individuo que se desplaza en la oscuridad alumbrándose con un foco de linterna. Este efecto también es aplicable en cuanto el individuo interpreta solamente una parte de lo que puede percibir y capta sólo una parte de lo que procesa. Es decir, la percepción, la captación, los criterios y la asimilación son filtros yuxtapuestos que disminuyen cada vez más la órbita del *foco de linterna* y por tanto la realidad que llega al individuo (y de la cual el individuo es su resultado). En cuanto el individuo no percibe el todo, tampoco percibe el todo de lo poco que percibe; cada vez la realidad se reduce; no siempre porque se carezca de información, pues un exceso de ésta conlleva a crear prejuicios y la sobrecarga sintagmática induce una excesiva semántica que finalmente puede producir borrosidad. Nosotros mismos transformamos la realidad, ya sea por nuestra propia condición de clausura dentro del foco, por el acceso a información plena de hiper-semántica, o por la presencia de realidades diferidas. El foco de linterna configura el sí mismo.

Casi en todos los planos encontramos este fenómeno, sólo el 1,5% del genoma humano codifica proteínas para la formación del organismo, mientras el 98.5% constituye ADN "basura" o "egoísta", pues se desconoce su función;[141] podemos acceder solamente a una pequeña fracción de las profundidades oceánicas y del universo; igualmente, el proyecto WMAP afirma que solamente el 4% de los componentes del universo son materia, el resto es desconocido (semejante a la estructura del átomo). Somos un diminuto fragmento que se alumbra tímidamente en medio de la gran oscuridad, la infinita complejidad acecha en todos los infinitos espacios y procesos.

Campo de fuerza

En su acepción depurada el campo de fuerza es un fenómeno, no siempre conocido, que produce alteraciones en el espacio-tiempo y que dispone de un número infinito de grados de libertad, esta indeterminación lo convierte en fenómeno complejo. Si bien, en algunos casos, es posible medir estas variaciones, no siempre se conoce el origen del campo de fuerza para establecer cómo se producen las variaciones (resonancias). Para nuestro estudio, haremos un poco de precisión sosteniendo que el campo de fuerza surge por la interacción entre dos o más componentes, que pueden combinarse: 1) determinado e indeterminado, 2) todos determinados, o bien, 3) todos indeterminados. Sin embargo, esta característica de dualidad es apenas una idea inicial porque el campo de fuerza es una sola cosa o fenómeno, que puede ser multipolar, pues sus fuerzas se pueden entrecruzar con diversos polos complejizando aún más el sistema.

---

[141] Mientras que una ameba tiene 200 veces la cantidad del genoma humano, (¡¿?!).

Dado que el estado cuántico es por naturaleza una forma de *tendencia*, es lógico establecer que la partícula fundamental vista de manera aislada no da cuenta del proceso de creación. Tenemos que incorporar su *tendencia* dentro de la noción de un campo de fuerza; es lógico que la partícula cuántica original se haya yuxtapuesto creando numerosos campos de fuerzas con sus gemelos resultantes,[142] lo que significaría que no se necesita sino una sola partícula para que surja toda la materia del universo, por lo que el *campo* constituye el aglutinante que limita el espacio; pues si la luz tiene un límite en la velocidad, el espacio lo tiene en la gravedad.[143] Por tanto, el campo de fuerza produce el tiempo y el espacio; no tendríamos que estudiar la partícula fundamental porque ésta no nos dice nada por sí sola, tenemos que estudiar es la dinámica de su interacción, pues son estas fuerzas las resultantes de su *tendencia* y por tanto su manifestación en forma de realidad.

En el universo microscópico el campo de fuerza constituye un estado cuántico conformado por su dualidad *onda/corpúsculo*, y su dinámica se origina en la acción de sus fuerzas intrínsecas, percibidas con especial interés en la mecánica cuántica por su evidente cualidad hacia la *tendencia*. Lo que indica que la tendencia de la onda a prolongarse y a expandirse (pues la tendencia es constante) origina un campo de fuerza que da como resultado la dimensión espaciotemporal. Tal como lo vimos en el primer capítulo, la función de onda primigenia que produce la realidad conocida, así como todas las probabilidades, utopías y hechos no materializados en nuestro mundo, se encuentran en este campo de fuerza, lo que significa que incluye toda la realidad. El *campo de fuerza* provoca la afinación de las cuerdas con las que se pulsa la melodía de la realidad.

En una percepción más profunda el campo de fuerza fundamental se define por la interacción inherente entre *conciencia* e *información*. Sin embargo, no es que la información produzca conciencia ni que la conciencia produzca información, en realidad son un solo fenómeno, un *campo de fuerza*. Ahora, como lo hemos sostenido, la *conciencia* y la *información* a nivel micro constituyen la materia prima de la función de onda; mientras que, a nivel macroscópico, producen la realidad mediante el *colapso* que la conciencia hace a partir de la función de onda.

CAMPO DE FUERZA FUNDAMENTAL

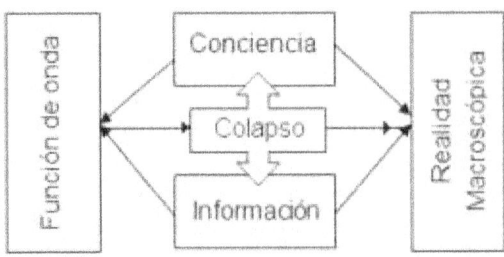

En el universo macroscópico y en una extraña simbiosis, la *realidad* y la *conciencia* se reproducen a partir del campo de fuerza *sujeto/objeto*. Estos dos no son excluyentes porque, en la reciprocidad dinámica del campo de fuerza,

---

[142] En teoría cuántica esta relación reciproca se define como *interacción*.
[143] A esta conclusión nos lleva la teoría de la relatividad dada su propiedad de curvatura del espacio.

juntos se reproducen a sí mismos. En su percepción, la conciencia re-carga de semiosis (significación) los objetos;[144] ahora, dado que la conciencia constituye un *continuum* conformado por *discretalidades*,[145] es lógico que surja un patrón de semiosis discretas que cargan los objetos de manera diferente, pues los objetos y fenómenos son percibidos de manera diversa por cada conciencia, originando una variada gama de percepciones sobre el objeto.[146] Sin embargo, extrañamente los objetos también nos proporcionan una concepción de lo que son o aparentar ser, pues tienen información incorporada que envían a la conciencia transfiriendo o creando su propia semiosis. Las cosas se abren sobre sí mismas creando su propio espacio y significación; es decir, las cosas se muestran como un fenómeno particular que de cualquier manera condiciona la percepción que nos hacemos de la realidad y la construcción el pensamiento[147] (y del lenguaje), para representar la realidad o para que ésta se represente a sí misma, a través de la conciencia. Es decir, *conciencia* y *realidad* configuran un campo de fuerza que origina un fenómeno único, pues no pueden existir escindidas. Entonces, inevitablemente tenemos que llegar a la conclusión que *información, conciencia* y *realidad* son la misma cosa o fenómeno.

En el ámbito social, no es que el lenguaje produzca realidad social ni que la realidad produzca el lenguaje que permite la socialización, se trata de la acción de un campo de fuerza único que mediante su dinámica produce la realidad social. En el plano individual la acción social se origina porque la tendencia produce interacciones humanas configurando realidad y campos de fuerza que emplean valores y recursos, éstas originan consecuencias, las que a su vez se configuran en causas para luego volver a producir acciones humanas, creando nuevas consecuencias y causas. Las causas y consecuencias que de allí se derivan alimentan el siguiente *campo de fuerza*, y así sucesivamente se van iterando por la misma acción intrínseca y fractal del sistema. En el ámbito social los campos de fuerza son pequeñas unidades complejas que luego se configuran en fractales sociales, produciendo la realidad social y en general, la sociedad. (Para el orden social, ver la entrada *Bidimensionalidad y campo de fuerza*, en la segunda parte).

Adaptabilidad y sistemas adaptativos

Es la habilidad o facultad intrínseca que tiene un sistema para lograr su auto-transformación con el fin de ajustarse a los requerimientos del entorno o de otros sistemas, lo que origina la superación o emergencia de una situación crítica que ha puesto en riesgo su supervivencia. En este caso la entropía ha sido mitigada, luego detenida y posteriormente superada por el sistema, da la impresión que el sistema *conoce* el estado de desorden en que ha caído y aplica su mecanismo de adaptación entrando en *empatía* con el entorno o con el sistema

---

[144] En algunos casos incluso estos se llegan a humanizar, creando vínculos afectivos que los transforma aun más.
[145] Unidades distintas, una serie de qualias e individuos únicos.
[146] En cuanto es información el objeto se diluye, se distorsiona; tal como la partícula cuántica se yuxtapone y se multiplica.
[147] Ver "Las Palabras y las Cosas" de Michel Foucault, donde se explica cómo los objetos (las cosas) llevan incorporado su propio nombre y sentido.

que afecta su funcionamiento para *negociar* una simbiosis o adaptación que le permita sobrevivir, ya sea mutándose, mudándose o ajustándose a la nueva asociación. Los sistemas físicos como los sistemas inteligentes son adaptables porque tienen como fin último su autopoiesis. En la vida animal la *adaptación* es de vital importancia en cuanto constituye un mecanismo complejo, que garantiza la evolución de las especies, y en el mundo físico la adaptación permite la transformación de los fenómenos para garantizar la emergencia de la realidad.

Acción de la funestra

La partícula cuántica está compuesta y de hecho se nos presenta simultáneamente tanto en forma de corpúsculo (materia) como en "forma" de onda (energía), originando con esta doble manifestación un estado cuántico; la primera tiene masa y peso, la segunda no; puesto que son diferentes y casi antagónicas, reconozcamos que la primera es estructura y la segunda función. Ahora, también tenemos que aceptar lo evidente: 1) que nuestro realidad está conformada por materia y gravedad, la materia es básicamente estructura y la gravedad es una función; la *función* "gravedad" permite el ensamble de la materia y la agrupación de materia (estructura) produce *gravedad*, que a su vez opera únicamente como función; por tanto, función y estructura se originan a partir de sí mismas; 2) que toda estructura tiene al menos una función y que toda función proviene de al menos una estructura. Significa que intrínsecamente la función sin estructura o la estructura sin función, no pueden existir.

Es lógico que sin gravedad macroscópica la materia no pueda consolidarse en estructuras porque los átomos no alcanzarían a agruparse lo suficiente para originarla. Lo que alude a que la articulación de la materia debe tener un *umbral* a partir del cual la gravedad permite el acoplamiento atómico dando lugar a la realidad macroscópica, articulación que lógicamente está relacionada con el campo de Higgs[148] y la constante de Plank, la cual a su vez actúa como "función", puesto que determina el grado de "aflojamiento" al que está sometida la materia para poder ensamblarse. Nótese que la estructura de la realidad es así (tal como la conocemos) como resultado de la función que ejerce la gravedad y la constante de Plank sobre el enlace atómico de la materia; es evidente que esta relación constituye una singularidad única, que llamaremos *funestra,* por la unión entre los vocablos función y estructura.[149]

A partir de su vínculo y posterior ensamble, la *funestra* determina las propiedades (materiales y químicas) de las cosas[150] y las facultades (psiquis y comportamiento) de los organismos. Una de las propiedades más común de la materia es la fuerza, puesto que se conjuga con la masa; mientras que una de las facultades más común de la psiquis es el poder. Empero, dado que la fuerza no es por sí misma inteligente, es lógico deducir que el poder lo es, pues tiene su origen en la conciencia. Estas dos vertientes constituyen la *finalidad de existencia* y la

---

[148] Es un campo sin el cual los átomos no se podrían enlazar, la constante de Plank es su medición.
[149] La funestra se percibe también en el plano de las relaciones sociales, ver más adelante la entrada *Función taxativa.*
[150] Ver la tabla periódica de los elementos.

voluntad de poder, que al fusionarse producen toda la realidad, incluyendo la humana, y su facultad para interpretarla y hacerse una representación de ella.

La formación de las especies emerge como resultado de esta insólita complejidad. Los animales, a partir de cierto tamaño y como resultado de la *función gravedad*, tienen esqueleto, otros carecen de éste. Lo que nos indica que un ser que viva en un lugar carente de gravedad no desarrollará esqueleto, y que el tamaño y masa de éste depende de la gravedad; no somos ni más altos ni más bajos por la incidencia de la presión atmosférica y la acción de la gravedad en la evolución de nuestros cuerpos. Ahora, el tamaño del animal regula la función de pulsación que requiere el corazón para bombear sangre a todo el organismo; por eso un elefante tiene el pulso más lento que el de una ardilla y viceversa; en este mismo sentido, la velocidad de la pulsación (función) determina el período de la vida de dicho animal. Es curioso que un colibrí tenga una vida tan corta, y un elefante una vida tan larga, esa característica está presente en todos los animales según su tamaño. Entonces, es evidente deducir que la *funestra* es un prodigioso misterio de especie cuántica, que incide en la naturaleza de todas las cosas y fenómenos, dando forma acabada a la realidad y poniendo un plazo al ciclo discreto de la vida.

Colisión orden/desorden

Nuestra vida cotidiana está conformada por hechos y eventos que percibimos desde nuestras propias creencias como fijos e inmutables (paradigmas); en la medida que somos resultado de la sociedad hemos adoptado como verdaderas algunas *fórmulas* para interpretar y asumir la realidad, estos *formalismos* provienen de la estandarización de las religiones, de la legislación y de la ciencia, se han elaborado por el hombre como producto de su propia racionalidad con el propósito de fijar un "orden objetivo" del mundo y de sus fenómenos, lo que establece una conducta consensuada para asumirlas. Sin embargo, nos encontramos con que éstas son meras construcciones mentales porque la realidad no se expresa en tales *formalidades y paradigmas,* y por el contrario, a menudo se manifiesta mediante eventos contingentes que originan incidentes de *desorden*; cuando se presenta una colisión entre el orden y el desorden se configura una singularidad que produce "otra" realidad, que colisiona con otra y ésta con otra, y así sucesivamente, mediante la colisión *orden/desorden,* en un extraño proceso de autopoiesis, la realidad se va reproduciendo a sí misma.

No solo dan forma a la realidad, sino que también esos choques configuran nuestros sentimientos, pasiones, afectividades, percepciones; es decir, nos hacen humanos. Para que la sociedad exista, nuestra cultura tiene incorporado un orden ordenante del mundo, pero el mundo no es organizado por naturaleza porque responde al desorden desordenante del azar. Estas dos partes chocan entre sí produciendo la condición humana. Por ejemplo, no esperamos que nuestros seres queridos se mueran; en el *orden* cultural la muerte es indeseada por ser contraria a la vida y a la felicidad; pero por naturaleza la muerte ha de llegar, muchas veces en el momento más improbable (*desorden*). De este choque se originan los sentimientos de duelo, de llanto, de tristeza, y luego la superación de esos dolores hacen más humanos a los hombres porque tienen que sobreponerse a las adversidades de su destino superando el desorden del azar para restituir el orden en sus vidas y conciencias. Los homínidos se humanizaron dando de esta manera forma a sus sentimientos y luego al lenguaje, en medio del orden y del desorden que proviene de la agitación de esa complejidad.

Tenemos que aceptar que sin estas extraordinarias singularidades no seríamos nada, sin la posibilidad de que la realidad cotidiana sea alterada la vida estaría marcada por una existencia tediosa, porque los sucesos nos serían indiferentes, estaríamos ante una realidad plana y estacionaria que no tiene posibilidades de ser cambiada. Por tanto, no existirían los sueños ni las ilusiones, ¿qué sería del hombre sin ilusiones, sin utopías?; queramos o no y por efecto de la *tendencia*, en el fondo nuestras vidas están atadas a la esperanza de que las condiciones mejoren, anhelamos que el mundo nos sea propicio, aspiramos a la felicidad, al amor, al deseo profundo de que las incertidumbres desaparezcan para obtener la tranquilidad definitiva; estos anhelos son el resultado de la *tendencia primigenia* que nos determina como seres humanos al someternos a la dinámica de sus propias fuerzas. Es decir, la dinámica de la realidad se da en la medida que se producen esas colisiones, entonces, orden/desorden se constituye en el motor de los sentimientos, de la actitud y, en general, de las vivencias humanas.

Es evidente entonces que la vida se configura en un juego donde somos los compositores de nuestras propias realidades, el individuo o la sociedad que no arriesgue, que no emprenda, que no juegue el juego de la vida, estará sometido a una existencia estacionaria y aburrida, sin sentido, sin sueños y sin ilusiones. Allí, la humanidad no se manifestará en toda su extensión. Sin embargo, el fenómeno es mucho más de lo que aquí creemos; no sólo es humano, sino que dada la fractalidad proviene de la *finalidad de existencia* y de la *voluntad de poder*; es evidente que a partir de la función de onda *(caos/soac)* se originó está singularidad primigenia que dio a luz el universo, agitación a la vida y existencia a nuestros sentimientos, pues sentimos, amamos, lloramos y reímos gracias al maravilloso prodigio de la correlación *orden/desorden*.

Función de onda de la realidad absoluta

El *principio de incertidumbre* del capítulo anterior y el experimento del gato vivo/muerto relacionado con los eventos macroscópicos, donde distinguimos la función de onda como constituyente esencial del estado cuántico de una realidad determinada; recordemos que *estado cuántico* significa que algo o todo es probable o improbable a la vez, por eso también se le llama *onda de probabilidad*; lo que significa que no podemos descartar aquello que (al materializarse una parte) no fue probable, puesto que de todas formas hace parte de la función de onda y por tanto, de la realidad. En este contexto, es lógico afirmar que la singularidad primigenia[151] también constituye una función de onda que contiene toda la realidad absoluta, no hay ninguna evidencia que nos impida pensar de esta manera, de hecho, la teórica cuántica así lo acepta; pues

---

[151] El big bang, por ejemplo. Aunque no descartamos otro tipo de origen.

un electrón no existe tal como creemos en forma de partícula, sino como una onda de probabilidad o paquete de ondas yuxtapuestas en todas las trayectorias posibles.

En la gráfica anterior, F simboliza la *singularidad primigenia*.[152] Por debajo de F estaría el caos

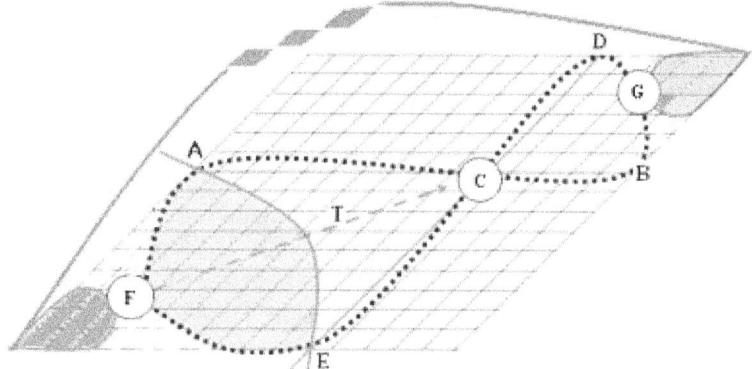

MODELO DE LA REALIDAD ABSOLUTA

primigenio. La zona F, A, E muestra la emergencia neguentrópica de la materia hasta la frontera A-E, donde el sistema llega a un punto crítico de desorden *(frontera del caos)* presentado *condiciones aptas* de equilibrio para consolidar el proceso de auto-organización del universo; las *condiciones aptas* son resonancias especiales que se difunden por el sistema para inducirlo luego a un estado de *orden* (ley antrópica). T es la flecha del tiempo. En la vertical (E-D) encontramos la presencia de la realidad física, donde: E representa el universo cuántico y D el macro cosmos. Entre A y B se encuentran los diferentes estadios y patrones de emergencia de las especies, en A aparece la célula eucariótica y en C el sistema óptimo para la autopoiesis. Cada una de las infinitas estrías (puntos) representa un fractal emergente o sistema complejo y adaptativo con identidad propia, donde se dan las colisiones orden/desorden. Entre C, B y D estarían las emergencias venideras, los futuros desarrollos del genoma y posiblemente, la evolución biológica o cibernética del hombre para adaptarse al espacio exterior, lo mismo que el posible Big Crush (G). La región posterior a G, representa la realidad última, si llegase a existir, donde toda la materia desaparece o se contrae en un solo punto llegando a un estadio contrario al caos -*soac*-; finalmente, no hay nada que nos impida suponer que el caos y *soac* están unidos (línea rombo), y que se suceden uno a otro iterándose fractalmente en emergencias infinitas.

---

[152] La ciencia de occidente acepta el Big Bang, sin embargo, Ilya Prigogine no reconoce el origen como el producto de una explosión, sino que éste es el resultado de la transformación de energía de gravitación en energía de materia. A mi juicio el origen dio por simple acausalidad y por la posterior yuxtaposición fractal de la materia, quedaría por resolver el problema de la inflación o desplazamiento, pero hemos sostenido que el caos no puede ser estático. En realidad, quedaría pendiente el problema del calentamiento, puesto que el universo fue caliente en sus comienzos y se ha venido enfriando, pero es lógico suponer que a menor espacio el calor absoluto tuvo que haber estado más concentrado, se ha disipado por la misma inflación espacial, por el movimiento expansivo del caos.

F-A y *F-E*, son bifurcaciones neguentrópicas diferentes. Un sistema neguentrópico es consubstancial al estado transitorio de no-equilibrio, la *improbabilidad* es una condición tanto necesaria como suficiente de un estado neguentrópico, (un estado que no sea improbable no puede ser un estado neguentrópico y basta que un estado sea improbable para que sea un estado neguentrópico)[153]. Ahora, toda vez que la *improbabilidad* lleva implícita la *intencionalidad*, se deduce que si una parte de la materia tenía la *intención*[154] de ser materia viva y la otra no, es lógico inferir que desde el principio cada emergencia universal tenía un código (ADN) de características propias -lo que expone la traza de la *estría orden/desorden*-. Prigogine, (1996), afirmó que "Lejos del equilibrio, la materia adquiere nuevas propiedades en que las fluctuaciones y las inestabilidades desempeñan un papel esencial: la materia se vuelve más activa". Entonces, debe existir una relación entre la activación y la intención (tendencia). ¿Es la activación causada por la intencionalidad?, ¿cómo se activa la materia?, ¿cuál es el proceso cinético que agita las nuevas propiedades?, ¿cómo se realiza la transferencia de éstas?, ¿es mediante resonancias intrínsecas que se propaga el *soplo* de Dios en forma de tendencia? La teoría cuántica nos ofrece una respuesta, pues dado el enmarañamiento cuántico es lógico suponer que la transferencia es cuántica y dado que esta comunicación no requiere un medio físico, es posible asumir que la materia tiene su propia resonancia, una especie de modulación que surge a partir de la vibración de la energía que la conforma y que nosotros no podemos percibir.

Entonces, ¿cuál es el obturador que inicia la emisión de las resonancias? Acaso, después de la *singularidad primigenia*, ¿fue ésta la segunda tarea divina? ¿o desde el principio las emergencias conocían su fin?, para, dentro del desorden, irse auto-organizando con el fin de producir las condiciones aptas para dispersar la génesis vital en forma de ADN universal, con el propósito de dar vida a una parte de la materia inerte, configurando la conciencia antrópica.

Es evidente que en el *caos* las leyes de la naturaleza aún no se han implementado; es muy posible que ya exista una tendencia, una resonancia iniciática, pero aún no se han organizado. Luego del big bang, cuando el universo se extiende en toda su magnitud hacia una finalidad *no definida* (posiblemente el big crush), emergen las leyes de la naturaleza para hacer posibles los procesos parciales que permiten el desarrollo de los fenómenos naturales configurando el mundo cotidiano y macroscópico que conocen los hombres. Como producto del estiramiento y entrelazamiento de esos procesos, que se dan entre el *caos* y el *soac*, se originan transformaciones parciales de orden/desorden, que obedecen a las leyes de la naturaleza de una manera discreta y continua. Cuando se mantiene la continuidad se configuran las *leyes naturales*, pero cuando el fenómeno se autodetermina por sí mismo, separándose de la totalidad, entonces surge un hecho discreto que produce diversidad desbordando el *continuum* original de la

---

[153] Dr. Gabriel Hernán Gebauer, "Estado Neguentrópico."
[154] Recordemos que los movimientos de las partículas cuánticas fueron definidos por Capra como mera *tendencia*, lo que llevó a una cuantificación estadística. Esta definición ha sido aceptada por toda la comunidad científica internacional.

ley natural. A estos hechos *discretos* les llamo complejidad, son fragmentos de una complejidad continua y fundamental.

No obstante, todo lo anterior tiene mayor relevancia y concreción cuando percibimos la función de onda en la dimensión del espacio-tiempo en relación con la conciencia. Estos tres elementos son apreciados por separado por nuestra mente analítica, pero en realidad son uno solo. Einstein ya demostró que el espacio y el tiempo son un solo componente que da forma a una *red geométrica* que configura el vacío; ahora, esta *red* no puede existir sin la conciencia creadora que la identifique, que la atraviese (pues sin recorrido no hay tiempo), que la modele para permitir la acausalidad de las primeras partículas y para que active la poderosa vibración que las convierte en materia.

La frontera del caos

Las *cuerdas* son minúsculas porciones de energía que vibran en las profundidades del espacio y que luego alcanzan *la frontera del caos* para dar existencia a las partículas cuánticas, (primera transferencia de fase[155]). Las partículas cuánticas se organizan de manera que al cruzar *la frontera del caos* producen los átomos. Los átomos se organizan de manera que, luego de cruzar *la frontera del caos,* originan los aminoácidos. Los aminoácidos se reorganizan y al alcanzar *la frontera del caos* producen las vitaminas, éstas alcanzan *la frontera del caos* y producen el ADN y luego las primeras células. Las células, al llegar a *la frontera del caos,* crean los organismos multicelulares y, posteriormente, estos se organizan para dar lugar a los animales y las plantas. Las plantas se configuran en bosques y selvas, y los animales en especies y sociedades.

Cada una de estas transferencias de fase, originadas al alcanzar *la frontera del caos,* constituyen un nivel superior de realidad y se producen porque el estado inicial adquiere un nivel crítico (en comportamiento y cantidad de individuos) induciendo al sistema a abordar *la frontera del caos*, al llegar a este punto de inflexión, automáticamente se produce otro sistema completamente diferente al primero, con nuevas propiedades y reglas, configurando así una nueva realidad. Es decir, por su fractalidad y finalidad de existencia la realidad se *itera* constantemente reproduciéndose a sí misma.

Partículas de materia, chispas de energía, así como individuos (egoístas, aislados e independientes) que comparten un mismo entorno, por el efecto mismo de las condiciones en que se encuentran y por causa de su interacción aleatoria (no por su discrecionalidad), terminan por originar, a partir de la *frontera del caos*, un *orden espontáneo* (nueva realidad) de nivel superior, no programado, que antes no conocían y que los favorece mutuamente. El corazón bombea sangre sin que los átomos, las células ni las moléculas que lo integran tengan que preocuparse o hacer esfuerzos para conseguirlo; a este nivel el corazón ya es un órgano independiente de orden superior que tiene sus propias características, reglas y estructura; por lo tanto, es ajeno a las partículas que lo conforman y que un día se integraron para darle existencia. El atleta, azuzado por

---

[155] No desconocemos que en el universo fractal las cuerdas estarían hechas de componentes mucho más pequeños.

el rugido de la muchedumbre, corre sin que sea consciente de que tiene que bombear sangre a través de sus arterias para empoderar sus músculos y ganar la competencia; apartada de la función fisiológica, su mente está concentrada en ganar la carrera; sin embargo, cada neurona juega un papel diferente y en ninguna neurona en concreto converge el deseo y el esfuerzo de ganar. La mente constituye un orden superior, con respecto al nivel inferior en que existe cada neurona.

¿Pero cómo llega un sistema a la frontera del caos? O en otras palabras ¿cómo se produce la transferencia de fase? ¿Qué tiene que ver con esto la energía y la información? ¿Estamos ante un fenómeno universal o se trata simplemente de una serie de eventos contingentes? Chris Langton, biólogo del Instituto de Santa Fe, dedicado por años al estudio de la complejidad, dijo:

El límite del caos se encuentra donde la información llega al umbral del mundo físico, donde consigue ventaja sobre la energía. Estar en el punto de transición entre el orden y el caos no solo te proporciona un perfecto control –pequeña entrada/gran cambio-, sino que también proporciona la posibilidad de que el procesamiento de información pueda llegar a ser una parte importante de la dinámica del sistema.[156]

Todo indica que la información del sistema (cantidad de individuos, parámetros, condiciones, valores, referencias, rendimientos de intercambio con el entorno, entre otras variables; es decir, la relación orden/desorden a que está sometido el sistema) adquiere una dimensión tal que desborda el sistema inicial para producir un *colapso energético* que da lugar a un nuevo sistema. A mi juicio, este colapso debe entenderse entonces como una *estructura disipativa*, pues el sistema cambia sin que se identifiquen procesos parciales, simplemente el sistema alcanza un *punto crítico* quedando sometido a la repentina transformación, este fenómeno se dio a partir de sus elementos intrínsecos; los cuales antes eran elementos dispersos, locales y discretos del otro sistema, o eran sistemas independientes de nivel inferior.

Stuart Kauffman, también uno de los biólogos más importante de la complejidad, quien experimentó con sus *redes booleanas*, habitadas por grupos de *autómatas celulares* (para sustituir a los individuos), con el fin de examinar la actitud individual hacia el comportamiento colectivo, dijo a manera de conclusión:

Pero resulta que los individuos de mi grupo se comportan egoístamente. La adaptación colectiva con fines egoístas produce la máxima eficacia biológica promedio, en cada especie dentro del contexto de las otras. Como si por medio de una mano invisible -la expresión de Adam Smith para referirse a los mercados en una economía capitalista-, se garantizara el bien colectivo.[157]

Extrañamente aun la conducta egoísta, que constituye la tendencia de un organismo hacia su propio bienestar a expensas de los demás (la muerte del otro), puede llegar a alcanzar la máxima eficacia biológica; es decir, de la misma manera como el desorden produce orden y viceversa, la conducta individual egoísta se reproduce dentro del sistema hasta colapsarlo, con lo que desborda sus propias características y se convierte en comportamiento altruista para acceder, de

---

[156] Roger Lewin, "COMPLEJIDAD, el caos como generador de orden" Tusquets Editores, Colección Metatemas. Barcelona, 2002. Pg. 68.
[157] Ibidem, Pg. 79.

manera inconsciente, a la eficiencia biológica. Un sistema maravilloso, porque pone un límite al desarrollo de las entropías con el propósito oculto de que éstas no colapsen para siempre la realidad; sin este extraordinario sistema la realidad jamás habría existido.

Es evidente que, en la configuración de la realidad, el *límite del caos* juega un papel decisivo pues constituye una extraña fuerza ajena a las propiedades y dinámicas de los elementos que la conforman. No se trata de una fuerza inherente a estos, sino que constituye un poder superior, profundo, que proviene de la esencia del universo, es inmanente a este porque es esencial y permanente en la función de onda, y porque no se puede separar de ésta por formar parte de su naturaleza y no depender de algo externo. Es incuestionable que allí está presente la eficacia de la qualina, la voluntad de poder y la finalidad de existencia, estos son los motores primigenios de esa complejidad.

Proceso adaptativo de auto-organización

La emergencia de un sistema se da como resultado de su interacción con el entorno cambiante. El cambio produce estados de no-equilibrio que alteran las condiciones iniciales del sistema produciendo una transferencia de información que pone de manifiesto las nuevas condiciones del entorno. Como hemos visto en el estado neguentrópico, el estado de improbabilidad, que se presenta en el punto máximo de entropía, origina cambios en la materia produciendo resonancias que se propagan por todo el sistema. Esta transferencia de información, al alcanzar el *límite del caos,* modifica el sistema mediante la paliación, superación, o modificación de las causas que originaron el estado neguentrópico; de hecho significa una transformación intrínseca que se traduce en una posible transición hacia un nuevo estado del sistema o hacia su colapso.

La continua referencia de unas condiciones a otras, origina un proceso dinámico mediante el cual unos *quantos de información* (qubits, bits, signos, códigos; luego lenguaje)[158] remiten continuamente a otros, constituyendo un "diálogo" *(sensibilidad erógena)* entre el entorno endógeno del sistema inicial y las condiciones cambiantes, la inmanencia de esta interacción finalmente produce la determinación del *sentido,*[159] hacia el cual tiende la adaptación para sobrevivir y garantizar el proceso de autopoiesis. La información que proporciona el entorno cambiante es de tipo pragmática puesto que constituye en sí la experiencia de la realidad misma, mientras que la percepción por parte del sistema inicial representa un proceso semiótico en cuanto decodifica y hace una lectura de la información entrante que proporciona sentido al sistema y con lo que se re-produce la qualina; así que la estrecha relación existente entre semántica y pragmática origina un proceso primigenio, del que posteriormente se desplegarán los sustratos básicos de la mente; y también de lo que será la

---

[158] El *bit* hace referencia a lo determinado del mundo físico, el *qubit* a lo indeterminado del universo cuántico. Signos y códigos son epiteraciones de los dos anteriores y se presentan en el mundo macroscópico.

[159] La idea original de que la semiosis produce sentido es de Charles Peirce. Ver sus obras "El hombre, un signo", Ed. Crítica, Barcelona, 1988, "Escritos lógico-semióticos", Ed. Alianza Editorial, Madrid, 1988 y "Obra lógico-semiótica", Ed. Taurus, Madrid, 1987

cultura, pues la adaptación finalmente constituye una forma de comunicarse y de *comportarse* con los otros sistemas.[160]

La emergencia se origina siempre y cuando el sistema sea adaptativo y el sistema será adaptativo únicamente si es *competente*.[161] Es decir, la evolución está supeditada a la adaptación porque sin adaptación previa el sistema no podrá superar el desorden, lo que significa que no alcanzará tampoco el *límite del caos* y simplemente, no podrá emerger. La adaptación consiste básicamente en que el sistema sea capaz de hacer lectura del entorno (decodificar), en una segunda fase interpretarlo (semiosis) e iniciar un proceso de adaptación previa (soma), el cual si es exitoso, permite volver a codificarlo produciendo un nuevo *quantum* de información que auto-organiza (sentido, identidad) el sistema resultante,[162] el cual se instala en un nicho espacio-temporal para continuar la lectura del entorno y volver a iterarse cada vez que el entorno produzca cambios que pongan en riesgo su estabilidad, a esta tendencia u *ondulación continua* la llamo *finalidad de existencia*. Mediante las características de su propia trazabilidad (información histórica) y los constantes intercambios de información con el entorno, el sistema adquiere una identidad propia (nuevas propiedades y facultades que originan nuevas leyes) que lo hace diferente a los demás individuos surgidos como resultado de sus propios procesos adaptativos.[163]

La auto-organización, que es una respuesta de los sistemas a los estados alterados de desorden, se realiza también atendiendo a los postulados de la *adaptación previa*. Si la *emergencia* conlleva la configuración del sistema adaptándose al nuevo entorno, la *organización* constituye la instalación de esa configuración (presencia) en un nicho espaciotemporal (ecosistema, en un orden superior). Es lógico deducir, que sin adaptación el sistema no podrá establecerse. Por tanto, la emergencia como proceso para la auto-organización es una expresión endógena del fenómeno de la *adaptación*, pues proporciona las condiciones previas para que el sistema inicial domine el entorno y se ordene formando un sistema único; esa *auto-organización* suministra el contexto propicio para la *supervivencia*, y la supervivencia garantiza el hábitat óptimo para la emergencia de una nueva adaptación o para la autopoiesis. Un bucle emergente de complejidades.

---

[160] El entorno no es otra cosa que las condiciones creadas por un conjunto de sistemas que rodean e influyen sobre un sistema único. Cada sistema del entorno está sometido a la misma complejidad, de ser condicionado por los otros.

[161] Los sistemas exitosos reúnen unas características tales que les permiten *competir* con los sistemas del entorno; por esta razón la complejidad ha aumentado a lo largo de la evolución. Sin *competencia* la especialización de los sistemas para vencer las entropías no hubiera producido la vida, ni órganos como el ojo, ni aves como el colibrí.

[162] Lo presentamos así, pero lógicamente no se trata de un proceso estrictamente lineal, sino que en la mayoría de casos, obedece a la acción producida por algún sistema adaptativo, o por la presencia conjunta de su complejidad; se puede producir simultáneamente o a intervalos arbitrarios.

[163] Esta *diferenciación* se presenta de manera *progresiva* puesto que las variaciones (oscilaciones y perturbaciones del sistema) van desde la simple *identidad* con alteraciones insignificantes, hasta la vasta complejidad que termina por producir especies diferentes. Los animales y los individuos se construyen a partir de *identidades* sometidas a este mismo proceso; por lo que la *identidad social* es también resultado de estos procesos emergentes.

Finalmente tenemos que aceptar que la complejidad constituye en sí un fenómeno *enérgico/vital* irreducible, que está organizado por una configuración material (estructura, aspecto) y por la qualina (función, significación) proveniente de la finalidad de existencia, de carácter inmaterial, cuya dinámica es impulsada por la voluntad de poder. No obstante, la aparente escisión de estos tres componentes, ellos se pertenecen a sí mismos; la complejidad constituye en sí una sola y única expresión de la naturaleza, es irreducible. En términos de Wagensberg, una *trivialidad* fundamental.[164]

El medio es una estructura (átomo, elemento, molécula, sustancia fisicoquímica, etc.) que funge como canal, el cual tiene la propiedad de permitir el proceso de comunicación entre dos o más sistemas, los cuales se transfieren mutuamente quantos de información con alguna forma de semiosis encriptada; el medio es lo que percibimos engañosamente como realidad. La qualina tiene la capacidad para decodificar y re-codificar los quantos de información, interpretarlos (semiosis), asumirlos (somatización) o desecharlos total o parcialmente, y por último auto-organizarse para configurar una qualina resultante que da emergencia a otro sistema. La voluntad de poder aporta la energía vital para realizar este proceso.

En este proceso de decodificación y respuesta, donde la qualina asimila el desorden y se acomoda ajustándose o creando un nuevo orden, el sistema adquiere sentido e identidad. Dicho proceso constituye una experiencia mediante la cual el sistema "aprende" qué es compatible y qué no es compatible, qué es conveniente y qué no lo es para mantener el equilibrio con su entorno y adaptarse a las nuevas condiciones.

Dado que el sistema seguirá "luchando" contra las perversidades del entorno para lograr su autopoiesis, el proceso de adaptación será progresivo creando nuevas formas complejas (elementos, sustancias, componentes, organismos, entidades, efectos, entre otros muchos) y produciendo una permanente adaptación al entorno, por lo que el sistema terminará por asimilar (aprender) cómo es su entorno y cómo dominarlo (control); toda vez que este proceso continuo constituye la vida del sistema y en cuanto es permanente, dinámico y exigente, pues exige eficacia, se producen allí los primeros sustratos de la inteligencia. Esta interacción la hace la qualina, no existe aún el cerebro, por lo que al parecer en dicho proceso de aprendizaje la inteligencia emergente suministra los primeros sustratos de la mente.

---

[164] Wagensberg Jorge, "Las raíces triviales de lo fundamental", Metatemas, Tusquets Editores. Barcelona 2010.

TRANSFERENCIA DE FASE DE UN PROCESO ADAPTATIVO

PROCESO DE DECODIFICACIÓN	AUTO-ORGANIZACIÓN Semiosis - Somatización	SENTIDO IDENTIDAD
Desorden	Tipo de Proceso Adaptativo	Orden
SISTEMA INICIAL — Entorno cambiante	Entropía Bifurcación Acreción fractal Efecto mariposa Frontera del caos Campo de fuerza Singularidad diferida Concatenación crítica Estado neguentrópico Estructuras disipativas Singularidad orden/desorden	Adaptación al entorno — SISTEMA FINAL

◄——— TRANSFERENCIA DE INFORMACIÓN ———►

La auto-organización emerge a partir de cualquiera de los diversos procesos adaptativos identificados. En la primera fase el sistema hace una permanente lectura del entorno, si este cambia el sistema "selecciona" un proceso adaptativo e inicia la transferencia hacia una fase siguiente, donde adquiere nueva identidad. La identidad individual y social también obedece a este proceso de transferencia.

Como es conocido y científicamente aceptado, en los sistemas vivos este aprendizaje se trascribe al ADN con lo que es apropiado, produciendo una nueva generación inmune a los efectos perversos del entorno y fisiológicamente adaptada para dominarlo. Así que al parecer lo que produce la diversidad, no está tan relacionado con los sistemas mismos, sino con la variedad de procesos adaptativos que, al condicionar la semiosis, crean sentido e inteligencia, originando nuevas distribuciones de información que reproducen sistemas únicos, así como nuevas especies.

Algunos autores consideran que el paradigma de la evolución biológica se produce y explica sólo en términos del azar. Pero no es así, de acuerdo a lo anterior es evidente que la evolución de la vida constituye un dialogo entre el sistema y su entorno, alcanzando un alto consenso de adaptabilidad que proporciona sentido e identidad al sistema naciente. En este proceso el sistema aprende a interactuar con los sistemas que lo afectan, a controlar el entorno y a controlarse a sí mismo. Por lo tanto, tenemos que concluir que el origen de los sistemas bilógicos no obedece al simple azar, sino que la acción de la tendencia primigenia juega un papel determinante en la configuración de la vida, pues selecciona lo más eficaz para su autopoiesis. En todo este proceso de lucha contra el entorno para alcanzar la evolución, los sistemas trazan un recorrido, una ruta crítica que se despeja en la medida que los sistemas van dominando y desechando otras alternativas, a este recorrido se le ha llamado la dependencia de senda.

Dependencia de senda

Pero este recorrido producido durante los procesos adaptativos no se da solamente a nivel macroscópico. Recordemos la *suma de caminos o historia de caminos*, denominación que utilizó Feynman para explicar el recorrido que hacen los electrones antes de entrar al agujero (ver la entrada *Dualidad cuántica*) y que finalmente explican el enmarañamiento cuántico de la función de onda. En el mundo material, la organización casual o lógica, de los átomos para formar los aminoácidos fue tejiendo una red de eslabones que dio como resultado la célula eucariótica que daría luego luz a la vida inteligente. Esos recorridos se revelan mediante procesos iterativos de concatenación de átomos, elementos, moléculas, y posteriormente, mediante la epiteración (articulación) de los anteriores para producir componentes superiores como bacilos, bacterias, órganos y luego animales.

Este proceso se da igualmente en una fase superior, donde los seres interactúan colectivamente para producir sus propias sociedades; el historiador Paul A. David le ha dado a este fenómeno el nombre de *path dependency* (dependencia de senda o de camino), que consiste básicamente en que los sistemas siendo autónomos para escoger un camino determinado y contra toda lógica, escogen una ruta específica, naturalmente condicionada por 1) los sucesos históricos que ha transitado el sistema o sus partes, 2) por ocultas tendencias intrínsecas, o 3) por las expectativas propias del sistema (en los sistemas vivos). El sistema adquiere memoria de los sucesos anteriores porque aprende qué le es conveniente y qué no le es conveniente, y con esos criterios ajusta su adaptabilidad o aprende nuevas formas de adaptación. Lo que significa que se provoca una trazabilidad de los procesos parciales necesarios para configura el sistema final, que al originar memoria produce los sustratos de la mente. La inteligencia será la adaptación y especialización (de la "mente" del sistema) para correlacionar la información contenida en la memoria con el fin de crear sentido e identidad, de donde emerge el yo-sí mismo.

En la organización de la sociedad, la dinámica de la vida colectiva obedece al mismo fenómeno; muchas veces no podemos hacer lo que queremos ni podemos tomar nuestras propias decisiones, sino que tenemos que adaptarnos a las condiciones del momento, las que evidentemente han surgido de las decisiones o adaptaciones previas que otros individuos han asumido, tenemos que seguir la misma senda que otros actores ajenos a nuestras vidas han trazado a partir de una secuencia a la que ellos también tuvieron que subordinarse. Este fenómeno se configura como una serie de pautas, valores, convenciones e inercias sociales que, aun provocando secuencias aleatorias y estados de no-equilibrio, influyen en la construcción de la realidad.

Resonancia morfogenética

El trabajo de Rupert Sheldrake sobre la *causación formativa*[165] es quizá uno de los más reveladores e importantes de los últimos tiempos; su obra ha sido comparada con el *Origen de las especies* de Darwin y calificada por el *New Scientist* como "buena ciencia"; Sheldrake ha abierto un intenso debate en Estados Unidos y Europa, donde se han iniciado experimentos en casi todos los campos de la ciencia. En palabras del autor:

---

[165] *Sheldrake Rupert*, "Una Nueva Ciencia de la Vida: la hipótesis de la causación formativa" Ed. Kairós. Barcelona, 2007.

La hipótesis sugerida en este libro se basa en la idea según la cual los campos morfogenéticos ejercen efectos físicos que pueden ser medidos. Propone que campos morfogenéticos específicos son responsables de la organización y forma característica de los sistemas a todos los niveles de complejidad, no únicamente en el terreno de la biología, sino también en los terrenos de la química y la física. Estos campos organizan los sistemas con los que se relacionan influyendo sobre sucesos indeterminados o probabilísticos desde un punto de vista energético; imponen restricciones determinadas sobre los resultados energéticamente posibles de los procesos físicos. (Pg.21)

Según su planteamiento los sistemas se organizan de una forma determinada porque sistemas anteriores se habían organizado de esa misma forma; tal como la fractalidad, la hipótesis de la *causación formativa* se sustenta en la "repetición" de formas y modelos de organización; aclarando que "la cuestión del "origen" de estas formas y modelos queda por fuera de su ámbito" (ibídem, pg. 22). Hasta aquí aún no hay nada sorprendente, lo verdaderamente significativo de este trabajo proviene de su nuevo paradigma, que pone en vilo el modelo mecanicista, Sheldrake sustenta la presencia de una *resonancia morfogenética* que transfiere información de un sistema a otro, determinándolo. Pone el ejemplo de una rata que aprende a desarrollar un modelo de conducta, "existirá la tendencia a que cualquier otra rata semejante (de la misma raza, criada en las mismas condiciones, etc.) aprenda más rápidamente a desarrollar tal modelo de conducta. Cuanto mayor sea el número de ratas que aprendan a efectuar un trabajo, más fácil será que cualquier otra rata lo aprenda." Sin importar a qué distancia se encuentren las ratas la información les llega por *resonancia morfogenética,* ésta aplica para todos los animales y plantas, y cada resonancia se transfiere únicamente dentro de una especie en particular.

En principio es evidente que la "repetición" de las formas y la herencia del pasado son alusivas y coherentes con la teoría fractal, pero en cuanto a la *resonancia morfogenética* llama la atención su coherencia con la *función de onda*; acaso Sheldrake ¿se refiere a la misma *finalidad de existencia* y a la *voluntad de poder* que identificamos en las características de la partícula cuántica? Da la impresión que este tipo de resonancia proviene de la *"vibración"* que produce la resonancia de la tendencia cuántica; ahora, dado su estado neguentrópico, esta vibración constituye mera *probabilidad* de que un hecho ocurra o no ocurra, cuando el hecho se "define" (colapsa) la incertidumbre desaparece y la realidad toma un curso determinado -real- configurando la presencia de *la qualina* que se manifiesta a través de la "resonancia" producida durante el estado neguentrópico (acción fantasmal) en que se encontraba el fenómeno; entonces, las ratas asumen el nuevo comportamiento.

La Qualina

Hemos hecho diferencia entre la materia viva y no viva. Llamaremos *Qualina* a esa especie de "conciencia"[166] que subsiste y suscita las transformaciones en la materia no-viva; dado que es innegable que ésta está compuesta por átomos y que éstos presentan alguna forma de conciencia,

---

[166] No queremos decir que la materia y los fenómenos tengan el mismo tipo de conciencia que tienen los seres vivos.

sabemos que aún subsiste (en un orden superior) en los procesos que se originan entre la energía y la materia. Es incomparable a la *conciencia* de los seres vivos dado que la de éstos cuenta con el cerebro y la mente para formar la *qualia* y puede darse cuenta de su propia existencia, de sus condiciones e identidad. Por el contrario, *la qualina* al no estar dotada de *qualia* no es conciente de sí misma y carece de *voluntad,* tal como la conocemos en el individuo. Pero, aunque ésta se sumerja en la materia inerte, no deja de poseer la tendencia cuántica sobre la que hemos construido esta teoría: aun cuenta con información, contenido, finalidad de existencia y con voluntad de poder, pero carece de qualia. Se trata de otro tipo de conciencia, que subsiste en las profundidades de la materia y en sus fenómenos, una especie de *conciencia inconciente* que permitiría que la materia y sus fenómenos evolucionen de manera compleja configurando aquellos hechos insólitos que dan lugar a la complejidad. En su libro "La Totalidad y el Orden Implicado" David Bohm, afirma: "Según el orden implicado, podemos decir que incluso la materia inanimada se mantiene en un proceso continuo similar al crecimiento de las plantas".

En la Grecia antigua a esta expresión de la naturaleza se le denominó *conatus*, luego Aristóteles la llamó *entelequia*, este mismo nombre sería utilizado por Hans Driesch, uno de los *vitalistas* más importantes; *entelequia* es un palabra griega *(en-telos)* cuya derivación indica que algo lleva en sí mismo su finalidad u objetivo, contiene el objetivo hacia el cual se dirige un sistema bajo control, y Rupert Sheldrake, para explicar este tipo de fenómenos formula la hipótesis de la "resonancia morfogenética",[167] a partir de la teoría cuántica. El físico David Bohm, también a partir de la teoría cuántica, propone un orden implicado en la totalidad de la realidad y sus fenómenos, un orden que incluye tanto la materia como la presencia de la conciencia y para el que Bohn reclama una "relevancia principal" con respecto al orden conocido de las leyes físicas comunes.[168] Adoptaremos el mismo fenómeno con el nombre de *qualina* y diremos que ésta constituye un híbrido entre la *finalidad de existencia* y *la voluntad de poder*; para explicarlos utilizaremos dos trivialidades fundamentales, la primera consiste en que:

La realidad subsiste para existir

Pues antes de existir materialmente, la pre-realidad ya disponía de una *energía natural* de existencia que inevitablemente la llevó producir la "tendencia" que dio lugar a la activación de los procesos entre la energía y la materia, de los cuales emerge la realidad. Por lo que postulamos que la *finalidad de existencia* es un fenómeno clave en la configuración de la realidad macroscópica; la segunda radica en que:

La realidad existe porque puede existir y prevalecer

Es decir, porque posee en su profundidad intrínseca una *voluntad de poder* que le es inherente, le permite prevalecer y se impone en cuanto esa existencia está dotada de una fuerza natural (tendencia) que propulsa su propagación. Por tanto, la qualina constituye en sí la unificación de estos dos postulados triviales

---

[167] Ibidem, Pg.86 y ss.
[168] Bohm David, "La Totalidad y el Orden Implicado" Ed. Kairós. Barcelona, 2008.

que por su misma circularidad son imposibles de contradecir.[169] La *voluntad de poder* es la fuerza oculta e integradora que impulsa la evolución.

Entonces, es evidente la existencia de un "algo", de un *quídam actuante* que interviene más allá de la simple acción de los sistemas para incorporarles una energía adicional que es diferente a la "sinergía resultante de la sumatoria de las partes"; ininteligible, eternamente vigente y de orden superior, en cuanto otorga "vitalismo", facultades y propiedades específicas permitiendo la presencia y operación de la finalidad de existencia y de la voluntad de poder. Da la impresión entonces, que las cosas existen a partir de ese *quídam actuante* responsable de sus orígenes y tanto del desarrollo de los fenómenos fisicoquímicos como de las complejidades subsumidas en las inextricables entrañas de la materia. La *qualina*, a través de los procesos adaptativos origina diversos procesos escalares de auto-organización, vigorizando así la evolución; de esta manera, transfiere los fenómenos cuánticos al universo macroscópico, donde se configura la realidad social.

La qualina es irreversible pues se dirige hacia una finalidad mediante procesos escalares que van desde la organización de átomos en partículas, luego en cadenas de aminoácidos, que organizan proteínas, posteriormente en células y finalmente, en animales superiores. Procesos reversibles como: calor, agua, vapor, nube, lluvia, o los procesos que originan el clima, junto con el sol o los ciclos lunares, son fenómenos que evolucionaron a partir de la qualina y que luego suministran las condiciones para que las evoluciones produzcan los resultados que conocemos. Cada nuevo orden engendra (colapsa) sus propias leyes produciendo nuevos niveles de organización que traen propiedades únicas para engendrar nuevas realidades. Esta propensión (tendencia) de la materia y la energía se manifiesta en todos los aspectos de la realidad, incluyendo la vida cotidiana de los hombres y sus procesos mentales mediante los cuales colapsa y construye la realidad. Kart Popper, lo dejó dicho con estas palabras:

"...la conjetura o hipótesis ha de estar presente antes que la observación o percepción: tenemos expectativas innatas; tenemos conocimiento innato latente, en forma de expectativas latentes a ser activadas por estímulos, ante los cuales reaccionamos, en general, mientras estamos comprometidos con la exploración activa".[170]

Es decir, nuestras necesidades y deseos, o las coacciones, los deseos y necesidades de los demás (no siempre racionales), orientan la *tendencia* de nuestras decisiones,[171] lo que en algunos casos, nos lleva a realizar acciones irracionales; porque sabemos que aun el hombre más justo, racional y pragmático, en cualquier momento puede equivocarse (caer) y realizar acciones absurdas e incoherentes con aquellos pensamientos o acciones de "exploración activa" que defiende para construir su mundo racional, igualmente, el más visceral de los asesinos puede ser también un hombre piadoso y justo por naturaleza. En las palabras de Popper percibimos una fuerza innata que dirige

---

[169] Para profundizar en el tema de las trivialidades véase a Jorge Wagensberg, "Las Raíces Triviales de lo Fundamental", Metatemas, Tusquets Editores. Barcelona, 2010.

[170] Karl Popper, "Búsqueda sin Término: Una autobiografía intelectual". Ed. Tecnos, 3° edición. Madrid, 2002, p. 70.

[171] La *decisión* es una apropiación de una de las posibilidades que son probables, por tanto y una vez que ésta es ejecutada, debemos entenderla como un colapso de la función de onda.

nuestro comportamiento; una fuerza extraña que actúa en el fondo de la conducta (acción de la complejidad). Por lo que ciertamente tenemos que intuir una insólita *indeterminación* extrínseca que influye en la interacción humana para transformar el mundo que los hombres quieren *determinar*. Por tanto, podemos afirmar que la *qualina* (de la acción social) también se genera y subyace en los procesos parciales que se dan al interior de las relaciones sociales.

Extrapolación del Fenómeno Cuántico

*Es verdadero, sin falsedad, cierto y muy verdadero:
Lo que está abajo es igual a lo que está arriba,
y lo que está arriba es como lo que está abajo,
para realizar el milagro de la Cosa Única, del Uno.*
TABULA SMARAGDINA

Sería absurdo abandonar en el submundo del olvido las maravillas de la teoría cuántica y de los sistemas complejos simplemente porque no son computables; pues, la física convencional ha dictado que el universo cuántico es diferente al universo macroscópico, relegándolo. Igualmente, y dado que el mundo cuántico constituye un mundo caótico, no se acepta que el hombre esté "contagiado" por ese caos extravagante; pero estos miedos (a enfrentar lo no computable y a aceptar que el hombre tiene un fundamento caótico) no son más que meros lastres provenientes de la religión y del pensamiento clásico positivista, que, como todos los sistemas artificiales, busca mantener el protagonismo de su paradigma para sustentar su poder.

Aunque existan posiciones en contrario, de todas maneras, la *tendencia cuántica* constituye la potencia que encadena[172] -*nudge*- los átomos con los que está construida la realidad física, no sólo en lo que concierne a la materia sino también en lo que incumbe a la conciencia; pues, como lo vimos en el primer capítulo, la partícula cuántica no es ni lo uno ni lo otro, sino que en realidad constituye la tendencia de su híbrido (materia/energía/conciencia). Es decir, no es materia estática, sino un híbrido con tendencia hacia una finalidad, también humana. Por otra parte, el caos, el azar y la incertidumbre también existen en el universo macroscópico, el cual proviene de la homotecia originada en el big bang; igualmente, el dualismo onda-partícula se manifiesta a todos los niveles en muchos aspectos: conciencia/cuerpo, sustancia/forma, noúmeno/fenómeno, determinado/indeterminado. El estado cuántico emerge por todas partes.

En el montaje y armazón del orden macroscópico *aquello* que carece de estructura física juega un papel definitivo; pues algunos científicos (Wheeler, Davies, Lloyd, Lazlo, Hoyle, entre otros) aceptan que el universo constituye en sí una gran computadora cuántica que más que "hard" es *software*, configurada por sucesivos paquetes de información y la correlación diversa de sus tendencias. En el plano de los fenómenos intermedios la existencia inerte y la vida también tienen su propio itinerario, los cuales de igual forma, se realizan mediante la *finalidad de existencia* y la *voluntad de poder*. La finalidad de existencia se manifiesta mediante la interconexión de vínculos de unidades *"bit-qubit"* de información *que* se epiteran para realizar transferencias de uno a otro sistema, logrando con esto, crear el universo físico que habitamos. Lógicamente y dadas sus raíces, la realidad y la vida son una *tendencia* de la potencialización intrínseca de la finalidad que proviene desde el fundamento cuántico; a partir de ésta

---

[172] La constante de Plank determina la "fuerza" con que se articulan las partículas subatómicas.

establecemos las bases filosóficas sobre las que se sustenta la primera parte de este libro.[173]

Dado que la realidad es una sola, ésta se expande en forma de homotecia,[174] por lo que se presentan diferentes niveles de realidad que toscamente podemos clasificar en quark, átomo, moléculas, aminoácidos, bacterias, células eucarióticas (vegetal, animal, hongos) y finalmente aparece el individuo. La materia del universo se configura en "masa compacta" que conforma el mundo macroscópico y el individuo está rodeado de ella, esta forma compactada que adquiere la materia, junto con el efecto de la gravedad, origina la fuerza. La *fuerza* es una propiedad intrínseca de toda la materia (energía potencial) y de todos los humanos, quienes además en este nivel adquieren la mente que, junto con los instintos, origina el *ego*. El ego es discreto, mundano, autónomo, siente y sobrevalora su existencia, la mente se exacerba ante los logros, la belleza y las vivencias plenas del individuo y esto lo hace sentir superior. Así emerge la autoestima excesiva, el alarde, el orgullo, el *fausto* que todo lo sabe y quiere satisfacer sus propias necesidades y placeres mundanos, el *narciso* que se desea a sí mismo porque se cree fuerte, bello y único. Pero cuando el *ego* es grande opaca la conciencia y se fragmenta (fractal) para dar lugar a muchos *yoes* sicológicos que piensan, sienten y actúan dentro del mismo individuo. Mientras que a nivel individual el *ego* centra todas las actividades en la satisfacción ambiciosa de sus *yoes*, en la relación con el otro, el ego produce el *egoísmo*, complejizando las relaciones humanas. Emergiendo al nivel social, el *ego* y la *fuerza* producen los primeros "líderes", y éstos terminan por fundar las tribus, los reinos, los imperios, las naciones, y lógicamente, la dinámica de todas las complejidades que se derivan de esas formas de organización fractal.

El laberinto del Viejo

Tal como antes lo sustentamos, la función de onda y la acción fantasmal a distancia revelan un universo compuesto por *información* y *energía*, interconectado y enmarañado en todas sus funciones y procesos; la realidad está entretejida holísticamente mediante infinitas hebras conformadas por indefinidos filamentos, los cuales también están "organizados fractalmente" por infinitas *cuerdas*, esta infinita interconexión *holofractal* no se encuentra precisamente en las dimensiones conocidas, ni en el espacio ni en el tiempo, pero de cualquier manera la información que entraña se conecta en tiempo real. Es lógico, que esta *información* contiene finalidad y *significación* y por tanto, no puede ser otra cosa diferente a la *conciencia*. En el plano físico la red forma los planetas, el espacio y el tiempo, crea el hombre y los fenómenos que conocemos.

---

[173] Dado que existen elementos no computables, es lógico que este análisis se plantee desde la interpretación y se sustente con nuevas concepciones filosóficas.

[174] Mandelbrot afirma "...la homotecia interna hace que el azar tenga la misma importancia a cualquier escala, con lo que no tiene ningún sentido hablar de los niveles microscópico y microscópico", se refiere a que no hay diferencia entre estos niveles, el universo es un todo y la realidad es una sola. Los Objetos Fractales, pag. 52, Metatemas, 1993.

El absoluto,[175] es un *enmarañamiento de información* que advertimos solamente a través de nuestra psiquis (conciencia), pues sin esa información la conciencia y la mente tampoco podrían existir. Es evidente que esa característica universal es una facultad innata de los seres vivos, de manera que los individuos están interconectados entre sí y con el todo, a través de sus sentimientos, sus mentes y conciencias. Igualmente, esta *interconexión* se presenta en el campo social, originando el fenómeno que configura la psiquis humana y su conciencia.[176] El hombre y su conciencia (qualia) constituyen la *interfaz* que conecta el universo cuántico con el universo macroscópico.

Por esta razón, no podemos aceptar que la información es meramente física, esta es una "verdad unidimensional" a secas, puesto que no todo lo que conforma la realidad es en sí físico, sino que también existen fenómenos no-físicos que como el pensamiento, las ideas, la conciencia, el tiempo, el espacio y la misma información, son atributos sin los cuales no es posible interconectar el todo para hacer real la realidad; de otra parte, como ya lo dijimos, 1) es evidente que existe información computable y no computable, y 2) los *bits* o *qubits* de información son medios (y medidas) de comunicación pero no son la información misma; es decir, las letras (como los bits) configuran la información solamente si: son previamente organizadas en una disposición inteligente y si son inteligentemente leídas por una conciencia, que las *signifique* y reconozca como información, pues la información también puede desinformar. La verdadera unidad de información está relacionada con su semiosis; así como un *bit* pertenece a la cantidad de información transferida, un *qubitsemio*, corresponde a un "*bit*" de significación.

Solamente lo que entra a la conciencia es información activa, el resto es manifestación pasiva, lo que está más allá del alcance del hombre es una manifestación pasiva, que aún no es información porque no ha sido "observada" e interpretada, pero dado que la imaginamos solamente podemos especular sobre ella, esas conjeturas están plagadas de incertidumbres que forman parte del mismo objeto de análisis. Por tanto, no podemos afirmar que todo es información, pues existe una *manifestación pasiva* que no se ha colapsado y que, por tanto, no se ha convertido en *información activa*. La *información pasiva física*, demuestra que la función de onda tiene una parte material que permite la acción de los procesos físicos; por tanto, tenemos que llegar a la conclusión de que la realidad es la percepción e interpretación que hace la conciencia de los procesos y fenómenos producidos por la materia y la energía en la dimensión espacio-tiempo. Estos dos aspectos, nos muestran las dos caras de la realidad, el *soft* y el *hard*, la función de onda que entraña la conciencia (significación) y la realidad física que ocupa un lugar en el espacio, que tiene masa y peso (materialidad).

---

[175] El absoluto persiste en un estado *alocal* y *acausal* donde subyace la función de onda, el reino de la información, el universo de las ideas, o la conciencia, como se le quiera llamar.

[176] Por esta procedencia los humanos estamos articulados a múltiples fenómenos paranormales. En su libro "Entangled Minds", el Ph.D. Dean Radin, presenta las explicaciones sólidas de estos fenómenos, apoyadas en experimentos científicos.

La diversidad de significaciones origina incertidumbre, pero la información depurada suministra conciencia, conocimiento, experiencia y acervo; es decir certidumbre y orden. Igualmente, la información tiene su lado cuantitativo y su lado cualitativo. No obstante, postulamos que en su primera manifestación fue conciencia pura, es decir, la información se encontraba en un estado cualitativo de pre-existencia. En principio, estaba concentrada en un solo "*bit-qubit*"[177] de información; tal como *la singularidad*[178] concentró toda la masa absoluta, de la misma manera, la singularidad se puede interpretar como un "bit-qubit" donde se concentró toda la información existente antes del big bang y que hoy conforma el universo. El universo constituye un *objeto/proceso* de información, que por su mera existencia, sustenta la suma de historias, enmarañadas mediante la acción fantasmal a distancia. Toda vez que la acción es *fantasmal*, es decir, no es nada físico, es lógico que el *entangled* tiene que ser *psíquico*, en contraposición a lo *físico* material. Dado este componente esencial, de primera mano interpretamos el universo como un computador o software, pero si le quitamos la incidencia técnica al término, no podemos negar que es en sí, conciencia. Ese es El Viejo, una conciencia *Quídam* que nos empeñamos en convertir en un *algo-alguien* físico dado nuestro estrecho foco de linterna; lo queremos *colapsar*, pero dada la fractalidad es también el Absoluto, y al ser el Todo, es también el Ignaro, no es nadie, no sabe nada, ¡no está ahí!; pero no está porque es también la negación, la Utopía de la función de onda, su propia negación. La negación de la función de onda, no puede estar sino dentro de sí misma, en las entrañas profundas de la correlación inagotable de sus probabilidades, un universo infinito donde cada fracción es tan diferente como igual. Es *acausal*, es cuántico. Es el *Homo Quanticus*, El Viejo. Él integra el enmarañamiento síquico que origina la conciencia y el enmarañamiento físico que configura la realidad.

Ahora, dada la infinita extensión del universo es evidente que *lo ignoto* es interminable, mientras que la *información activa* es finita, solamente un grano de arena en el magnánimo universo que nos atrevemos a pensar. Toda vez que la información activa se reconoce por acceso físico, es lógico que la mayor parte de la información estará sumida en *lo ignoto* y que jamás el hombre podrá acceder a toda ella, pues sus limitaciones para acceder al *todo* son evidentes. Es decir, hay una conciencia absoluta a la que jamás podremos acceder desde nuestra exigua condición humana. La realidad física emergió a partir de esa *información* y este proceso de emergencia es el resultado de la acción la complejidad y sus entropías, ésta obedece a una doble dinámica: es positiva cuando se antepone al desorden para evolucionar, o por el contrario, es negativa puesto que tiende al caos y a lo ignoto, toda esa actividad es lo que se identifica como *finalidad de existencia*.

El mundo de la *physical matter* es menos complejo: si en el mundo cotidiano de la física en que vivimos, tres es complejo, en el universo cuántico uno es complejo (Feynman), ¡porque es dos y todos a la vez! Estos *dos* mundos

---

[177] El *bit* hace referencia a lo determinado del mundo físico, el *qubit* a lo indeterminado del universo cuántico.
[178] En física *la singularidad* constituye un fenómeno que se produce antes del big bang, es un pequeño gránulo de volumen ínfimamente pequeño, pero de gran masa, que contiene toda la materia y toda la energía absoluta.

no están separados, como nos parece desde nuestro foco de linterna; lo que vemos son sólo *dos* eslabones de *una* cadena infinita. La dinámica compleja del *enmarañamiento* se extrapola para producir la realidad física, donde las cosas no están entrelazadas materialmente, pero lo están en el plano de la psiquis *(entangled)*. La *psiquis-conciencia* no es la cosa, pero la cosa es producida por la psiquis, lo que origina un vínculo de interconexión con el mundo de la materia. Las cosas no son el mundo-universo, las cosas residen solamente en sus dimensiones donde el todo está previamente configurado en la función de onda.

Reducir el universo a lo inmediatamente perceptible, para afirmar que toda la información es física, es un defecto causado por nuestro estrecho foco de linterna. *El Laberinto del Viejo*, es mucho más que eso y tiene infinitas recámaras, unidas por eternos recovecos que configuran un fractal infinito, cuyos intervínculos constituyen el *entanglement*. La *finalidad de existencia* y la *voluntad de poder*, recorren esos complejos pasadizos de la función de onda originando la *conciencia*; de la misma manera, en el universo macroscópico recorren los procesos y fenómenos necesarios para moldear y crear el *ser,* y la materialidad del mundo que podemos tocar y conocer.

Conciencia cuántica y voluntad de poder

Entonces, es lógico deducir como principio fundamental que la conciencia es la *esencia* mientras que el ser es la *consecuencia*. Por esta razón, la conciencia entraña en sí la finalidad teleológica de la vida pues lleva incorporado el *quantum de información*, un propósito, una misión, un designio; aunque nada nos impide pensar que la conciencia no sea otra cosa diferente a ese designio, es decir, constituye una *finalidad* en sí misma. En una primera instancia y tal como la partícula cuántica, esta información es sólo una tendencia y dado que es tendencia constituye un estado neguentrópico, pues la intención en cuanto mera tendencia origina un estado improbable de no equilibrio; sin embargo, cuando deja de serlo, porque la tendencia termina por definirse, este estado inicial *colapsa* y se convierte en un estado predominante mediante el cual la conciencia adquiere nuevas propiedades que activan instantáneamente todo el sistema. Esa conciencia cuántica cargada de información y de im-pulso constituye en sí una *finalidad de existencia,* que surge a partir de la *voluntad de poder* para lograr el propósito de articularse, organizarse y existir. Este es el verdadero significado de la realidad, la vida surge para expresar su voluntad de poder y la voluntad de poder existe para expresar la vida como máxima representación de su voluntad. Es una paradoja: "la vida surge para expresar la vida", es una complejidad por su evidente *inmanencia*; sí, esta paradoja resulta por la misma característica esencial de la conciencia: *incorpora toda posibilidad*; es decir, la vida es una consecuencia sin causa propia, es, por excelencia, la manifestación "divina". Este "dios" no tiene causa, simplemente *es* y en cuanto *es* constituye una consecuencia. Extrañamente, su presencia provoca la causa; igual que la partícula cuántica, es *acausal*.

Ahora y simplificando,[179] dado que el estado neguentrópico es un estado de desorden y que la voluntad de poder es un estado de orden, es lógico deducir que la transición *orden/desorden* es una propiedad o facultad única de la conciencia, pues sólo ésta determina qué es orden y qué es desorden. Sin duda esto nos lleva a pensar que todo ocurre primero en el núcleo de las cosas y en la esencia de los fenómenos. Todo proceso externo irremediablemente tiene un origen interno, de hecho, lo exógeno oculto proviene desde lo íntimo de la voluntad de poder. Esto significa que todo lo demás es posterior a la conciencia.

La otra cuestión está relacionada con la unanimidad. Toda vez que el átomo se confederó en fractales para construir la realidad física y viva, que las partículas cuánticas están íntimamente relacionadas entre sí, no sólo a través de su comunicación interna, sino de su presencia yuxtapuesta y su capacidad para romper la barrera del tiempo, y dado que la voluntad de poder tiene la misma *finalidad de existencia*, es evidente que la conciencia es una sola. Tal como del árbol brotan muchas hojas, la multiplicidad de individuos somos uno sólo en la dualidad infinita. Todos somos uno, todos, a la postre somos el mismo porque tenemos origen en la conciencia eidética y porque configuramos el *contínuum* mediante la voluntad de poder.[180]

Por lo anterior, si la sabiduría existe no puede ser otra cosa que la máxima manifestación de la conciencia y no de la razón, que es externa. Y aquí es donde comienzan a complicarse las cosas, porque el individuo construye su identidad e interactúa en el mundo a partir de su propia lucha interna, librada entre la conciencia y la razón, entre el universo ingénito y el mundo trivial. La razón le crea espejismos porque le presenta la realidad, no como es, sino como la razón cree interpretarla. Dada la prueba de la materialidad, la razón positivista se vuelve tan poderosa que afecta la conciencia, incluso y con frecuencia, la anula en su totalidad.

La tendencia en la concatenación crítica

Una *onda* es en sí energía pura, tiene masa nula y se propaga por el espacio a una velocidad definida; la *partícula* es materia física, ocupa un lugar en el espacio, tiene masa y peso. La complejidad de esta dualidad consiste en que la partícula cuántica tiene la facultad de *ser* y estar en esos dos estados a la vez; lo que significa que no hay diferencia entre materia y energía, o por lo menos, ésta, si existe, depende de la partícula cuántica en cuanto los dos extremos duales producen una unidad especificada: el *campo de fuerza*. La dificultad que tienen los físicos para medir el lugar dónde se encuentra una partícula y la dirección en que se mueve -pues se puede medir una u otra, pero no juntas a la vez-, está relacionada con esa extraña dualidad, Capra lo pone magistralmente en los siguientes términos:

---

[179] Porque, dada su intencionalidad, el estado neguentrópico es dual; pues también constituye un estado de *orden desordenado* o de *desorden* en "proceso" *ordenante*, o viceversa.

[180] Esta idea de que *todos somos uno*, es una concepción antigua planteada por diversas religiones e ideologías, sobretodo en Oriente. Sin embargo, nosotros llegamos a la misma conclusión por el camino que nos proporciona la teoría cuántica y la teoría de la complejidad.

La aparente contradicción existente entre partícula y onda fue resuelta de un modo inesperado, que vino a cuestionar el propio fundamento de la visión mecanicista del mundo: a nivel subatómico, la materia no está con seguridad en un lugar determinado sino más bien muestra "tendencia a existir", y los sucesos atómicos no ocurren con seguridad en determinados tiempos y en determinadas maneras, sino que más bien muestran "tendencia a ocurrir".[181]

Dado que la partícula atómica no es una estructura independiente sino que constituye un conjunto de relaciones mediante las cuales revela la presencia de su enmarañamiento -*entanglement*- que da forma a toda la realidad, y puesto que el átomo no es nada sin su interconexión con otras partículas semejantes; es evidente que esta *tendencia* se manifiesta en la propensión de toda partícula cuántica al enlazamiento y a la consecutiva construcción fractal de la realidad, lo que significa que la *tendencia* es "algo" (ente) más que la simple probabilidad estadística (medida). Entonces, es lógico que dicha *probabilidad* también está relacionada con su potencial orientación hacia el enlace atómico, la inevitable tendencia hacia las múltiples correlaciones origina una estrecha articulación y posterior ordenamiento de la materia del que luego emerge el tegumento de la realidad que podemos percibir; David Bohm lo desentraña de la siguiente manera:

El concepto clásico usual de que las partes "elementales independientes" son la realidad fundamental del mundo y que los diversos sistemas sean meramente formas y ordenamientos particulares de esas partes ha sido invertido. En lugar de ello, decimos más bien que la realidad fundamental es la inseparable interrelación cuántica de todo el universo y que las partes que parecen funcionar de un modo relativamente independiente son simplemente formas contingentes y particulares dentro de todo ese conjunto.[182]

En su estadio primigenio la *tendencia* no configura un hecho real en sí, sino simplemente la *probabilidad y posibilidad* de que el hecho ocurra o no. En un estadio superior, esta condición de la materia es coherente con el *estado neguentrópico* y en el mundo macroscópico se expresa en los diferentes fenómenos de despliegue de la naturaleza, lo que nos da la certeza de que por naturaleza la materia es proclive (*tendencia*) a buscar otros nexos con los que se pueda acoplar,[183] produce una especie de "atracción", impulsada por la *voluntad de poder* que, mediante procesos de transformación, mutación y mudanza, la inducen a realizar una *selección objetiva,* la cual constituye la ruta crítica que finalmente configura la realidad. La ruta que toma la tendencia, a través de los medios y recursos, es el mecanismo fundamental *evolutivo* de las especies y *emergente* de todos los fenómenos físicos. En su ensayo sobre la *trivialidad fundamental,* Wagensberg retira la tinta invisible de esta complejidad, exponiéndola así:

"Toda cosa tiende a perseverar en su ser, donde el ser es la parte de la cosa real que tiende a no cambiar" {1.34}[184]

---

[181] Fritjof Capra, "El Tao de la Física". Ed. Sirio, Málaga, 1995. Pg. 93.

[182] D. Bohm & B. Hiley, On the Intuitive Understanding of Nonlocaly as Implied by Quantum Theory, Foundations of Physics, vol, 5 (1975). Citado por Capra, Ibídem.

[183] Esta función se le asignó al bosón de Higgs. Pero esta partícula es escasamente imperceptible, no hay garantía de que exista como materia, puede verse por nanofracciones, pero esta percepción bien puede ser una consecuencia y no la causa de la interaconexión. En Julio de 2012 fue vista en el Gran Cisionador de Hadrones, en Ginebra.

[184] Jorge Wagensberg, "Las Raíces Triviales de lo Fundamental", Metatemas, Tusquets Editores. Barcelona, 2010. Pg. 38

Reconocemos que es una hermosa y potente trivialidad, que adaptaremos a nuestro enfoque. Pero, debemos indicar que la idea de "la parte de la cosa real que tiende a no cambiar" es abiertamente incoherente, pues la complejidad nos ha estado enseñando que la característica radical de la naturaleza (*materia* viva y no viva), es precisamente su inminente y permanente transformación. Por tanto, inferimos que lo que no cambia es ese *algo* (*inmaterial*) que se transfiere mediante la tendencia y, que se manifiesta a través de la voluntad de poder y de la finalidad de existencia; ese *algo* es aquella carga de información que se enmaraña y que finalmente configura la función de onda y la *conciencia*; ésta, la conciencia, es fundamental y por tanto, anterior al *ser*. El *ser* es el medio que cambia, se transfigura, sustituye, trasiega y evoluciona, es el *I Ching* transformador que se adapta a los recursos externos, permitiendo la perseverancia de la conciencia. Siguiendo a Bohm, el *ser* es una "simple forma contingente"; en otras palabras, el ser es un *ente-objeto* discreto que permite la transferencia de lo fundamental en el *perpetuus* del espacio-tiempo. Entonces, cambiando el color de la tinta de Wagensberg, tenemos que concluir lo inverso, por lo que la trivialidad quedaría así:

La conciencia tiende a perseverar en el ser; el ser es el medio que cambia y se adapta a los recursos externos para que la conciencia pueda perseverar a través de la vida.

De donde luego se deriva:

La conciencia persevera en el ser para originar la vida

En suma, la conciencia tiende a la vida. La conciencia produce la vida, la "colapsa" desde la función de onda para reproducirse a sí misma y *apropiarse* del mundo macroscópico; sin éste la conciencia subyacería en lo ignoto. No existiría. Paradójicamente, existe para existir, de donde se deriva el principio de *finalidad de existencia*. Lo que significa que:

¡La conciencia produce la vida para reconocerse a sí misma!

Un bucle retorcido en una trivialidad fundamental, o como diría Wagensberg, en una trivialidad circular. Por tanto, la vida y el mundo macroscópico son solamente recurso y medio que dan origen físico al *ser/ente* viviente, configurando la realidad; su interacción produce los fenómenos parciales que dan cuenta de la ruta crítica (seguida a través de los procesos adaptativos) que origina el comportamiento de la realidad.[185] Ahora, dado que para que la vida y la realidad hayan emergido tal como la conocemos, se requiere de una energía y disposición orientada hacia tal fin; entonces, tenemos que decir que:

La conciencia existe porque puede perseverar en el ser

---

[185] Las interacciones de los elementos producen múltiples y diversos sistemas que estarían sujetos al formalismo de una *máxima entropía (MaxEnt)*; para explicar esta complejidad Wagensberg, en su libro (ibídem) presenta una fórmula matemática que constituiría, nada menos, que la primera ley fundamental de la complejidad.

Pues es el *ser* quien la *colapsa* al reconocerse a sí misma mediante el mismo *ser*. Dado que sólo la conciencia *puede* realizar la *concatenación crítica*, esto es, el enlace entre la función de onda y el mundo macroscópico para colapsar la realidad, es evidente que ese *poder* desencadena la *voluntad* de existir, manifestándose en la persistencia de la materia para aglutinarse y producir nuevas emergencias (materia, energía, procesos, estructuras, entornos, organizaciones, etc.). Dado que la conciencia es voluntad y que ésta no podría existir sin el poder, es evidente que la conciencia constituye la expresión de esa *voluntad* y *poder* primigenios.

En consecuencia, este poder instaura la *voluntad de poder* que impulsa la tendencia para producir la concatenación de la materia y la energía con el fin de originar la vida (evolución). Es evidente que este poder orienta su *voluntad* hacia una finalidad[186] específica que no puede ser diferente a la existencia e intervención de los procesos parciales entre la materia y la energía, los cuales inevitablemente desencadenan luego el origen de la vida. Por lo que concluimos que 1) la acción perseverante de la voluntad *de poder* 2) "anima" la *finalidad de existencia* para procrear la vida y provocar la realidad que conocemos. En estos dos criterios se fundamenta la extrapolación de los fenómenos cuánticos al mundo macroscópico.

Emergencia a partir de la tendencia cuántica

Desde el universo microfísico se percibe la doble dimensionalidad de la realidad emergente que da lugar al origen de los fractales: de una parte, el átomo como componente fundamental de la materia -*corpúsculo*- el cual es *determinado* en cuanto es posible medir la posición de sus componentes, lo mismo que su masa y peso, entre otros; de otra parte, tenemos la "partícula cuántica", inmensurable, que hace manifiesta referencia a lo *indeterminado*. Lo indeterminado representa el *alma* de lo determinado, puesto que lo determinado es el mero "casquete" donde lo indeterminado se aloja. No obstante, la relación antípoda de estos dos componentes y tal como lo han demostrado los experimentos de la mecánica cuántica, es confiable asegurar que la parte *onda/quantum/conciencia* tiene una preponderancia mayor toda vez que tiene "pulso" y facultades "intuitivas" para orientar su *tendencia* hacia una *finalidad*.

El *entanglement* es básicamente información que orienta la *tendencia* proveyéndole voluntad *(ánimo)* y toda vez que ésta no es material, constituye *la nada*.[187] Sin embargo, dado que la *tendencia* es información asociada a la conciencia es en sí *intención*; como resulta de su preponderancia sobre la materia, esta *intención* constituye el génesis del origen primigenio por cuanto la intención siendo la *nada* integra una finalidad concibiendo el *algo* y por tanto, crea el *contenido*. Esto explica por qué la realidad solamente existe como

---

[186] Ver la concepción compleja de *destino* en la entrada *Concatenación crítica*.
[187] Recordemos la interpretación de Capra de la partícula cuántica "...la materia no está con seguridad en un lugar determinado sino más bien muestra "tendencia a existir", y los sucesos atómicos no ocurren con seguridad en determinados tiempos y en determinadas maneras, sino que más bien muestran "tendencias a ocurrir".

representación de la conciencia, sólo la conciencia puede hacer evidente la realidad; en consecuencia, no es de extrañar que la energía que impulsa la *intención* (puesto que la tendencia necesita un estímulo para ser transferida) sea anterior a la materia y que la materia haya surgido a partir de la interacción energía/intención. Esto explicaría cómo *el todo* surge de *la nada*, cómo la materia surge de la energía que impulsa la intención (además, explica la acausalidad). La intención es el resultado de la correlación entre energía y esa inteligencia profunda que reside en la naturaleza eidética, la qualina.

Toda vez que la partícula cuántica constituye en sí una tendencia *(latencia)* que se manifiesta en breves lapsos indefinidos, y dado que esa tendencia es *constante*, es evidente que la tendencia termina por convertirse en *permanencia* la cual se expresa en largos períodos definidos, cuya existencia variada y prolongada, da forma a la eternidad. Es decir, de la *tendencia* emerge la *permanencia*, así como de los breves lapsos indefinidos emerge el tiempo constante y continuo que finalmente produce la perpetuidad.

En el plano espacial sucede algo semejante, la *tendencia* de la partícula cuántica se manifiesta a través de la interrelación cuántica, la yuxtaposición y el enmarañamiento. Si bien la energía cuántica -onda- es inextensa en cuanto no requiere ningún espacio para existir, la partícula atómica -corpúsculo- requiere de este, pues tiene masa, peso y ocupa un lugar determinado en el espacio. La tendencia es tendencia porque cumple el ciclo perpetuo "expansión, contracción, expansión" (diástole/sístole); con la expansión *alcanza*, con la contracción *atrae*. Entonces, es lógico derivar que la masa del corpúsculo y el espacio son dos dimensiones poderosamente inherentes; se construyen a sí mismas a partir del proceso que origina su propia existencia dando lugar a la función de onda universal;[188] ¡un bucle, una paradoja! Llamaremos a esta complejidad "*la paradoja primigenia*", donde no puede intervenir ningún otro elemento puesto que no existe; y si llegase a existir, ese elemento tendría que ser el mismo del que estamos hablando puesto que hace referencia al *entanglement essential*.

Lo anterior significa que la yuxtaposición y el enmarañamiento de una sola partícula universal, es un proceso inagotable que da forma y llena el espacio absoluto. Es decir, no se requiere toda la materia que imaginamos que existe, ni se requiere todo el espacio que imaginamos que existe, pues la yuxtaposición y el enmarañamiento de una sola partícula -dada su tendencia a existir- es suficiente para producir la realidad absoluta del tiempo y del espacio. Somos una tendencia en enmarañamiento y el universo se va expandiendo constantemente por el efecto de esa tendencia. El *todo* es una ilusión que surge de una única partícula o tendencia fundamental y que es fractal respecto a todas las "partes" que concibe; es la misma parte en cuanto es el todo yuxtapuesto y viceversa, dando forma a la onda infinita de probabilidad que constituye el todo absoluto.

Ahora, dado que la *permanencia* está conformada por latencia *(latido)*, es lógico que la latencia es *ánima*, lo que indica que la latencia es en sí una *finalidad* caracterizada por la *sensibilidad*, por ende, no podrá ser estática, pues caería en la obstrucción de sí misma, lo que no deja de ser más que ilógico, pues dado que

---

[188] Recordemos que en mecánica cuántica no existe la relación lineal *causa/efecto*.

es movimiento, no se puede detener. Entonces la *permanencia* es dinámica y cambiante; es un *proceso* inestable y permanente que se auto-organiza a partir del im-pulso transformador; lo que significa que la tendencia constituye en sí una *poderosa finalidad* capaz de crear lo eterno e impregnar el absoluto.

Hemos hablado solamente de la tendencia/latencia; pero como ya lo sustentamos es evidente que el *entanglement* es inteligencia *psíquica*, lo que alude a que está poseído de *finalidad* ulterior;[189] es en "sí mismo" una finalidad, de momento indecible, puesto que no la conocemos. No obstante, y después de un proceso complejo que opera en la estría orden/desorden, es axiomático que de ella surge la vida, por tanto, es ánima, aliento de vida con finalidad intrínseca, que nos induce hacia la presencia de la *voluntad de poder,* hacia la supervivencia, hacia la autopoiesis.

Pero debemos advertir de una vez que la *finalidad cuántica* no es un *proceso* que surge de la relación entre los elementos que conforman la realidad externa, cuya interacción tiende hacia un fin que tendríamos que identificar con la "causa final aristotélica"; por lo que tampoco constituye una causa teleológica exógena a la materia y a la conciencia, se trata de una profunda emisión que se manifiesta a través de la *intención ontogénica* inherente a la *conciencia eidética*, o que es la cosa en sí misma; no existe diferencia entre la conciencia cuántica y la *finalidad cuántica*, pues la existencia como finalidad ontogénica es a su vez la cosa misma que existe y en cuanto ésta constituye en sí una finalidad -aunque no necesariamente conocida-, es una finalidad *acausal* que deviene de la conciencia eidética; por tanto, no estamos ante la *causa final teleológica* sino ante la *finalidad primigenia ontogénica*, una finalidad compleja.[190]

Por su exposición a la paradoja primigenia, la *finalidad* surge a partir de sí misma, lo que revela que todos los procesos antitéticos y reversos también le son inherentes; es decir, vive para morir y muere para vivir. Por eso no es de extrañar que los primeros protozoarios hayan estado dispuestos a ser devorados sólo para que otros sobrevivieran, obedeciendo a un complejo proceso de epiteración, de por más social, pues su naturaleza es proclive *(tiende)* a cumplir con los requisitos que garantizan la supervivencia de la especie y por tanto de la voluntad de poder. La evolución de la vida debe entenderse como un fenómeno complejo donde todas las partes interactúan en conjunto hacia una autopoiesis holista como frontera de la *finalidad compleja*, a veces en antagonismo y otras en colaboración, pero, siempre en reciprocidad *(campo de fuerza)*. Pues la lucha por la sobrevivencia es solamente un "convenio parcial" donde se define quién entrega su existencia -o sacrifica su flogisto- para luego volver a nacer y a existir a través del otro, para que el otro viva y continúe llevando la tea -*finalidad*- de la voluntad de poder.

La *intención* implica predisposición para *alcanzar* la finalidad y el deseo es concupiscencia creativa generadora de *poder* que produce *orientación* hacia una "idea" posible, que aun sin estar materializada o sin existir, ya es un "algo"

---

[189] *Finalidad Compleja*, es desconocida, pero tiene una tendencia, no significa que el destino este allí escrito, sino que su *tendencia* dependen de las transformaciones parciales. No confundir con la finalidad teleológica de Aristóteles.

[190] O si se prefiere, ante la *acausalidad primigenia ontogénica,* que es lo mismo.

deseado, una entidad virtual[191] que preexiste en la conciencia. La cosa deseada existe en una zona de inexistencia previa a la realidad, esta transferencia o traspaso al mundo material será posible mediante la voluntad de poder. Por tanto, *tendencia/intención* implica el almacenamiento de *información* conservada dentro del *entanglement* lo que hace *probable* la dinámica de la *finalidad compleja*, esta conservación de información constituye una memoria "inteligente"[192] que, dada la *insistencia* de la tendencia, se convierte en *emisión*. Indudablemente, la emisión es transferencia de información (quibit, bit, signos, código y lenguaje) que interviene en la realidad mediante una *resonancia*; la cual, al propagarse a través de los sistemas, transfiere dicha información mediante *una serie de procesos adaptativos*; en estos procesos (de transferencia de fase) los sistemas *aprenden* a interactuar con el entorno para adaptarse, lo que configura una especie de "conciencia mecánica". Todo ese proceso y la información transferida, constituye *la qualina*.

La *tendencia* está sujeta en un estado neguentrópico dentro del cual se produce el tiempo; la realidad fluye porque somos concientes de la presencia del tiempo o porque creamos esa forma de conciencia como resulta de la presencia del cerebro, pues éste está sujeto a la entropía y este agotamiento constituye una función contraria a la tendencia de la finalidad de existencia, el fluir de la realidad se manifiesta en los procesos de iteración y epiteración fractal, el movimiento real se presenta en forma de auto-organización que induce a la emergencia. Dicho fluir "materializa" la acción de la *finalidad de existencia* impulsada por la voluntad de poder. Este fluir implica transformación de las propiedades intrínsecas, las nuevas propiedades caracterizan la realidad logrando producir un nuevo sistema no sólo como objeto sino también como un comportamiento ajustado a los retos o beneficios del nuevo entorno.[193] Por ende, la acción de la finalidad de existencia tiene tendencia hacia el orden, mientras que a la vez y por la acción de las herméticas entropías del mundo macroscópico, se gesta una oculta tendencia al desorden; así, en el seno de esta complejidad se desafían el *orden* y el *desorden* para producir, mediante la dinámica de sus fuerzas, los fenómenos del mundo físico y por supuesto, de la vida.

El sistema emergente al transformarse intrínsecamente para adquirir nuevas propiedades tiene la capacidad y facultad de responder al entorno de manera diferente, por lo que transforma su relación con el entorno y de esta manera, el entorno mismo. Y transforma el entorno en cuanto la realidad se manifiesta como un *campo de fuerza* derivado de la relación entre los diferentes elementos que la conforman. La sombra de un árbol, por ejemplo, es incidente en la realidad que se producirá a su alrededor, habrá mayor o menor humedad, algunas plantas podrán nacer otras no, algunos animales comerán sus frutos

---

[191] Lo deseado no siempre es material, pero pre-existe. Se puede desear un *estado ideal* que aunque no existe, es posible construirlo, existe como proyecto. Siempre preexistirá como probabilidad en la función de onda.
[192] Utilizo comillas porque la inteligencia (orgánica) es una facultad exclusiva de la mente, la mente es sólo el bastón de la conciencia. Dentro de la conciencia reside una inteligencia superior, que más que esto, es saber infinito, saber eidético.
[193] La *tendencia* se expande a través de todas las emergencias y en el individuo produce el efecto de plasmación.

otros no, algunos insectos surgirán otros no, la sombra del árbol está creando realidad; este fenómeno, que lo podemos denominar, de *epiteración indirecta*, demuestra cómo de la función "producir sombra" emergen diversas estructuras, es evidente entonces que así como la *función* es el resultado mecánico de la forma, ésta, la *estructura*, es también la manifestación de la función. En los primeros animales tenemos el ejemplo de la evolución del ojo, que surge por la presencia de la luz y su caso contrario, los peces o animales que habitan por generaciones sitios oscuros, pierden la vista y luego los ojos, es conocido en especial el caso de los peces que se han adaptado a las profundidades.[194] En el ámbito social la *singularidad diferida* se constituye en ejemplo, el hecho de saber, incluso de sospechar, que un pueblo va a ser atacado implica que éste se organice físicamente para enfrentar el hecho; de alguna manera y como respuesta de la conciencia a los posibles eventos que produce la realidad, todos los individuos prevenimos las posibles amenazas mediante una respuesta, en muchos casos en forma de estructura o también de función, dependiendo de cada situación.[195] Al parecer todo indica que no hay diferencia entre estructura y función, su acción conjunta produce un *campo de fuerza* que llamaremos *funestra*, originando complejas epiteraciones, tal como lo veremos más adelante en el aparte de *Transferencia de Fase*.

Pero lo asombroso de todo lo dicho no es que la partícula cuántica esté conformada por esa diversidad de facultades, sino que todas son la misma, están integradas en un solo y único *enmarañamiento*; lo que significa que también constituye una dimensión superior de la realidad, pues contiene todas las dimensiones emergentes a *posteriori*. Efectivamente, esta cosa o fenómeno también implica otras cualidades como: 1) integración de la materia y la energía a partir de una finalidad y voluntad inherente a éstas; por tanto, es también información, 2) prueba irrefutable del fenómeno a partir de sus propias cualidades naturales, 3) explicación y manifestación absoluta del fenómeno, en cuanto se explica por sí mismo, 4) es fractal, pues contiene el fundamento de la totalidad diversa en una representación o facultad única e indivisible y en cada parte constituye unicidad de la totalidad fragmentada. Es decir, materia, energía, conciencia, tendencia, información, qualia y qualina junto con sus interacciones (que constantemente produce incrementos de información), son una misma cosa, una trivialidad que configura el universo.

Todas las funciones, propiedades y facultades de la partícula cuántica, antes mencionadas, son primigenias, sincrónicas, eternas y producen conciencia. Así que no es el *"ser"* el ente ontológico por excelencia, tal como lo ha argüido la filosofía clásica y aun, la moderna. El *"ser"* es posterior a la *conciencia* y por tanto, un producto de ésta, una forma de manifestación que emerge dada la finalidad primigenia de la voluntad de poder. A la larga, tampoco es la *"nada"* porque la conciencia tiene una finalidad cargada de información, es contenido y constituye

---

[194] Nótese cómo la adaptación se presenta no sólo entre sistemas, sino que también la relación función-estructura nos revela que desempeña un papel importante en la emergencia de los procesos adaptativos.

[195] Lógicamente, esto también significa que nuestra conducta es el resultado de nuestra estructura orgánica, así como la estructura orgánica produce conducta (somos lo que comemos); igualmente, con nuestras condiciones estructurales externas.

por inmanencia la voluntad de poder que origina el *"algo"*. Dado que la *conciencia* incluye una forma de *inteligencia* eidética, es válido inferir la existencia de una conexión entre juntas, a lo que llamaremos la *qualia eidética*. Entonces, el ente ontológico sería la *qualia eidética*.[196]

Azar y finalidad como artilugios del destino

La finalidad, en su recorrido a través de la estría *orden/desorden*, desde el *caos* hasta el *soac*, se expresa en secuencias fractales de transferencias de fase, que finalmente conducirán a una *hipotética* realidad última o destino final. Dado que la finalidad deviene de la función de onda, ésta es modificada constantemente por la *tensión crítica*, así como por nuestras decisiones y acciones, originado la *ruta crítica* que se extiende a través de la realidad física y sus fenómenos, configurándose como instrumento del azar y del destino.[197] Por ende, el azar no es en sí mera casualidad, sino que constituye el *recorrido necesario* que tienen que hacer los fenómenos en cuanto están supeditados a la *tensión crítica*, la cooperación, el rechazo, la neutralización y en general, a la interacción mutua; recorrido que no siempre conocemos; por tanto, el *azar* pertenece al ámbito de un desorden oculto en *lo ignoto*, que significa desorden en cuanto nos es ininteligible y no lo podemos controlar, por ende, entra así a ser clasificado como fenómeno de la complejidad.

Empero, el *azar* es un componente decisivamente necesario para asegurar la *estabilidad* de la realidad. Pues no es conveniente conocer la certeza de la *realidad última* porque se produciría la máxima *singularidad diferida*; entonces, los procesos parciales nunca se darían porque entrarían en un desorden insoluble y permanente hasta abordar el pleno caos, lo que pondría en peligro la convivencia y la autopoiesis. Por tanto, la ruta del *azar* se convierte en un recorrido necesario y en cuanto es desconocido se presenta como un destino borroso por venir. Sin embargo, el azar es garantía de existencia y por tanto, de orden; constituye una peana oculta, sobre esta estructura se cimienta la estabilidad del presente y se proyecta el destino como acción ininterrumpida de la *tendencia*.

Singularidad diferida

En coherencia con lo anterior, la *singularidad diferida* es aquella anticipada causalidad cuántica que da forma a los diversos estados de la conciencia, la que luego, una vez materializada, origina realidad -por la acción del individuo conciente-; realidad que vuelve a influir sobre la conciencia para transformarla. Es un proceso indefinido, de constante mutación. La mención de

---

[196] No debería llevar un adjetivo calificativo, pero dado que ésta se extrapola al individuo y a la sociedad, es necesario diferenciarla.

[197] Recordemos la entrada *Concatenación crítica*, donde se pone el ejemplo del ajedrez: cada jugada va modificando la función de onda y las posibilidades del porvenir, que al colapsarsen producen la realidad inmediata. Dado que, al largo plazo, estas realidades y las constantes modificaciones van originando el destino, este se convierte en una complejidad azarosa, extrañamente producto de nuestras decisiones racionales y presuntamente ordenadas.

una amenazadora declaración de guerra o la sospecha de un inminente ataque terrorista, por ejemplo, induce un alto stress o flogisto negativo en la conciencia sintética, las personas ya no serán las mismas a partir del momento en que conozcan la supuesta noticia y ese suceso irresoluble *tuerce* su realidad.[198] Este hecho -así no se manifieste en el entorno inmediato-, al cambiar las condiciones regulares o de los contextos a los que no hemos accedido, pero que nos es necesario o inevitable, de hecho cambia la realidad presente al poner al individuo en un estado de aprensión neguentrópica que deviene postergada por la presencia inminente de un evento que no ha sucedido, pero que el individuo cree que será inminentemente verdadero y que se denomina *singularidad diferida*. Encontramos un ejemplo clásico en la narración radial que Orson Wells realizó del fragmento de su novela "La Guerra de los Mundos",[199] un hecho que nunca sucedió, pero que se vivió como tal en una realidad paralela, vivencia originada en una singularidad diferida; ¿acaso esas personas no vivieron una realidad paralela?, es evidente, la conciencia sintética en ese estado diferido, los ubicó en otro universo; estaban físicamente en esté mundo, pero asistieron desde sus conciencias a otro universo, un lugar que minutos antes les era desconocido. Sin duda, un efecto cuántico a nivel macroscópico.

Se trata de un efecto cuántico producido por la *información* que altera la conciencia individual y conjunta, originando una función recurrente donde el colectivo y la realidad se vuelven para impregnar al individuo; quien ya impregnado, revierte de nuevo el efecto sobre la sociedad para recargar de incertidumbres la conciencia colectiva.[200] Esta dispersión de convulsiones se repite constantemente, el ciclo es indefinido y cada vez se satura más y más, hasta llegar a estados de demencia y locura, que pueden fácilmente llevar al asesinato o al suicidio. Hemos puesto la guerra como ejemplo extremo, sin embargo, esta función recurrente está presente en los hechos habituales de la vida social e individual, es un fenómeno que forma parte de la cotidianidad. Nuestros alegrías y temores, la verdad o la mentira, como nuestros deseos y pasiones, todo aquello anhelado o sospechado, por nosotros y por los demás, escuetamente son móviles *acausales* de nuestros hechos simples; querámoslo o no, estamos sujetos a esa extraña peana de singularidades diferidas, donde todo está íntimamente yuxtapuesto, como en un Aleph. Entonces, vivimos diferentes universos a la vez, esta yuxtaposición es una característica específica, tal como lo es en la partícula cuántica. La realidad diferida nos hace humanos porque fundamos nuestra vida en hechos posible que aún no han trascurrido, tenemos esperanzas y expectativas que nos obligan a actuar de una manera determinada. Como resultado de la impotencia originada en esa indeterminación se produce entonces la "fe", haciéndonos profundamente humanos.

---

[198] La qualia cree que perderá su estabilidad y entra en estado neguentrópico.
[199] En Octubre de 1938, Orson Wells (1915-1985) desde el Teatro Mercurio, transmitió apartes de esta novela de ciencia ficción, la cual terminó provocando pánico en las calles de Nueva York y Nueva Jersey, se presentaron asesinatos, robos y suicidios porque mucha gente creyó que se trataba del fin del mundo.
[200] Este fenómeno es análogo, o en sí, constituye la misma *fractalidad,* cuya esencia consiste en la epiteración permanente de una unidad, en este caso de dicha *singularidad.*

La constante acción de la incertidumbre origina un conjunto de trayectos (suma de caminos) que van colapsando la realidad, no solo físicamente, sino que también este fenómeno se itera en nuestras mentes. Pero lo más grave de todo, es que hemos hechos de los postulados teóricos realidades con una alta carga de incidencia en nuestras vidas. El estado y la economía se sustentan sobre postulados no demostrados que asumimos como verdaderos, lo que significa que de cualquier manera nuestras vidas están gobernadas por la acción oculta de la *singularidad diferida*. De esta manera, los gobernantes y economistas juegan con nuestras conciencias (maniqueísmo); los individuos, sumergidos en sus paradigmas y orientados por sus postulados, adquieren el carácter de *objetos sociales* convirtiéndose en simples *muñecos inanimados*, víctimas de los efectos de tal fenómeno que tiene su fundamento en la incertidumbre.[201]

La singularidad diferida es también una herramienta que nos permite ahondar mucho más en la identificación de la realidad como fenómeno complejo, para explicarla mejor utilizaremos un ejemplo mental. Supongamos que las agencias espaciales de todo el mundo informan que en una semana un inmenso asteroide chocará con la tierra fragmentándola en pequeños trozos, lo que significará el fin de la civilización y la consumación total de la vida. Dado que este supuesto representa la certeza del *fin último*, los individuos dejarán de asistir a sus trabajos, los estudiantes dejarán de estudiar, los productores dejarán de producir, los proyectos se detendrán, en general los valores perderán su esencia y predominará el conflicto y la confusión; en fin, sucederán una serie de acontecimientos contrarios a la vida normal porque los *procesos y fenómeno parciales* de la realidad se detendrán y la psique humana ya no tendrá interés por la vida, irrumpiendo en un estado de abatimiento que la doblegará en la postración. Es decir, la *tendencia* como acción impulsora de la finalidad de existencia dejará de intervenir. Y esto es debido simplemente a que ya no hay *caos*; es decir, eliminada toda incertidumbre reina la certeza del fin último y por tanto, la presencia fatal del *soac*.

Claramente percibimos la significación del *caos* como cimiento substancial de los fenómenos que consolidan la naturaleza. La grandeza del azar y el alcance del trabajo de fina urdimbre que materializa la incertidumbre para dar forma a la realidad y producir propensión por la existencia, son vitales; pues sin ellas no existiría la esperanza porque no tendríamos la posibilidad de controlar, ni nada que controlar y porque la psique pierde todo interés por la vida, pues la *tendencia* deja de ser *intensión*; sin estas formas de caos todo estaría previamente definido, viviríamos en un éxtasis extraño porque al penetrar *el todo* de antemano súbitamente se agotaría la realidad en cuanto la hiper-presencia de ese mismo entendimiento conllevaría a que *el hecho* pierda todo su significado. Inclusive el tiempo se contrae y emerge un extraño deseo por la muerte. La vida sería tediosa y aburrida, porque el hombre no tendría esperanzas ni tendría que enfrentarse al agobiante desafío de moldear y reproducir su propia realidad. El todo definido

---

[201] En el campo político también es frecuente este fenómeno; Chávez, presidente de Venezuela, entre 2009 y 2010 creó una *singularidad diferida* con base en un supuesto: el inminente ataque que le propinaría Colombia en conjunto con Estados Unidos "para impedir el avance de su Revolución Bolivariana", a partir de este supuesto, justificaba su odio contra Colombia y fundamentó su amenaza de guerra.

constituye un todo estático, donde los procesos parciales de la realidad serían inexistentes, por lo que no existiría la vida como valor trascendental que cualifica a la humanidad. Creamos dioses porque tenemos incertidumbres, erigimos líderes porque tenemos miedo, trabajamos porque el desorden nos apabulla; pero cuando la verdad definitiva se conoce desaparece toda duda y con ésta toda ilusión de finalidad de existencia y de *intensión* para ejercer el control mediante la voluntad de poder. Sin incertidumbres la organización social no es posible y *el poder* es obsoleto.

Por tanto, tenemos que llegar a la escueta conclusión que el tránsito contingente del azar es un fenómeno imperiosamente necesario sin el cual no existiría la realidad, por lo que es evidente que la base fundamental de la realidad macroscópica es el *caos*; análogo al universo cuántico, la realidad del mudo y sus certezas solamente se pueden construir sobre el *caos*. Éste está conformado por procesos de azar, desorden e incertidumbre conformando la nafta que da dinámica a la realidad: erige ideas, sueños, esperanzas, posibilidades y un conjunto de infinitas ambigüedades donde se afianzan los contextos, circunstancias, incidencias, detalles, sucesos, medios, apariencias, etc, que producen en los hombres emociones, para que puedan imaginar, soñar y así ejercer su *tendencia*, desafiarse para jugar el juego de la vida en medio del albur, poner a prueba su finalidad de existencia y con su voluntad de poder levantarse por encima de la incertidumbre al suponer que la controla y la destruye. Entonces, sin *caos, sin azar, sin incertidumbres* no pueden darse los procesos de humanización, no puede haber sentimientos, ni felicidad, ni autopoiesis. Extraña paradoja en la que nos mantiene la complejidad del universo, pero que constituye la función vital del principio de incertidumbre sobre el que se erige la teoría cuántica.

Extrapolación de las facultades cuánticas

A pesar de las sustentaciones anteriores, la ciencia clásica sostiene que los fenómenos del universo cuántico no se expresan ni se pueden "extrapolar" a la realidad del mundo de los hombres o al universo macroscópico del cosmos; pero esta percepción constituye solo un montón de palabras propias del positivismo porque no existe ninguna prueba científica que demuestre lo contrario. Si bien un planeta no salta de una órbita a otra, tal como lo hace un electrón sin que se conozca ninguna causa, la organización del sistema solar es muy semejante a la estructura del átomo[202] y esto es para comenzar; porque si estos universos no fueran compatibles, lógicamente tendríamos que pensar en dos universos diferentes y ésta es una idea absurda porque el cosmos y el mundo macroscópico están hechos de partículas elementales que se juntan sucesivamente para originar el mundo macroscópico y el enmarañamiento cuántico, ésta es una demostración indecible, pues no tiene contradicción alguna. Igualmente, sabemos que todo aquello que proviene de la teoría cuántica da cuenta de los orígenes del universo, desde allí se explicaría el todo y en esta tarea se encuentra

---

[202] Y del universo, porque solamente el 4% de este es materia, el resto está conformado por componentes no conocidos y que sabemos que jamás las veremos, por tanto, es vacío, como el átomo.

trabajando la Organización Europea para la Investigación Nuclear quien está realizando un experimento para recrear el big bang a nivel subatómico mediante *El Gran Colisionador de Hadrones (Large Hadron Collider)*.

Aunque anteriormente hemos hecho mención de la presencia de algunos fenómenos cuánticos en la realidad social, a continuación, profundizaremos en este tema, para verificar la presencia de la conciencia como un fenómeno en expansión desde el universo cuántico al universo macroscópico, que se ejecuta mediante sucesivas emergencias de su *finalidad de existencia* y *voluntad de poder*. Veremos cómo las propiedades cuánticas son también percibidas con mayor claridad en el universo macroscópico y en la sociedad,[203] aún bajo las condiciones de lo que creemos es un mundo "objetivo", veremos también cómo se manifiesta a través de la conducta y de la acción de las criaturas que tienen conciencia. Esta propagación nos induce a afirmar que la conciencia es un ingenioso mecanismo de la naturaleza que permite la transferencia del universo cuántico al mundo macroscópico de los hombres haciéndolos profundamente humanos (y también al cosmos); lo que se sustenta de acuerdo con las siguientes características, que presenta la conducta humana y la sociedad:

Dualidad

En el universo microscópico: Las partículas subatómicas tienen la capacidad de asumir dualidad, presentarse como corpúsculo (materia) o como onda (energía), o en su hibrido (materia/energía); está verificado que esta decisión es tomada de acuerdo al experimento que se esté realizando, con lo que se comprueba la presencia de una *voluntad* cuántica. Pero sabemos que a este nivel se produce también la dualidad *conciencia/información*.

En el ámbito humano: El ser humano tiene también esa doble connotación, es materialidad corpórea y conciencia (onda); si bien la primera da cuenta del individuo, en realidad es a partir de la conciencia que éste se integra en el *sí mismo* y se confirma como persona única en su voluntad. Jesús, Buda, Mozart y Miguel Ángel, fueron más por la superioridad de su conciencia que por su misma individualidad corpórea. Es la conciencia aquella energía que percibimos de los otros; la influencia de la conciencia es en realidad la que determina y caracteriza la presencia física, complementándola. Así que el hombre es visto, y se representa, tanto en lo uno como en lo otro, pero cuando mira, oye o habla, cuando transmite afecto y sentimientos, ya no es un montón de carne y huesos, es algo superior, es conciencia viviente.[204]

El universo es información y energía; a través de los sentidos, nuestro cuerpo traduce esa información y energía en colores, sabores, sonidos, olores y tacto. Es decir, traduce la onda y la energía cuántica en experiencia física, que luego se convierte en emociones y deseos para dar lugar a la experiencia anímica del cuerpo. El cuerpo, mediante esa experiencia configura la memoria y la mente, dando lugar al *sí mismo*; aparece entonces la majestad del *individuo*, como

---

[203] Lógicamente en otro orden, pero aún se perciben ciertas características y efectos semejantes.
[204] Ver la entrada "Efecto de Plasmación"

resultado de *la conciencia encarnada*, como producto cuántico del híbrido onda/partícula y conciencia/información.

Mutación por observación

En el universo microscópico: Las partículas cuánticas se alteran con la observación; esto nos indica que tienen "cierta privacidad", a la que de momento, no podemos acceder.

En el ámbito humano: Los individuos podemos actuar de una manera propia cuando nos encontramos en la clausura de muestra privacidad y de otra, cuando hay compañía o sabemos que somos observados. Los individuos, incluso los animales, cambian su comportamiento ante la presencia del otro; y si no la cambian, saben que no pueden actuar sino dentro de unas reglas sociales determinadas. Cuando los niveles de poder son iguales, los cambios son mínimos; pero si *el poder* presente es superior, el cambio es notorio. La sola presencia de un individuo altera la realidad local; de la misma manera, la presencia del otro altera la realidad local del individuo inicialmente presente y así sucesivamente, originándose una extraña fractalidad social. A menudo percibimos las cosas tal como queremos verlas o como nos conviene verlas, por más que nos expliquen una forma diferente de cómo es la cosa o el fenómeno, no aceptamos sino nuestra propia percepción, entonces terminamos transformando el objeto o fenómeno observado y nos hacemos una imagen de éste convirtiéndola en evidencia de la realidad. ¡Es decir, vemos lo que nosotros mismos materializamos de la función de onda!

Presencia espín

En el universo microscópico: La partícula cuántica es diferente según por el lado y la manera como se le observe, pues rotan de manera distinta dotándose de identidad propia y unas tienen que rotar más que otras para completar un giro; por ejemplo, un electrón tiene que girar 720° para realizar una rotación completa..!, un fenómeno absurdo porque rompe las leyes de la física de nuestro mundo. Significa que cada partícula, o especie de partículas, es diferente según cómo se le mire; este efecto de *mutación por observación*, está estrechamente relacionado con la forma como los otros perciben nuestra identidad y nos tienen en cuenta.

Efecto en el ámbito humano: de hecho, por la opinión ajena, tenemos otra identidad en los demás que nosotros no conocemos. Así como el científico percibe la partícula cuántica haciéndose una imagen *ideal* de ella, de la misma manera los individuos se hacen opiniones de los otros individuos. En la sociedad el individuo es percibido y conjeturado por diferentes individuos, las opiniones resultantes obedecen también a los roles y al comportamiento que el individuo "objeto" haya tenido con cada individuo *observador*, y el observador, a la vez, percibe a partir de su acervo, de esta forma surgen diferentes concepciones sobre un mismo sujeto; por consiguiente, el sujeto se multiplica y se complejiza originando diferentes *presencias* en cuanto es percibido de maneras diferentes.

Ahora, dado que el individuo no puede ser indiferente a la realidad que lo circunda, la realidad del individuo no es solamente su *yo sí mismo*, sino que es el producto de las interpretaciones que haga de su entorno, lo mismo que una sucesión de personalidades cambiantes que se yuxtaponen; ejercemos diferentes roles que no podemos separar, somos el producto de la acumulación de todos, acumulación que se mezcla con las emociones y con los yoes sicológicos, dando lugar a múltiples y diversas *formas* individuales. Así que, cada una de las personalidades resultantes *(posición)* emerge como producto de la interrelación emocional con cada trozo de realidad. Cada nueva *posición* representa una personalidad y en tanto, un giro en la sociedad, tal como para cada giro de la partícula subatómica, existe una imagen única denominada *espín*. Inclusive la *no presencia* de un individuo, altera extrañamente la realidad del lugar donde se le espera, llenando el vacío de su "inexistencia", a partir de la cual se le "razona" para crear una nueva "expresión" del individuo. Como ejemplo clásico tenemos el hijo, que pudiendo, no asiste al funeral de su madre (caso homólogo en "El Extranjero", de Albert Camus, aunque hay presencia del hijo, Meursault, es enorme su indiferencia por la muerte de su madre), las condiciones familiares, la situación trágica, el acto cargado de moral y la indiferencia del hijo, son magnitudes todas que no podemos medir y que, junto con la aversión que éste siente por la vida, originan un hecho inesperado e insólito. Comparable con un estado cuántico, pues aunque el individuo no está presente físicamente su conducta lo pone en la escena y "brilla por su ausencia". En nuestra sociedad existen muchas personas cansadas, sin esperanza, aburridas con la vida, indiferentes, subsumidas en el sinsentido; pero que a la vez también en el fondo desean vivir, amar y ser amados, quieren crecer en familia, viajar, disfrutar la única vida que tienen; sin embargo, son conscientes de que ésta es una posibilidad muy remota; entonces, fundan su existencia en la mera esperanza (las probabilidades de la función de onda) porque no tienen más; y así viven, en medio del pleno torbellino de la incertidumbre, simulando lo uno y lo otro. Sin duda, en un estado cuántico.

Enmarañamiento, entanglement

En el universo microscópico: Las partículas cuánticas están conectadas entre sí, un cambio en una altera a las otras, puesto que esta conexión supone intercambio de información. Dados los principios de impermanencia e interdependencia, así como la fractalidad humana y universal, el hombre está conectado con el todo.

En el ámbito humano: Aún respiramos el aire que respiró el primer hombre; en algún lugar están los átomos que dieron vida a la sangre de Jesús, de Mahoma y de Buda, nos bañamos con el agua que ellos bebieron, recibimos el mismo sol y las mismas corrientes de aire, somos el producto de los genes y de las ideas de nuestros antepasados; así como nos comunicamos ideas también nos transferimos feromonas entre unos y otros. Así que la conciencia fluye en un devenir inmutable que se presenta a partir del *fluir* que implica la interdependencia y del *hallarse* en agitación que implica la impermanencia. Somos hechos de los átomos de la creación *(somos polvo de estrellas)*, somos él, el mismo. En cuanto la fluidez nos trae información sobre lo desconocido, irradia el saber haciendo de aquello ignoto algo conocido, pero que siempre ha estado ahí. Esa conciencia eidética, explicaría las variables ocultas, la acción fantasmal a distancia a las que se refirió Einstein y la función de onda, la intuición, la premonición, los principios antrópicos, etc., porque ésta está en todas las cosas y en todos los espacios y tiempos. Lo que haga un individuo tarde o temprano nos afectará y lo que hagamos nosotros tarde o temprano afectará a los demás; de cualquier manera, estamos fundidos en uno solo. Ahora, la tierra es un ser viviente único y la galaxia es su útero, todo está irremediablemente conectado. En cualquier momento un cometa o meteorito puede colisionar con la tierra, en cualquier momento nos pueden llegar las reverberaciones de una explosión lejana y desaparecemos fútilmente, tal como lo haría una pompa de jabón. La sociedad también se encuentra en permanente yuxtaposición. Para ampliar, ver las entradas *El Laberinto del Viejo* y *Niveles yuxtapuestos de la realidad social*.

Yuxtaposición

En el universo microscópico: La mecánica cuántica ha demostrado que la misma partícula cuántica pueden estar en varios y múltiples lugares a la vez. Cuando la partícula cuántica tiene varias alternativas para producir un resultado la naturaleza cuántica se manifiesta en todos los resultados posibles, siempre se no exista la probabilidad de que se presente la *sola posibilidad* de ser observada o que uno de sus resultados sea descubierto, o solamente, que exista el intento de ser descubierto. ¡La partícula capta de antemano dicha posibilidad y entonces muestra un solo resultado...! ¿Cómo lo sabe?

En el ámbito humano: Este fenómeno aplica perfectamente en el mundo humano si recordamos que la física acepta que el tiempo en realidad no existe, el tiempo es una ilusión de nuestro cerebro. Entonces, sin tiempo, todas las cosas tienen que transcurrir a la vez, aunque en realidad no transcurren, sino que están ahí, conformando una infinita sucesión de actos congelados (como un Aleph). Es decir, en esté preciso instante -mientras usted lee y yo escribo-, también Siddhartha medita bajo la higuera, Mahoma tiene la visión del ángel Gabriel, Jesús está naciendo, la Bastilla es tomada por la hambrienta turba de París y una atroz bomba cae sobre Hirochina. Todos los *momentos*, en cuanto actos, están presentes en dimensiones distintas de la realidad. Si esos actos no estuvieran presentes sería absurdo plantearse el viaje de retorno en el tiempo, sencillamente ningún científico serio se plantearía esa posibilidad; la teoría cuántica, de hecho, ha demostrado que ese viaje es posible y por tanto, que somos el producto de realidades *yuxtapuestas*.

Somos individuo en cuanto somos percibidos por los demás de maneras diferentes; es decir, somos lo que creemos ser, pero también estamos hechos de lo que no somos, somos aquello que los demás creen que somos y somos también aquello que ni los otros ni nosotros percibimos que somos; también somos nuestras frustraciones y nuestros sueños y muchas veces nos hacemos dueños de los sueños de los demás; somos lo que los demás dicen de nosotros y lo que ellos ignoran; de otra parte, tenemos cualidades, prejuicios y diferentes yoes psicológicos que caracterizan nuestra personalidad, por lo que también somos un co-individuo de la red social que se yuxtapone a los demás individuos, caracterizamos a los otros tal como ellos nos definen para caracterizarnos con su sola presencia. Todos estos "estadios subjetivos" se yuxtaponen configurando una pequeña función de onda que define al individuo; ahora, dado que la observación del sujeto es un acto externo al sujeto observado, es evidente que el "sujeto en su estado depurado" no existe, pues estaría descrito por dicha función de onda; como en el universo cuántico, estamos entrelazados.

Una de las paradojas más extrañas de la mecánica cuántica está relacionada con la incertidumbre que presenta cualquier causalidad. En el ejemplo del gato de Schrödinger, mientras no abramos la caja, el gato estará en un estado entre vivo y muerto a la vez, lo que también está originando un estado de conciencia. En el momento en que abramos la caja, la sola acción de observar modifica el estado del gato, haciendo que pase de ese estado *intermedio de incertidumbre* a estar o vivo, o muerto; la observación elimina la incertidumbre y se define el estado de conciencia. Es indudable que en realidad no se trata de la mera observación, sino que es la conciencia quien percibe el estado final del gato. Exactamente ocurre lo mismo en la realidad local, puesto que mientras no conozcamos la acción interna de un sistema no podremos suponer su resultado y sólo lo conocemos cuando los percibimos, pero este hecho de incertidumbre induce un estado de conciencia. Los individuos y los fractales sociales están sometidos a esta misma ley, dado que mientras el individuo espera el resultado de una acción o de una solicitud, ésta estará presente en la doble connotación de la función de onda: favorable o desfavorable, -*ser o no ser; probable o improbable*-, lo que induce una incertidumbre de superposición cuántica, un estado neguentrópico que ajusta la conducta del individuo, caracterizándolo.

Ahora, dado que el individuo es el resultado de una función de onda que, ni él mismo percibe, nunca sabemos lo que un individuo extraño piensa, ni podemos predecir con exactitud cómo va a actuar, aun así, habiendo recibido de dicho individuo una información para él cierta, nada garantiza que cambie de opinión y actué de manera contraria o diferente, a menudo nos encontramos con esta "decepción". Si bien este cambio surge de una acción externa o interna, no importa, lo cierto es que así como puede depender de la realidad objetiva, también puede surgir a partir del capricho, la inconciencia o de una concupiscencia o deseo inexplicable (compulsión), que no es otra cosa que el efecto de superposición cuántica.

En este mismo sentido, se sabe de asesinos que afirman escuchar voces que les ordenan matar o simplemente, que no entienden por qué lo hicieron; una interpretación para el caso contrario, es el asesino psicópata, quien mata y no siente culpa ni remordimiento, aun sabiendo que hace daño, sigue asesinando, pero no entiende porqué lo hace. Entonces, ¿es posible que la superposición cuántica tenga la capacidad de poseer al individuo? y no sólo de condicionar su trascendencia, sino además, de ¿encarnarse y apoderarse de él a través de la conciencia o de la ausencia de ésta? Si la respuesta es afirmativa, por esta vía también llegamos a concluir que la psique y el espíritu son cuánticos y que los fantasmas no son otra cosa que presencias cuánticas yuxtapuestas en un *campo* o cosa de la realidad objetiva.[205]

Negación de la relación lineal causa/efecto

En el universo microscópico: El salto de un electrón a otra órbita no se realiza a partir de una causa específica, medible o identificable, simplemente el electrón salta a otra órbita como si tuviera *voluntad* propia, como si cumpliera la satisfacción de un *empeño* endógeno. Igualmente, la partícula cuántica puede romper la barrera del tiempo para aparecer antes de ser disparada, tal como lo vimos anteriormente y puede viajar a una velocidad superior a la de la luz, lo que significa que desborda nuestra realidad física eliminando toda causa, lo que acentúa la presencia de una conciencia; pues, dado que la quebranta, no está sujeta a las leyes de la física. Es decir, el principio de causalidad, donde una acción se deriva de una causa, no tiene validez en el mundo cuántico.

En el ámbito humano: De la misma manera, en la realidad social aparecen repentinamente eventos súbitos *(acausales)* que transforman la realidad sin que conozcamos sus causas previamente y por tanto, sin que podamos prevenir sus efectos. La realidad salta de una *órbita* a otra sin presentar trazas preliminares de su acción; este fenómeno surge a partir de la conciencia, ésta simplemente actúa utilizando al individuo, o por la falta de ésta, el individuo actúa movido por sus instintos, por sus creencias, que mediante enfado o prejuicio se manifiesta en la mente y fisiología del individuo. Igualmente, y como ya se mencionó, el *deya vú*, es otra forma de acausalidad que está presente en nuestras vidas.

Función de onda

En el universo microscópico: como lo vimos en el primer capítulo, la función de onda contiene *el todo* dentro de un espectro donde lo *probable/improbable* conforman un estado cuántico; la información (caótica) allí contenida, al ser observada se configura en una información explícitamente determinada que da existencia a las cosas y fenómenos del mundo real *(ente-objeto)*. Dado que la partícula primigenia produce una función de onda universal, por efecto de la fractalidad se siguen produciendo infinitas funciones de onda, en este contexto absoluto cualquier cosa puede ser posible.

En el ámbito humano: en el plano individual, ya vimos cómo el individuo está definido por la función de onda. Pero en su relación con el mundo, el sujeto percibe la realidad como quiere verla y al hacerlo, produce su propia realidad. Si se piensa que cierta situación es negativa, lo más probable es que ésta se convierta (para el observador) en una situación verdaderamente negativa; si creemos que somos capaces de lograr cierto objetivo, en realidad lo logramos, da la impresión que con nuestra actitud, que es una consecuencia de cómo percibimos la realidad, también estamos colapsando la función de onda. Es decir, *estando en lo cierto o no, siempre se tiene la razón*, el individuo termina por materializar (crear) una

---

[205] En marzo y abril de 2007, en Sincé (Córdoba, Colombia), en casa de la familia Villalba Sierra, los objetos se incendiaban solos, este fenómeno duró varias semanas. Nadie pudo dar una explicación científica. Ver también los casos de combustión instantánea, entre otros muchos, donde una extraña *voluntad* se manifiesta.

situación real que es producto de sí mismo, así esté equivocado. Yo escribo este libro, pero el lector al leerlo, produce otro libro que es solamente producto de su individualidad y construye a partir de ésta, sus propias realidades. Si ante un reto determinamos que es imposible, el reto por sí mismo se vuelve imposible, pero si creemos lo contrario el reto mismo facilitará su logro, materializamos la realidad de la función de onda a la que pertenece cada cosa, idea o fenómeno.

Sobre la peana el mundo social está sometido al mismo fenómeno, desde lo probable/improbable de la función de onda, lo posible/imposible construye la cotidianidad de nuestras vidas, esto es así porque nuestra realidad está atada a la de otros, depende de organismos sociales y económicos quienes co-deciden sobre nuestra realidad. Muchas veces esas decisiones dependen de los fenómenos de la naturaleza, las contingencias, los intereses de otros individuos, la negligencia (entropía social) o el exceso de acción (entropía positiva social) son determinantes en la realidad individual o sectorial.

ESTADO CUÁNTICO DEL INDIVIDUO

PASADO	PRESENTE	FUTURO
RECUERDOS	COLAPSO DE ONDA	PROYECTOS

El cuerpo no es más que la forma corpuscular, el individuo lo trasciende puesto que la conciencia es caracterizada por la "historia de caminos", que comienza con el nacimiento (incluso antes) y termina con la muerte (incluso después). En medio, se dan los procesos parciales que nos van haciendo individuos, no somos un ser en sí, vamos siendo, permanentemente trascendemos hacia el ser; desde el arquetipo cósmico hasta los hechos pasados, son fuentes de recuerdos que producen frustraciones o felicidad; el futuro está por venir y crea expectativas cuando los objetivos no se han realizado. En el presente el individuo va colapsando su individualidad a partir de la función de onda que lo circunscribe; pero en realidad ese presente es solo una quimérica ilusión, pues, como un rio que fluye, cada instante es diferente, nos vamos transformando para ser otro, extrañamente, en la complejidad del sí mismo.

Por esta razón existen las expectativas y las esperanzas para que aquello deseado o necesitado se materialice como lo probable demandado. Por ejemplo, todos sabemos que es factible sustituir el petróleo por energías limpias, sin embargo, está decisión, que bien podría cambiar el mundo para siempre, es solamente una probabilidad que se queda en la esperanza de verla materializada algún día. Y está posibilidad no se ha materializado porque no vemos el mundo como debiéramos verlo; seguimos utilizando energía fósil porque la vemos con los ojos (y apetitos) del orden mundial existente, basado en la rentabilidad económica y en la conservación de las elites de poder, vemos ese destino y nos mantenemos en esa visión. Si viéramos otras posibilidades, de un mundo más limpio, donde el poder del petróleo no se utilice para la guerra, podríamos materializar otra realidad. Nótese como la observación (de la conciencia) sigue siendo el obturador de la realidad.

Innegablemente tenemos que llegar a la conclusión de que *somos y existimos en un estado cuántico*.[206] En primer lugar porque somos esencialmente conciencia; luego, porque no somos ni el pasado ni el presente ni el futuro, somos (junto con la corporeidad), un híbrido de todos esos momentos, somos nuestras expectativas, recuerdos, esperanzas, ilusiones, sentimientos, deseos, engaños y certezas; también somos aquello que no somos, pues las frustraciones también nos caracterizan y además somos lo que los demás creen que somos, pues, desde sus interpretaciones ellos hacen una imagen nuestra que termina siendo real. En segundo lugar, porque somos un cuerpo material único; sin embargo, no somos el mismo, el mismo fluye en nosotros como un extraño que vamos conociendo en cada nueva circunstancia. Por eso no somos sólo un cuerpo ataviado de subjetividad; como el electrón que al pasar por la doble rendija va hasta la galaxia de Andrómeda, también somos una onda que fluctúa desde los orígenes hasta la extinción última de la realidad, desde nuestra individualidad hasta la personalidad de los demás, pasando por múltiples procesos parciales, atravesando todos los espacios, desde los arquetipos heredados hasta los paradigmas y sobreviniendo todos los hechos y tiempos que son posibles para la conciencia; en realidad somos algo muy parecido a la *función de onda*, que en hibrido con el cuerpo físico, nos configura en un *estado cuántico*.

Lógicamente no operamos exactamente igual que el *qubit* de un electrón porque ya, en este orden de complejidad superior, tenemos cuerpo y mente, y estamos sujetos a otras leyes. La mente cumple con cuidar del cuerpo que la aloja, por lo que a través de ésta emerge el *ego*, que, dado su sometimiento a la flecha del tiempo y a las entropías, percibe el mundo como una secesión de hechos, lo que produce el pensamiento lineal; sin embargo, esta característica no anula la complejidad de la conciencia; por el contrario, se unen, creando la *qualia*. Nótese que los dos universos, el cuántico y el macroscópico, se unen en algo que, no siendo materia, la colapsa y representa.

La Qualia, la mente y el sentido

Dada la existencia del *enmarañamiento* cuántico y la conclusión a la que han llegado algunos físicos, de que *el universo es un software*, el todo está conectado entre sí; por tanto, es evidente que debemos descartar las autonomías; es decir, no existen sistemas autónomos y por la misma lógica, la conciencia pone en duda la autonomía de la mente y la razón. Entonces el hombre no percibe la realidad solamente a través de la mente, su percepción implica la inevitable incidencia de la conciencia.

Alrededor de la conciencia se hospedan holísticamente todos los elementos que conforman el individuo: alma, conciencia, intuición, mente, inteligencia, razón, memoria, los sentimientos y los instintos, todos se constriñen integrándose en un solo fenómeno que denominaremos *qualia*, mediante el cual podemos dar *sentido* a la realidad y forma acabada a la identidad compleja del individuo.

---

[206] Lógico, de orden superior y macroscópico.

Aquí la qualia no es una copia o adaptación de un concepto ya introducido por otros autores, que se utiliza para representar algunas *cualidades* de la conciencia en su interacción con la realidad, tal como lo manifiesta el Dr. Díaz, "La cualidad de sensación visual difiere ampliamente de la auditiva, de la olfativa o del dolor. Además, cada objeto de la experiencia está dotado de diversas cualidades intrínsecas, como para las visuales, forma color y textura. Más aun, cada vez que un objeto aparece en la ventana del presente, es decir, cada vez que el objeto se actualiza en la conciencia, es de algún modo distinto. Estos modos de experiencia son lo que los filósofos de la mente han llamado "qualia" (Dennett, 1991; Rosenthal, 1991)",[207] para los efectos de este estudio la categoría *qualia* proviene del *quantum* y nos cae muy bien que el término esté relacionado con *cualidad*, porque queremos expresar con este la cualidad, o mejor, *la facultad de del quantum* para autorreferenciarse con el entorno, adoptar la sensación de existencia y mediante esa experiencia de vida, para percibirse a sí mismo.

El recorrido (suma de caminos) que hace la qualia es un proceso que se presenta en todas las cosas y manifestaciones de la naturaleza y no necesariamente un fenómeno que se presenta únicamente en el cerebro. Tenemos la idea de que la mente es el producto del cerebro, pero estudios recientes han demostrado que el cerebro no tiene la importancia crucial que le hemos otorgado a lo largo de la historia humana, porque la mente no necesariamente proviene del cerebro. En su libro, Michael Talbot[208] nos presenta una "herejía" para las ciencias tradicionales que pone en tela de juicio sus "verdades absolutas"; nos enseña varios casos documentados por el neurólogo británico John Lorber y otros colegas suyos quienes comprueban que la mente no está donde debería estar, ellos han enfrentado casos de individuos normales, con vidas normales y "mentes brillantes" pero, ¡que no tienen cerebro! Citemos el caso que le llegó de un colega suyo de la Universidad de Sheffield, quien se encontró con un estudiante cuya cabeza era de un volumen ligeramente superior al normal.

La situación no le traía al joven ningún problema (...). Lober lo sometió a una exploración cerebral mediante una técnica no invasora que determina la presencia de distintas radiodensidades en el cerebro, y descubrió que si bien el muchacho tenía un CI de 126, era un brillante alumno de matemáticas y poseía en todos los restantes sentidos un funcionamiento normal, "virtualmente no tenía cerebro". Su cráneo estaba revestido interiormente por sólo una delgada capa de células cerebrales de aproximadamente un milímetro de espesor, y el resto del cráneo estaba lleno de líquido cefalorraquídeo[209] si sus padres, en un cuarto oscuro, hubieran proyectado el haz de una linterna hacia su cabeza cuando era un recién nacido y poseía los delicados huesos de un bebé, la luz hubiera pasado de un lado a otro. El muchacho sigue llevando una vida normal, salvo por el hecho de que ahora sabe que no tiene cerebro."[210]

De la afirmación de Talbot, Lober y sus colegas, podemos concluir tres cosas: 1) cuando la mente esta averiada la conciencia la sustituye, la sustitución de la función es una característica propia de los sistemas complejos 2) cuando

---

[207] Díaz, José Luís, "La Conciencia Viviente", Fondo de Cultura Económico. México, 2008. Pag. 36.
[208] *Talbot Michael*, "Más allá de la Teoría Cuántica" Ed. Gedisa. Barcelona, 2000. Pgs. 98 y ss.
[209] "Roger Lewin: "Is your Brain Really Necessary", science 210, December 1980, pags. 1,232."
[210] Ibidem, Talbot. Pags. 99 y 100.

no dispone del cerebro para alojarse, la mente se re-distribuye en todo el cuerpo (1 y 2 constituyen una propiedad de los sistemas complejos), y 3) la mente existe pero no necesariamente se aloja totalmente en el cerebro, la "sentimos" en este órgano porque hacia allí fluye el sistema nervioso, tal como fluye el agua a un sifón, pero en realidad, mediante la qualia, está diseminada por todo el cuerpo, en cada uno de sus componentes y conexiones; es decir, tanto en los órganos como en la bioquímica y fisiología se producen procesos mentales. Estos postulados demuestran la existencia de la *qualia*.

Sin embargo, aceptemos como el común que no podemos negar la existencia de la mente. Dado que el cuerpo humano es un sistema complejo, este asimila la ausencia del cerebro para garantizar su funcionamiento, pero entonces, ¿dónde está la mente?, ¿o todo el cuerpo es o puede ser *mente*? A mi juicio la mente es una sola cosa con el cuerpo, es decir, el cuerpo, antes que un conjunto de moléculas es energía psíquica, es qualia. Por tanto, describimos la qualia como el campo de fuerza entre la mente y la conciencia. Sabemos que no existe un órgano específico donde se presente tal conexión, pero es evidente que ésta tiene que existir en alguna parte donde las cosas no necesitan sustancia para *ser*; aceptamos que reside en el reino inmaterial de la información, el cual no puede estar sino en el mismo "vacío cuántico" de la función de onda. Por tanto, la qualia es mediadora entre el mundo físico y el universo cuántico.

Los sentimientos también pertenecen a esta representación, no obstante, éstos provienen tanto de los instintos (soma) como de la qualia. Da la impresión que en el individuo los sentimientos consolidan éstas dos partes, lo que confirma la existencia e importancia de la qualia. Ahora, las pasiones humanas también tienen una causalidad material en cuanto la relación *orden/desorden* produce colisiones que impresionan la qualia; de este choque emergen los sentimientos haciéndonos humanos. Por ejemplo, la percepción de una colisión (entre diversos eventos: independientes o dependientes, sorpresivos o no) dada entre 1) *el desorden*: lo absurdo, lo desconocido, lo censurable, lo asqueroso, lo malo, etc; contra 2) *el orden*: la formalidad, lo esperado, lo aprobado, lo deseable, lo bueno; 3) producen para el individuo una *experiencia de vida* (sentimiento): risa, asombro, odio, repugnancia, temor, llanto, en fin, cualquier conmoción que termina por exaltar la existencia del individuo. Con esas articulaciones que materializa el azar, al "explotar" en la estría *orden/desorden,* nos vamos haciendo profundamente humanos en las emociones, y porque el individuo que sufre el accidente de *colisión* (orden/desorden) es digno de compasión o de divertimento, o de asombro o de temor, o de repudio. Dado que el fenómeno de *colisión* requiere una valoración, ésta no es posible sin la qualia, quien además le asigna *sentido* al hecho (discreto) produciendo la materialización y humanización completa del evento. Las sucesiones infinitas de colisiones discretas conllevan al *continuum* histórico de la humanidad.

Los atributos más importantes del hombre son, la conciencia y la mente; da la impresión que la *una* no es posible sin la *otra* y tan independientes como estrechas, pues una percibe fracciones del mundo externo y la otra los consolida. Esta formación de la conciencia según Kant tiene dos aspectos, que conjugados revelan un fenómeno extraño, la perfecta *fractalidad* de la conciencia. Kant en su *Teoría Trascendental* sostiene que el hombre se determina por el yo trascendental o *conciencia trascendente* y el yo interno en su relación parcial con la realidad o *conciencia empírica*. Ésta última está fundamentada en que las representaciones de la realidad que el yo se hace provienen de su sentido de afección interno, el individuo altera la realidad según su estado emocional, mediante el cual interpreta las cosas del mundo, por lo que éstas se le revelan de acuerdo a su estado de ánimo, lo que significa que la conciencia empírica varía según la disposición anímica del yo. Ahora, dado que los estados emocionales no son permanentes, sino por el contrario, transitorios; Kant introduce la idea de que el tiempo es intuitivo cuando el individuo percibe esos trozos de realidad empírica. Es decir, la realidad es fragmentaria porque la percibimos por lapsos de tiempo, aún no se consolida en la unidad del yo pues todavía está fragmentada. De otra parte, la *conciencia trascendente* está formada por la sucesión de esos tiempos y por la acumulación de esos trozos de la realidad percibida por la conciencia empírica, la unidad de esas representaciones rebasa la conciencia empírica, dando estructura al yo formal, por lo que el yo entonces puede abordar el tiempo total, como una sucesión de hechos y de tiempos parciales. De esta manera, emerge la identidad a partir de la diferencia.[211]

Kant ya se había anticipado a esta visión fractal de la realidad; es evidente que en cuanto surge de las emociones la *conciencia empírica* es volátil, espirituosa e inestable; es decir, que en su límite, de relación con el mudo externo, es *indefinida*. La *conciencia trascendente* es superior en cuanto constituye la acumulación de los fragmentos percibidos empíricamente y dado que materializa el yo *en una representación total* que conforma un conjunto de eventos que adquieren unidad determinada; es la *identidad* del yo objetivo en cuanto no está condicionado por las afecciones emotivas, sino que procesa éstas a través de su *mente* dando integridad a la realidad y a su *continuum*. En síntesis, un fractal, pues de los fragmentos (indeterminado y determinado) se forma la conciencia para percibir la realidad como una representación única.

Podemos complementar esta idea maravillosa de Kant, no desde el individuo, sino desde la realidad tal como se deja percibir. Pues ésta se nos presenta por fragmentos, por cortes parciales y por tiempos fragmentarios, ya sociales ya individuales, ya vacía o plena, la realidad se manifiesta como una incesante progresión de relatividades y de realidades propias, ajenas e ignotas. El espacio tiene la misma característica, como encerrados en el foco de una linterna, accedemos a éste en la medida que nos vamos moviendo, dejamos atrás partes de la realidad para acceder a nuevas porciones. Sin embargo, sabemos que la realidad tiene una doble representación: ¡tan coherente en cada esquina, como absoluta en su infinitud! Pero esta es una propiedad fractal de la realidad, inherente al espacio y a las cosas, no en sí al individuo, pues si éste las percibiera desde el espacio exterior las vería todas, pero no podría percibirlas en sus detalles, ve el todo, pero no sus partes intrínsecas, lo que le quita objetividad al todo poniéndolo nuevamente en un estado de *borrosidad*. Tal como en la teorización de Kant, esta percepción de la materia, del espacio y del tiempo,

---

[211] Esta es la identidad de la identidad/diferencia y no la diferencia de la identidad/diferencia.

percibida a través de los sentidos como información que es procesada en la mente/cerebro, nutre la conciencia proporcionándole su forma fractal acabada. La qualia es, sin más, un *campo* donde se integran los fragmentos de la realidad inconclusa proveniente del espacio/tiempo. Así, lo discreto configura el contínuum.

Para Heidegger la primera tarea de la filosofía consiste en aclarar *el sentido del ser* y para responder formula el concepto de *El Dasein,* que significa "ser ahí" estar irremediablemente y por obligación viviendo en este mundo, es el *ser arrojado a la existencia para la muerte.* Pero vuelve este "ser arrojado" sobre la causa que lo arrojó al mundo *"No es posible trascenderlo hacia un mundo ideal o religioso porque todo género de ideas o de cosas se halla implicado, inserto, en él mismo"*, de esta afirmación se pueden deducir dos cosas: 1) el *ser* es causa de sí mismo, con lo que estamos de acuerdo dada la *acausalidad* cuántica y la apropiación que el individuo hace del *contínuum* de la función de onda para producir su propia realidad; 2) las ideas y las cosas se hallan dentro del *ser,* siendo el ser la conciencia universal, entonces en el *ser* reside toda información, es poseedor de la verdad absoluta.

Extrañamente tenemos que concluir que el *sentido del ser* es que tiene y no tiene sentido. 1) Tiene sentido en cuanto somos seres *discretos,* pues podemos encontrar sentido en las pequeñas porciones y momentos de la realidad, en la intimidad, en los pequeños hechos que afectan nuestras vidas porque los podemos manipular para orientarlos, disponerlos y crear así las condiciones adecuadas para nuestros propósitos, configurando nuestra subjetividad. Ahora, dado que en este estadio el ser es *discreto* cada individuo se traza el propósito de su vida: la riqueza, la mera felicidad, el saber, el vicio o simplemente la muerte; ahora, en cuanto la elección es *discreta*, entre más prolongados sean los propósitos más improbable es lograrlos, por lo que el sentido se va esfumando, y dado que no lo podemos controlar la realidad se nos sale de las manos llevándonos a un abismo existencialista que nos pone al filo del desespero; 2) ahora, *el ser no tiene sentido*, en cuanto pertenece al *contínuum* del todo absoluto, es decir, a la función de onda indeterminada que pone la existencia en medio de la permanente *incertidumbre*, desde donde configura la realidad a partir de la apropiación (observación). Pero la configuración de la realidad no depende solamente de su mera observación individual, sino que en ella intervienen infinitas "observaciones discretas" producto de la presencia y acción de la colectividad; esta característica es análoga al hecho de formar parte de la humanidad y de la sociedad; por tanto, el sentido del mundo escapa a la individualidad discreta así como escapa el *sujeto cartesiano* del *espíritu humano*, el primero llega hasta lo inmediato perceptible mientras que el otro tiende su mirada hacia lo oculto buscando la verdad última, desde la conciencia escruta el todo absoluto del *sempiternus contínuum*.

Es posible percibir el *sentido* a partir de los fragmentos de la *discretalidad* porque los hechos que producimos tienen un propósito o simplemente porque tienen incorporada una carga semántica que nos suministra un significado y por tanto, un sentido. El significado de lo discreto le va asignado *sentido* a la vida; sin embargo, este sentido asignado tiene una *frontera límite* en cuanto es trascendido por otros hechos, significados y sentidos, por lo que el sentido cae en la *borrosidad del sinsentido,* produciendo angustia existencialista. En un nivel superior (entre el hecho cotidiano e íntimo del sujeto y el *continuum* del todo), la *discretalidad* está conformada por los *acontecimientos-verdad* (Badiou), son hechos de mayor jerarquía donde se involucra el *sujeto social* (ya no el individuo único; p. e. la quema de las torres de N. Y.), aun así, persiste la borrosidad porque el *acontecimiento-verdad* tiene sentido solamente dentro de una situación concreta, en unas condiciones políticas específicas, pero no como una única verdad que explique el sentido del *continuum*; son meras verdades contingentes o en muchos casos verdades ocultas, que incorporan un sentido artificioso a la realidad política para desinformar y mantener el control de la masa. Por esta razón, a menudo encontramos que los hechos políticos y muchos hechos sociales carecen de sentido.

Si la qualia individual es discreta y es posible asignarle un *sentido*, la qualia colectiva también queda sometida a las leyes de esa *borrosidad,* porque la *discretalidad* está limitada por el foco de linterna y es desbordada por los *acontecimientos-verdad* y luego por el *continuum*. Dado que el *continuum* (suma de caminos) está conformado por todos los hechos individuales y por los *acontecimientos-verdad* se espera que a partir de este "consolidado", se pueda definir *el sentido del ser* (como lo deseaba Heidegger) pero, a estas alturas ya su amalgama constituye un nivel superior de complejidad, porque la frontera límite ha desbordado el fenómeno hacia un nuevo orden (tal como de una simple cadena de aminoácidos surgen los animales y las plantas). Al nivel del *continuum* no existe un sentido único, lo que percibimos es la acción constante de la *finalidad de existencia,* que carece de sentido específico o de una realidad última. A este nivel, los acontecimientos son polvo, nuestras vidas se han esfumado, emerge la epopeya plena de exageraciones donde un *meme* representa a toda la humanidad. Los hechos parciales de nuestras cortas vidas se van evaporando, se deshacen en la vasta profundidad del *continuum,* tal como se disipa el polvo que la brisa levanta hacia el cielo infinito.

QUALIA: ANALOGÍA ENTRE CONCIENCIA Y MENTE		
	CONCIENCIA	**MENTE**
Origen	**Acausal**: dada la *acausalidad cuántica*, no tiene causa, por tanto, no tiene origen.	**Causal**: Es producto de la relación del cerebro y sistema nervioso, con el entorno.
Finalidad	Dado que no tiene causa, no tiene una consecuencia previamente definida.	Se traza objetivos, proyectos, planes para garantizar la supervivencia del cuerpo.
Espacio	**Alocal**: constituye la *función de onda*, por tanto, como producto del *enmarañamiento cuántico* no se ubica en un lugar determinado, pero está en todos los lugares a la vez. Es indeterminada e infinita.	**Local**: se percibe en el cerebro y se extiende a través del cuerpo mediante el sistema nervioso. El cerebro y la mente son determinados y finitos y como tal, perciben la realidad.
Tiempo	Es acausal, no tiene origen, no muere.	Sujeta a la entropía, se agota en la medida que se agota el cerebro. Nace, crece, se reproduce y muere.
Información	Está conformada por lo probable e improbable, es la información misma.	Percibe la información por fragmentos, construye su propia información a partir de lo posible/imposible.
Energía	No requiere, por tanto, no está sujeta a las entropías.	Necesita energía para existir y procesar la información, está sujeta a las entropías.
Medios	Dada la presencia de *la acción fantasmal a distancia*, no necesita un medio de transferencia de información, tampoco requiere procesarla; le llega toda en paquete, no necesita decodificar, simplemente "sabe". Esta capacidad de percepción se llama *aprehensión*.	Requiere de un medio físico para acceder a la información, la cual procesa mediante un código ordenado. No "sabe", tiene que diseñar métodos para percibir y aprender la realidad creando sus propios paradigmas. La capacidad de procesamiento se llama *inteligencia*.
Estructura	Carece de ésta, pues constituye el universo de la información.	Requiere de un órgano o dispositivo (cerebro) para existir.
	Según Freud, la *psiquis* opera como medio de transferencia entre el alma y la mente. Pero en realidad alma y psiquis son la misma conciencia. Carece de textura física.	Mediante el cerebro, el sistema nervioso, los órganos sensoriales y los sentidos, la mente se conecta con el cuerpo y con el entorno. Esta *red* constituye los medios por los que percibe la información.
Funciones	**Intuitiva**: hace contacto con la función de onda sin que intervenga ningún medio, percibe información no-local.	**Especulativa**: procesar la información para percibir la realidad, analizarla y crear sus propias verdades, (paradigmas).
	Autorreferencial: el individuo es "consciente" de la existencia de *sí mismo* y del *otro*, como individuo dueño de su propia subjetividad. La presencia del otro como "individuo semejante", origina un marco de referencia ética.	**Referencial**: La inteligencia artificial ha desarrollado computadores (robots), pero estos no se identifican a "sí mismos"; no saben que son un robot ni identifican al *otro*; el otro debe ser referenciado previamente. No tienen ética.
	Vigilante: constituye una especie de alarma que, cuando la mente no actúa, informa al individuo de los posibles riesgos del entorno, (sospecha intuitiva).	**Perceptual**. Tiene que percibir el riesgo para identificarlo. Hace contacto solamente con lo inmediato y a través de un medio físico, (experiencia positiva).
	Ética: sabe qué es lo bueno y qué es lo malo para la supervivencia y bienestar general.	**Egocéntrica**: predominan los instintos, es utilitarista y se preocupa sólo por su beneficio personal.
	Accede a la sabiduría, (saber holístico).	Produce la ciencia, (saber fragmentario).

Cosmogonía y Conciencia

*¿Puede suceder que la indeterminación establecida permita al
libre albedrío venir a llenar un hueco, en el sentido de que el libre albedrío determinaría aquellos acontecimientos que
la ley de la naturaleza deja indeterminados?
A primera vista, tal esperanza resulta obvia y comprensible*[212]
Erwin Schrodinger

La alquimia original

La ciencia occidental acepta como verdadero el modelo del Big Bang,[213] donde una explosión da lugar al todo. De la ecuación de la energía de Einstein ($E=mv^2$), se deduce que un objeto entre más rápido se desplace va adquiriendo mayor masa y peso, dada la incorporación permanente de más masa por acción de la energía; pues la energía que se *consume* en la acción del empuje se incorpora a la masa. La masa absoluta empujada por la energía absoluta, avanza al cuadrado; pero, llegará a decaer por la paulatina ausencia de energía y aumento de la masa como resultado de los procesos de entropía. En el momento del *big bang*, se dispone de la mayor energía absoluta para movilizarla la masa y llevarla al *big crush*. Cuando el proceso obtiene las constantes antrópicas, la masa alcanza un punto de equilibrio o valor óptimo determinado (VOD), donde la energía es equitativa a la masa. VOD es un punto hacia el límite máximo de cero con tendencia al equilibrio, donde el sistema es eficiente: la *menor* energía para lograr el *mayor* empuje; allí alcanza el VOD y luego comienza a decaer, porque la masa comienza a ser mayor que la energía disponible -se inicia un cambio en los atributos que conllevan la desaparición de las constantes antrópicas-. Al aumentar este intercambio -de energía por masa- se alcanza un punto máximo donde la energía tiene que desaparecer pues se consume, queda todo oscuro, sólo gravita la masa, que es superior a la inicial por lo que atrae todas las partículas juntándose en una sola singularidad. Por la fuerza de su propio peso la masa sufre un aplastamiento que la contrae hasta llevarla al límite máximo de pequeñez, creando un agujero negro; cuando lo alcanza, lógicamente no puede desaparecer, entonces explota hacia adentro transformándose de nuevo en energía. Lógicamente, esta energía que, es cuántica, se reorganizará nuevamente de manera diferente, para dar lugar a una nueva singularidad de cual surgirá un nuevo universo.

Imaginemos la realidad absoluta, donde no hay realidades paralelas puesto que estarían contenidas en dicho absoluto. VOD es la realidad material en que

---

[212] Sublime pregunta y acertada respuesta; personalmente sustituiría "libre albedrío" por "conciencia", pues, esa es la tesis central de este libro. El libre albedrío pertenece al plano limitado de la vida humana, mientras que la conciencia gravita ("aleteaba", dice la Biblia) en el vacío de las leyes intrínsecas del cosmos.

[213] No necesariamente verdadero, es una teoría que se objeta con la simple idea de que, dado que el universo tiene muchos agujeros negros (al parecer en el centro de cada galaxia hay uno), el Big Bang fue solo la explosión de uno de ellos, que luego dio lugar a la creación de nuestro sistema solar, pero no del universo porque este ya existía. No se necesita una explosión para crear el universo, pues está demostrado que en el vacío la partícula cuántica surge sin causa. Ver la entrada *Complejidad del vacío*.

vivimos. Antes y luego del VOD, en cualquier punto, se podrían haber creado otras realidades diferentes, leyes antrópicas distintas hubieran producido otras realidades que no percibimos, de acuerdo con la reordenación de la cuántica. En este eterno retorno persiste eternamente la realidad absoluta. La dimensión espaciotemporal se expande donde hay materia, la cual produce el espacio permitiendo el movimiento que requiere el tiempo para producirse.

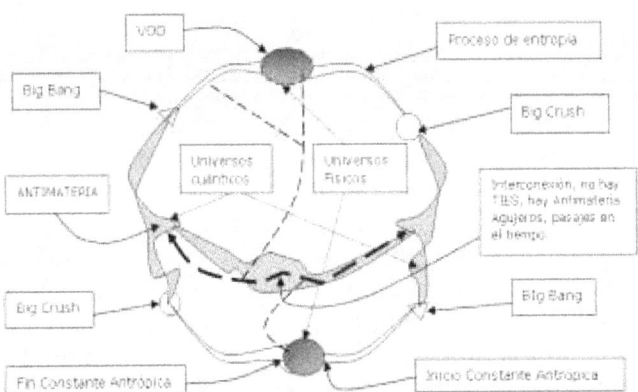

REPRODUCCIÓN FRACTAL DE LA REALIDAD ABSOLUTA

No hay motivos para descartar que el *big crusch* constituya la contracción de la realidad física en realidad cuántica, produciendo lo *indeterminado absoluto*. Puesto que la masa desaparece, desaparece el espacio, por lo que también desaparece el tiempo; el *big crusch* en realidad constituye el universo cuántico. La otra posibilidad consiste en que el universo no se colapse, sino que se siga expandiendo indefinidamente, las galaxias se desmantelarán, nuestro sol se separará de la tierra y todas las estrellas se irán alejando hasta quedar en la completa oscuridad, luego y dado que el espacio se irá ensanchando cada vez más, las montañas se irán desarmando lo mismo que nuestros cuerpos, todas las cosas se desarmarán. El alejamiento de las estrellas enfriará el cosmos, por lo que la oscuridad y el frío se apoderarán del universo, si el estiramiento continúa, las partículas elementales se desarmarán cada vez más hasta alcanzar una frontera del caos donde se detiene el desquebrajamiento. Este proceso es contrario a la segunda ley de la termodinámica, pero a ese nivel puede originar otra realidad, los elementos fundamentales pueden unirse y colapsar su propia realidad. Nos rearmaremos en otro universo. La entropía, se transforma en otra cosa, produciendo un nuevo orden, el universo como especie.

El *big crusch* colapsará produciendo un nuevo *big bang* que generará energía dando nuevamente forma al espacio al tiempo y la materia. Cómo se produce tal transferencia: en el mundo cuántico el tiempo y el espacio no existen porque no hay materia, entonces tal iteración (*bang-crusch-bang-crusch*) es imposible; por eso la realidad se eterniza ahí, como un quiste. Surge una paradoja, pues todo se mueve pasando de un estado a otro; pero en la realidad, como si el movimiento llevara implícito el reposo, el *todo fluido* se nos presenta estático. La conexión entre los mundos cuánticos representada por la línea punteada, en realidad no existe, la hemos dibujado así para mostrarla en este mundo bidimensional, pero no existe, puesto que allí todo se junta en un vacío comprimido; por tal razón, los dos procesos -génesis y fin- y universos, son uno sólo. Es decir, no hay principio ni fin, hay un constante fluir, donde todo se crea permanentemente. Es como si Dios no dejara de trabajar nunca para vencer las eternas entropías. De la misma manera, no existe sino una realidad determinista absoluta, lo que significa que tendríamos el siguiente modelo (ver gráfico siguiente).

REPRODUCCIÓN FRACTAL DE LA REALIDAD ABSOLUTA

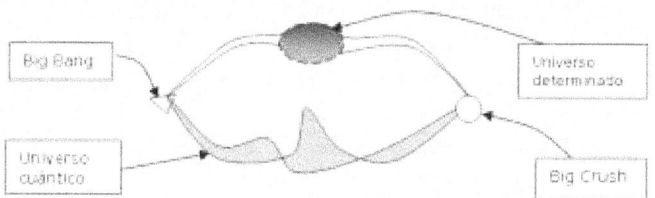

La realidad absoluta constituye un híbrido entre el universo cuántico (indeterminado) y el universo macroscópico.

Ahora, dado que en el mundo cuántico todo es anti-real y se contrae en eterna involución, es lógico que allí no haya tiempo ni espacio; entonces, el universo cuántico se reduce a un punto imposible de representar con la racionalidad del mundo determinista, (pero que a la vez habita en ella, en forma de energía y vibraciones de la función de onda). Por eso, percibimos sólo la realidad determinista, que se encoje sobre sí misma, como un torón, pero desprovista del vacío céntrico donde estaría la realidad eidética. Queda entonces una configuración esférica donde todo fluye en función de un centro cuántico imperceptible a simple vista; igual que en el átomo, donde todos los elementos fluyen en función del protón -centro- y donde se alojan las partículas cuánticas; un agujero negro procesando toda la masa absoluta. En una interdependencia eterna, lo infinito hace y forma parte de lo finito y viceversa. Destrucción y caos engendran el universo determinado, el que a su vez se destruye para auto reproducirse. Es algo semejante a la acción de una respiración infinita.

Este es el modelo de cosmogonía adoptado como verdadero por la ciencia occidental; hemos agregado el componente cuántico en cuanto éste es inherente al proceso de creación, pues el universo, junto con sus procesos antrópicos y la existencia de la conciencia, surgió a partir de la información que potencialmente entraña la función de onda. No es raro que el componente cuántico esté altamente interconectado con la presencia de la energía oscura y la materia oscura.

El principio antrópico

La correlación entre los diferentes componentes del universo generó resonancias y patrones que conllevaron a que se produjeran las propiedades y características necesarias para dar origen a la vida. El patrón es un resultado parcial repetitivo de la tendencia y la voluntad de poder que origina un resultado de orden superior, la iteración del patrón adiciona fundamentos a la identidad del sistema generando una nueva estructura de auto-organización, la cual tiene al menos dos componentes: la *forma* del patrón, que se refieren a la materia, la cantidad y el orden; y la *sustancia* del patrón, que se refiere a la energía, la cualidad y la vida. Estos dos componentes unidos finalmente permitieron el desarrollar la vida biológica y posteriormente, la aparición del ser humano dotado de conciencia.

Sin el patrón, que produjo la dinámica entre *forma* y *sustancia*, la vida no existiría. Es allí, en los procesos profundos de auto-organización donde emerge la vida y de allí nace el hombre. Allí reside la esencia eidética de todo lo orgánico y la verdadera entereza ontológica del hombre. Con frecuencia se afirma que somos polvo de estrellas, pero no lo somos solamente porque seamos hechos de materia proveniente del Big Bang (*forma*), sino también porque somos la *sustancia* del universo, ese algo invisible que da existencia a la conciencia humana (auto-conciencia). Por tanto, es evidente que en las profundidades del olvido nuestra conciencia tiene un equivalente que nos une con ese patrón ontológico y sus procesos primigenios, el inconsciente. Ese inconsciente representa las trazas de los orígenes universales, es una información profunda que de cualquier manera nos mantiene unidos al cosmos, con seguridad nos vincula con la conciencia universal, un cordón umbilical vital necesario para volver a los orígenes después de la muerte.

No solamente tenemos cerebro de reptil y de ave,[214] sino que nuestra biología tiene nexos mucho más profundos con el modelo que perfeccionó el universo mediante el principio antrópico para diseñar la vida. Este modelo es un arquetipo universal que afecta toda la realidad, toda la naturaleza, todo el cosmos y los vincula con la vida biológica, con la conciencia y con el ser humano.[215]

No solamente Jung se ha referido al arquetipo,[216] para hacer completa su filosofía muchos autores han tenido que incorporar en su pensamiento la idea de que, "existe un *algo fundamental* y previo al hombre sin lo cual no hubiera alcanzado su inteligencia y humanidad completa" (aunque no todos estos autores ubican ese *algo* en el principio antrópico); Le Grice, lo pone en los siguientes términos:

Algunas de estas perspectivas orientadas a los procesos reconocen también que este movimiento es impulsado, arrastrado hacia adelante y orientado por ciertos principios o dinámicas discernibles, como la dialéctica (Hegel), la causación formal (Aristóteles), los ciclos culturales arquetípicos (Spengler, Toynbee, Sorokin, SriAurobindo), las estructuras profundas de la conciencia (Gesber, Wilber), determinadas características recurrentes como la "personalización" y la "amorización" (Teilhard de Chardin), o la expresión de "poderes cosmológicos" discernibles (Swimme).[217]

Esta conexión y su carga de información afecta nuestra existencia permanentemente porque desde su origen ontológico nos origina

---

[214] Ver investigaciones del Dr. Víctor Borrell, del Instituto de Neurociencias de Alicante (España)

[215] Esta procedencia universal es lo que le da dignidad al hombre; pues, el hombre, visto así, es el producto último del universo, su finalidad.

[216] Aunque para Jung, el arquetipo aparece posterior a la formación del principio antrópico.

[217] Le Grice, Keiron. El Cosmos Arquetipal. Ediciones Atalanta. Girona, España, 2010. P. 152.

condicionándonos a ser de una manera determinada; en otras palabras, funciona como el sistema operativo psíquico de la humanidad que se manifiesta a través de la mente psicológica, es el arquetipo universal que nos convierte a todos en un solo individuo, en una hermandad, en una individualidad que ha sido escindida por la razón positivista del *sapiens* y por la utilidad económica, para reducirnos y convertirnos en seres aislados y antagónicos que tienen que luchar por el espacio y la comida para sobrevivir. En oposición, el *Homo Quanticus* es una criatura universal, una individualidad única de psicología conjunta, donde todos los hombres son el mismo individuo, afluentes de una causa cósmica a la que están *entrelazados* por la conciencia.

La materia viva

Los parámetros cosmológicos que presentó el *big bang* dieron lugar a un proceso de selección, de situaciones y condiciones determinadas de manera que, obedeciendo a la función de onda y a la armonía implícita en la simetría cuántica, el mismo sistema introdujo un criterio selectivo que dio lugar a la producción de la vida y a nuestra propia existencia. En este proceso las leyes del universo dieron luz a unas *constantes universales* que permitieron la emergencia del mundo tal como lo conocemos y a las que los científicos han denominado *principio antrópico*. Uno de ellos nos da la intensidad de la gravedad, determina como actúan el sol, las galaxias y los demás objetos y fuerzas astrales sobre la tierra. Si esa constante fuera un poco mayor, digamos un diez por ciento superior, entonces la gravedad sería más intensa en todas partes, y las estrellas se consumirían mucho más de prisa. Sólo habría estrellas gigantes azules, lo que hubiera impedido la aparición y evolución de la vida. Si fuese un diez por ciento menor, por la misma razón sólo habría estrellas enanas rojas, que no admiten planetas templados como la tierra.

Otra constante universal controla la velocidad a la que se fusionan los átomos en el sol, creando otros más pesados como el carbono, base de la vida. Si esa constante fuese distinta habría poco carbono en el universo y la vida tal como la conocemos sería imposible.[218] La magnitud de la carga eléctrica del electrón y la relación entre las masas del protón y del electrón; lo mismo que la velocidad de la explosión fueron factores que se dieron con la proporción e intensidad *justas* para que el universo fuera como es y para que se formaran condensaciones de materia que dieron forma a las galaxias, si la expansión hubiera sido más lenta o más rápida el universo no hubiera existido tal como lo conocemos. Erwin Laszlo las llama *coherencia de las constantes universales* y en este sentido, afirma:

...si el índice de expansión del universo primigenio hubiera sido una millardésima inferior a la que fue, el universo se hubiera desplomado casi de inmediato; de haber sido una millardésima superior, hubiese volado por los aires con tanta rapidez que sólo hubiera producido gases diluidos y fríos. ...si la diferencia entre la masa del neutrón y el protón no fuese precisamente el doble de la masa del electrón no hubieran podido producirse importantes reacciones químicas, y si la carga eléctrica de electrones y protones no estuviese precisamente equilibrada, todas las

---

[218] Datos de Ricardo Moreno, "Historia Breve del Universo". Ed. RIALP, S. A. Madrid, 1988. Pags. 199 y 200.

configuraciones de materia serían inestables y el universo consistiría meramente en radiación y en una mezcla relativamente uniforme de gases.

Es bastante improbable que la amplia coherencia del universo sea simplemente una gran serie de "coincidencias". Parece que ya en el nacimiento del universo, el Big Bang ...estaba ajustado con extrema precisión a fin de producir constantes que permitiesen la subsecuente evolución de sistemas de creciente complejidad.[219]

Éstas y otras constantes *antrópicas* son el resultado del *colapso* de la función de onda. El *ajuste de extrema precisión* del que habla Laszlo nos induce a percibir el big bang como una *consecuencia* y no como el escueto *principio*. El big bang fue un desenlace en la función de onda, es posible que ésta hubiera llegado a un nivel de *tensión crítica* alcanzando la frontera del caos, para luego engendrar el big bang como el fenómeno de cohesión que hizo reales las constantes universales que habilitaron la *evolución de sistemas de creciente complejidad*, como la vida.[220]

Después del *big bang* el desorden producido por la explosión se fue organizando en un lento proceso de acreción. En un lejano recodo de aquel inmensurable génesis, nuestro pequeño planeta era una borona insignificante que giraba rápidamente al rededor del sol. En su estado *fetal*, cuando la tierra aún estaba caliente las capas tectónicas comenzaron a acomodarse formando profundos abismos, los volcanes erupcionaban arrojando lodo incandescente y grietas abismales exudaban metano y vapores sulfhídricos; la borona se agitaba como un huevo en eclosión formando la semilla de la vida. Envuelta en espesas nubes y grandes ruidos la tierra era azotada por vastos cataclismos atmosféricos, extraordinaria actividad telúrica acompañada de relámpagos, rayos, y lluvia de ácido hirviente se confundían en anuencia trascendental. Fraccionado por radiaciones y truenos, la cellisca de meteoros y otras grandes explosiones, iluminaba el firmamento. En este caos primigenio, un poderoso meteoro colisionó con la tierra quitándole algunos pedazos, de los cuales posteriormente se formaría la luna, en una fase posterior, esta se organiza por *acreción* y se enlaza en un campo de fuerza con la tierra, determinando su proceso de formación y templando las características necesarias para la vida.

Millones de años después y por la agitación de los elementos en combustión un efluvio manto cubría la tierra, poco a poco aquel fragor se fue calmando; los gases y torbellinos fueron mermando y, aún rúbeo por el lejano resplandor de la explosión, apareció el firmamento. La agitación se agotó y el óvulo entró en sosiego; sometidas a los lapsos naturales originados por el giro del planeta, las sustancias suavemente *latenteaban*. Es admisible que, aún carente de materia, la psique de la vida vibraba, *aleteaba* (según el Génesis), sobre los miasmas. Iluminado por momentáneos relámpagos y movido por lejanas tempestades, se oía el brutal estremecimiento del mar. La tierra aún estaba muy caliente y la lluvia

---

[219] Laszlo Erwin, "El Cambio Cuántico", ed. Kairos, Barcelona 2010, pg. 140. Dos veces nominado al premio Nobel.

[220] El antiguo Egipto (3500 a. C.) ya había identificado esa fuerza de cohesión que dio lugar al orden cósmico; según su saber, el *Maat* (principio antrópico) fue instaurado por *Atum,* dios Creador. *Maat* se interpretó tanto como el equilibrio universal como en la gravedad que permite el equilibrio (estar) de las cosas, el poder político del Faraón, y por tanto, la justicia social. Es decir, se trata de una fuerza que afecta también a todas las criaturas y todas las cosas terrenales, porque sin ella no pueden existir. Y en cuanto constituye el poder político del Faraón (dios), *Matt* representa la verdad y la conciencia.

se evaporaba al tocar las rocas, los volcanes emitían gases mortales formando una densa atmósfera que sumía en la oscuridad la belleza única de la creación.

Miles de milenios después y una vez se enfriaron los restos del estrago, el firmamento se fue despejando lentamente; todavía cubierto por el polvo del génesis, a través de un tenue resplandor, el sol llega a la superficie de la tierra iluminando con su crepúsculo las llanuras y montañas, que entre sombras se erguían alzando turbias fumarolas. Dentro del mar, una sustancia formada por diversos elementos se trasformaba para integrar los efluvios primeros, se movía por la agitación gravitacional que se iba atemperado lentamente por el día y la noche, por el sol y la luna, por el frío y el calor, en este entorno se fueron uniendo los átomos para organizar las primeras cadenas de aminoácidos. De la misma manera, el movimiento del mar y sus corrientes *disgregaron* las nacientes cadenas de aminoácidos acoplándolas en entornos específicos lo que contribuiría más tarde a producir la diversidad que conocemos. La sopa primordial de aminoácidos se organizó primero en forma de ARN y luego en ADN, produciendo las *cianobacterias*. En un evidente *proceso cuántico* (puesto que se realiza a partir del H_2O mediante electrones) denominado *fotosíntesis oxigénica*,[221] las cianobacterias iniciaron un proceso de *agregación fractal* que luego produjo los *estromatolitos* (formaciones vivas parecidas a la piedra) y en este proceso, liberaron mucho oxígeno, a partir del cual se organizaría después la atmósfera.[222]

El oleaje arrastró estos elementos primitivos, aminoácidos y cianobacterias, hacia los mantos terrestres que estaban conformados por diferentes componentes geológicos; las *arcillas* proporcionaron los medios para atraerlos *(atractor)* junto con otras partículas y moléculas permitiendo su combinación, a partir de la catálisis química de los elementos básicos (carbono, hidrógeno, nitrógeno, oxígeno) emergió sobre la tierra una célula de orden superior, la procariótica.[223] En este proceso, donde jugó un papel importante la adaptación mediante *homeostasis*, se fueron formando los primeros microorganismos unicelulares dando creación a una generación innumerable de protogérmenes, flagelos, seudópodos, microbios, bacilos y otros unicelulares, dotados de vida. Durante muchos milenios estas células se fueron especializando y se hicieron cada vez más complejas, pues transmitían la nueva información absorbida del entorno a su ADN, el cual se bifurcaría indefinidamente para dar

---

[221] En el mundo macroscópico este proceso emergió en la fotosíntesis de las plantas, también un evidente proceso cuántico, pues convierte la luz solar (fotones) en energía biológica. Las *cianobacterias* permitieron la organización de todos los ecosistemas terrestres y acuáticos.

[222] Hoy la ciencia acepta que sal, agua y otros aminoácidos llegaron del espacio exterior en meteoritos (Teoría de la Panspernia). Ver ¿What is Earth Made of?: http://www.history.com/.

[223] Para los sistemas vivos, la histología nos proporciona con mayor detalle estos procesos y componentes: en un primer grupo encontramos carbono, hidrógeno, nitrógeno, oxígeno, son indispensables para la formación de lípidos, glúcidos, proteínas y ácidos nucleicos. El segundo grupo contiene Na, Mg, P, S, Cl, K, Ca, desempeñan diversos papeles como: el Na, Cl, K; que constituyen las soluciones salinas. El Mg y Ca intervienen como elementos indispensables para ciertas reacciones enzimáticas. El P que interviene en la transferencia de energía. El azufre que interviene en los enlaces entre cadenas peptídicas en la proteína. El tercer grupo, o grupo de los oligoelementos, comprende: B, Si, V, Mn, Fe, Co, Cu, Zn y Mo, que son indispensables para el funcionamiento de las enzimas.
Tomado de: http://campus.usal.es/~histologia/basica/quimicas/quimicas.htm

paso a los organismos multicelulares que conforman la estructura de todos los seres vivos. Por su fractalidad, cada célula contiene el material viviente de un ser completo que puede reproducirse, está rodeada por una membrana que la protege del exterior hostil, es un ser único e independiente. La natura forjó su propia forma de vida, de donde *emergieron* las plantas y se engendró la vida orgánica e inteligente. No obstante, esa independencia, es evidente que unos organismos necesitan de los otros, de hecho, unos aparecen por la acción o simple existencia de los otros; por lo que esta independencia existe en cuanto cada organismo constituye una parte del todo orgánico; es decir, cada individuo es un co-individuo (yo-social), en cuanto pertenece a una red orgánica de especies sociales.

El salto de los organismos unicelulares a los multicelulares (en el Cámbrico, hace 600 millones de años) constituye el hecho emergente tal vez de mayor trascendencia para la vida; pues lo que en ese período se origina es un proceso de *trasferencia de fase* por la llegada de la evolución celular a *la frontera del caos*. Es decir, durante millones de años los organismos unicelulares se especializaron gradualmente hasta alcanzar un límite máximo que desbordó su propia complejidad, creando un nuevo sistema (sistema disipativo) que configuró una multitud y diversidad de individuos multicelulares, dando lugar a las especies. Lo asombroso de todo esto es que la estructura global (organización multicelular) surge de las reglas y características propias de las células independientes. Chris Langton lo pone en los siguientes términos:

Durante 300 millones de años, desde el momento en que la tierra se enfrió lo bastante, la forma más elevada de vida fue la célula. Es verdad que cierto grado de complejidad surgió hace poco más de 1000 millones de años, cuando las células adquirieron mitocondrias y desarrollaron núcleos limitados por una membrana. No obstante, transcurrieron eones de entumecedora repetición. Entonces, de repente y con un efecto espectacular, evolucionó la capacidad de diferenciación celular y de agregación de organismos multicelulares. Se produjo una explosión de nuevas formas, con una asombrosa diversificación de la complejidad.[224]

Los protozoarios se reprodujeron por fisión: la célula se divide en dos (+, -), creando el macho y la hembra; para dar luego lugar a la sexualidad primitiva: dos células se fusionan en una. Estas dos formas de disgregación básica, reproducción y sexo, persisten en forma encubierta en animales y plantas superiores.[225] Recordemos que una vez fecundando el ovulo -cigoto-, la célula inicia un proceso de división celular -*iteración*- denominado mitosis (división del núcleo) y citocinesis (división del citoplasma), que en realidad comprende la división exacta de la información genética que previamente se había duplicado durante la interfase del ciclo celular. La mitosis es un proceso auténtico de *fractalidad* en los organismos pluricelulares, que finalmente conlleva a la formación de *redes* en los seres vivos. Es decir, la fractalidad no sólo se manifiesta al interior de cada organismo, sino que constituye un conjunto de redes vivas que conforman toda la naturaleza.

---

[224] Roger Lewin, "COMPLEJIDAD, el caos como generador de orden" Ed. Metatemas. Barcelona, 2002. Pg. 31. Hay que agregar que Chris (citado) también asegura que la membrana celular, que constituye su límite, está en un estado intermedio entre líquido y solido; es decir, ¡permanece en la frontera del caos!
[225] Verne Grant, "Especiación Vegetal". Ed. Limusa, 1989.

Surge el movimiento de la vida, cuya característica es propia de los organismos multicelulares; la motricidad del *individuo* requiere la sinergia integral de las células, esta interacción se da a partir de una ordenación de conexiones químicas para luego dar forma a una suerte de red primaria eléctrica, que más tarde constituirá el sistema nervioso a partir del cual se comienza a gestar el cerebro. Somos el producto de una misma y única forma de materia (átomos) que al *iterarse* en conjunto da lugar a una infinita red de reacciones y sustancias químicas que producen la vida. El universo todo es un fractal viviente.[226]

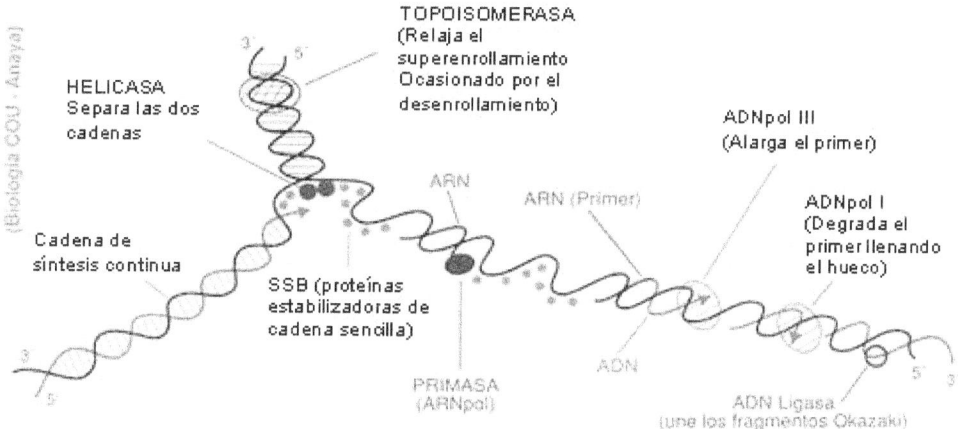

Bifurcación la red del ADN para transmitir su información genética al RNA quien la traslada a la síntesis de las proteínas permitiendo la emergencia de otros organismos. Según Watson y Crick las nuevas moléculas de ADN son formadas a partir de una hebra antigua y otra nueva. Esta auto-iteración, que incluye lecturas previas para realizar correcciones, es una propiedad fractal del genoma humano para alcanzar su emergencia y auto-organización.

Somos el producto de infinitas epiteraciones de la célula eucariótica que a través del *ADN tánden* se va replicando indefinidamente; por lo tanto, la humanidad también se puede interpretar, desde su fractalidad, en cuanto una hebra de la hélice produce otra dando vida, lo mismo que *unos* devoran a *otros*, así como lo hicieron los primeros proto-organismos con sus congéneres. La célula está sometida a la condición que tiene que comer para vivir y cómo la vida no siempre se obtiene consumiendo materia inerte, los organismos tienen que consumir materia viva para reproducir la vida. La antropofagia es progenética, los organismos vivos se levantan sobre una extraña paradoja, consumiéndose a sí mismos. En este sentido la violencia es natural, lo mismo que el poder político en cuanto se deriva del ejercicio de esa violencia; en un primer estadio, juntos son necesarios para *poder* comer a otros e impedir ser comidos, a esto se reduce las relaciones en los ecosistemas. Advertimos esta característica, no para justificar la violencia, sino para mostrar la existencia humana como el resultado de una profunda interdependencia; siendo uno, también somos el otro; se percibe

---

[226] Para complementar ver la brillante obra de Stuart Kauffman sobre la complejidad biológica.

una *voluntad de poder* que emerge como resultado de la misma finalidad de existencia.

ESCALA DE EMERGENCIAS		
	EMERGENCIA	DESCRIPCIÓN
T E N D E N C I A	Big Bang	Una singularidad donde reside el todo absoluto explota creando materia, espacio y tiempo.
	Universo Material	Mediante proceso de acreción la materia se organiza creando los fenómenos cósmicos, nebulosas, galaxias y sistema solar, entre otros.
	Universo antrópico	En algunos sectores el universo se organizó de manera que consolidó las condiciones necesarias para la vida.
	Sistema solar	En un lugar del universo se organiza el sistema solar, donde se consolida un campo de fuerza entre la tierra y la luna, reforzando el sistema antrópico.
	Planeta tierra	El campo de fuerza entre la tierra y la luna instaura periodos, cambios de temperatura, y fuerzas que produce el viento, la lluvia y el clima, organizando el entorno apto para la vida.
	Vida	Dentro del mar, las cadenas de electrones de nitrógeno y oxigeno se organizan creando los aminoácidos y primeros microbios.
	ADN	Los aminoácidos producen el ADN, en este proceso liberan oxigeno creando la atmósfera.
	Célula	El ADN produce las primeras células, que junto con la atmósfera, las arcillas y otras combinaciones producen la célula eucariótica y los protozoarios.
	Protozoarios	Organismos microscópicos, unicelulares eucarióticos cuya reproducción puede darse por bipartición o sexual por isogametos o por conjugación intercambiando material genético. Aparecen los primeros indicios de lo que será el sexo.
	Individuos multicelulares	Por el mismo proceso de acreción las células se confederan para organizar individuos superiores que se caracterizan por desarrollar el sexo, el cerebro y por tanto un sistema nervioso, que produce el instinto y los sentidos.
	Sociedades	La reproducción e interacción origina la aglutinación de individuos creando sociedades que desarrollan procesos especializados de autopoiesis.

Ecosistemas y meta-ecosistemas

Los ecosistemas están conformados por entornos vivientes plenos de biota, que permiten la reproducción de las especies; también constituyen un medio de transferencia de *energía* (alimento) y por la interacción vital que se produce, se origina un intercambio constante de *información*. En la medida que se van dando nuevas emergencias, van surgiendo nuevos componentes que enriquecen la biota, lo que significa que los ecosistemas se van transformando; la *paleobiología* y los *períodos geológicos* dan cuenta de estas transformaciones y emergencias donde la biota no sólo emerge, sino que, para sobrevivir, tiene que adoptar nuevas estrategias adaptativas. Es decir, a través de la información obtenida en la interacción, "aprende"; esta información es somatizada por el ADN para incorporarla en los nuevos individuos, dando como resultado la formación de la inteligencia.

La actividad humana produce sus propios entornos. En una primera etapa el intercambio de información y la alimentación se realizan directamente a través de los ecosistemas naturales (recolección y habla); en una segunda etapa, estos procesos se bifurcan porque se desarrolla la agricultura y aparece la escritura; posteriormente, dichos sistemas se especializan aún más porque surgen las vitaminas artificiales y los alimentos enlatados que permiten una mayor duración y almacenaje, mientras que la información trasciende los espacios locales con la implementación de la radio, la televisión y el teléfono y otras formas de tecnología mecánica. Dado que estas etapas constituyen nuevas formas de alimentación y transferencia de información, se establecieron nuevos estilos de vida que configuran nuevos *ecosistemas*. Pero, toda vez que estos *ecosistemas* emergen gracias a la transformación de la naturaleza mediante el trabajo organizado del hombre y tienen tecnología incorporada, los llamaremos *meta-ecosistemas*; el más importante de todos es en el que vivimos actualmente, sumidos en la tecnología digital, vivimos en una *nube de información* que configura la Internet, mientras que la *energía* corre por hilos y es canalizada por la ingeniería de alimentos mediante la aplicación de aditivos, colorantes, anabólicos y otros componentes sintéticos, y mediante la modificación de las semillas para producir alimentos transgénicos.

Cada una de las etapas anteriores transformó para siempre la sociedad, no sólo por la incorporación exógena de tecnología para modificar el entorno, sino que las transferencias de información asimiladas por la biota contribuyeron a la transformación endógena del ADN y por tanto, de la emergencia de la mente y la inteligencia. En esta última etapa, se vislumbran cambios sorprendentes, pues la decodificación del genoma permite enfrentar las enfermedades y perturbaciones que producirá la masificación de los transgénicos dado que éstos dañan el ADN, pues, llevan insertada forzosamente información artificial que produce señales bioquímicas erróneas que interfieren en la comunicación intercelular produciendo errores en la trascripción del código genético que posteriormente originarán mutaciones.

Ante este desafío y en cuanto el calentamiento global tiene un efecto que puede ser irreversible si no se detienen las causas que lo producen, lo más probable es que el ser humano intente abandonar el planeta para instaurarse en algún lugar del espacio exterior. Dado que tendrá que adaptarse al nuevo entorno y que controla el genoma, lo más acertado será que transforme su genética. Un espacio sin gravedad no requiere de una estructura como el esqueleto, por lo que se podrá prescindir de éste; tampoco se requieren los miembros inferiores puesto que, sin gravedad, no se podrá caminar, así que se puede prescindir de las piernas que posiblemente se sustituirían por más brazos. Los alimentos más eficientes serán aquellos que no produzcan residuos y requieran un menor proceso digestivo, por lo que el estómago podría ser alterado sustancialmente. Queda un individuo muy diferente al humano moderno, seguramente con una cabeza más grande, para alojar un cerebro de mayor capacidad o un ser digital. El hombre jamás volverá a ser como antes porque integrará otra cultura, seguramente conformará una sociedad más "científica", pero sin duda, menos *sabia* y menos humana, pues la interpretación musical, el paseo de río, el baño, el baile, los deportes o caminar por una playa serán conjeturas imposibles de imaginar en el abandono infinito que ocasiona otro cuerpo en la *ingravedad* del espacio exterior.

Redes vivas

El planeta tierra está conformado por redes internas de magma que se extinguen en cadenas de volcanes, por largas redes de ríos subterráneos, y por prolongadas redes de túneles y cavernas que permiten la circulación de oxigeno permitiendo que la madre tierra tenga vida propia. De la misma manera, las capas tectónicas y los minerales producen conjuntos pétreos de escarpados peñascos que conforman extensas cordilleras por las que bajan largas redes de quebradas y ríos bordeadas de cotas boscosas y tejidos de arbustos, por donde circulan, y se nutren, impacientes redecillas de hongos y bacterias que proporcionaron los primeros eslabones de la cadena alimenticia facilitando la aparición de manadas, cardúmenes, bandadas, jaurías, colmenas, colonias y un sinfín de redes animales que habitan la tierra. Igualmente, el océano está conformado por múltiples redes de corrientes acuáticas y la capa de aire comprende un sistema de fuerzas que producen redes de torbellinos, vientos y tormentas, dando como resulta el clima de Gaia y por tanto, la vida de los seres que la habitan.[227]

La red profunda de ADN también hizo el mismo trabajo al interior de cada organismo. Intrínsecamente somos una sucesión fractal de redes que va desde al ADN hasta las redes neuronales, pasando por el sistema nervioso y sanguíneo que no son más que redes fractales asociadas que solamente existen por la presencia de las otras, pues se crean y reproducen a sí mismas. Y que solamente pueden ser analizables en cuanto despliegan un conjunto de relaciones cuya finalidad consiste en extenderse permanentemente conformando la red infinita de la vida, o como diría Capra, conformando "la trama de la vida". Así que el individuo no constituye un ser autónomo, sino que sólo puede existir y comprenderse dentro del contexto de los procesos de toda la colectividad; es decir, estamos ante el *co-individuo*, en realidad el individuo (parte, órgano) único no existe.

Tales cadenas forman comunidades y éstas producen extensas redes de asociaciones que dan como resultado la realidad natural que conocemos en los seres vivos y sus fenómenos. Las redes sociales de plantas, animales y hombres actúan como la red de neuronas que conforman el cerebro; las redes yuxtapuestas de todos los seres vivos dan forma al cerebro de Gaia, somos la red neuronal del planeta. Entonces, somos uno con los demás, uno con el entorno, somos uno con los procesos que permiten la existencia de la vida y de la madre Gaia; por ende, la co-relación del co-individuo para la autopoiesis se debe fundamentar en la búsqueda de una ética para la vida, para la coexistencia y el bienestar, en el logro de redes ecológicas que cambien la práctica individualista por una conducta mutualista, fundamentada en que todos somos el mismo *continuum* y lo que haga uno u otro, tarde o temprano nos afectará a todos.

---

[227] Ver la hipótesis de Gaia, del químico James Lovelock. En la actualidad sustentada por la bióloga Lynn Margulis.

La Biosfera[228]

Entendemos por biosfera *otra forma de vida* dotada de inteligencia natural y que constituye el útero de la naturaleza terrestre; comprende el planeta Gea con su núcleo de magma y manto, la corteza terrestre y la burbuja de aire que la cubre. La biosfera está conectada al cosmos ulterior por un *cordón umbilical* representado en su extrema dependencia del sol, de la luna y de los meteoros, la tendencia gravitatoria de Gaia al vórtice de la Vía Láctea y demás energías extrañas -inteligentes o no- venidas del cosmos y que pueden afectar la vida terrestre.[229] En un polo la tierra tiene carga negativa y en el otro carga positiva, con el fin de garantizar las condiciones que requiere la reproducción de la vida, actúa como un poderoso imán para atraer la luna y distanciarse del sol lo suficiente para que éste no queme los seres terrestres. Para protegernos de la inducción solar, el planeta se recubre con energía magnética y emite radiaciones electromagnéticas que afectan la vida y el clima terrestre, al combinarse con los rayos cósmicos las radiaciones electromagnéticas forman la *aurora boreal*, la cual emite su propio sonido sin que exista explicación alguna (vibración, tendencia); se trata en realidad de una presencia viva?, ¿del sonido planetario de la tierra? Las partículas que traen los rayos cósmicos son de diferentes especies, las hay materiales y cuánticas; sin que sean percibidas y dada su reducida dimensión atraviesan los cuerpos impactando el ADN y originando mutaciones, en realidad, de este azar surgieron mutaciones que posiblemente influenciaron la formación de las especies y las *evoluciones* que presenciaremos en el futuro.

La relación entre el magnetismo y los rayos cósmicos afectan el clima originando eventos extraños que se presentan en formas de luces extrañas (duendes, sprites, elfos, blue jets, entre otros fenómenos); por tanto, desde el ADN hasta el clima los rayos cósmicos también afectan las plantas y los animales. Lo que significa que estamos inexorablemente atados al cosmos, más que a la tierra nuestro entorno cósmico es una realidad constante que tiene poderoso efecto en nuestras vidas y en la vida de la sociedad. Sin embargo, la luna produce el efecto más importante en la tierra ya que su fuerza gravitacional es casi 2.2 veces mayor que la del Sol, y su presencia ralentizó la rotación terrestre. Antes de la presencia de la luna la tierra tenía un día de seis horas, lo que hubiera impedido la formación de vida tal como la conocemos. La tierra giraba sobre su eje perpendicular, lo que significa que no había posibilidades de que existieran las estaciones, pero el choque de un meteorito inclinó la tierra y creó la luna, la cual se quedó girando alrededor reduciendo a la vez la velocidad de rotación y permitiendo la aparición de la vida.

El magnetismo, la energía y las ráfagas del sol, en combinación con los movimientos de rotación y traslación, impactan sobre la tierra produciendo vientos periódicos, los que a su vez inciden sobre la superficie del mar

---

[228] Hacemos una breve descripción del modelo terrestre, pero analizar todas las complejidades que se producen en sus sistemas y redes, es un trabajo imposible. El lector comprenderá la alta complejidad que este modelo encierra, y sobre todo, percibirá cómo el principio antrópico termina por transferirse, para forjar al hombre y su cultura.

[229] La interdependencia. Según investigaciones dentro de 7.500 millones de años, el planeta será absorbido por un agujero negro (atractor) que está activo en el centro de nuestra galaxia.

contribuyendo, junto con la influencia de la luna, a formar las corrientes marinas. El viento ejerce una fuerza de fricción -hasta cien metros de profundidad-hacia abajo sobre la superficie del mar originando el oleaje, a esta tendencia se suma la fuerza de Coriolis -dada por la rotación-, que actúa de manera perpendicular en el ecuador, pero que en el hemisferio norte tiene tendencia a la derecha y en sur hacia la izquierda -dos bucles-; la fuerza gravitacional de la luna hace otro tanto, al pasar sobre el mar jalona hacia arriba las aguas[230] arrastrándolas más allá de los límites costeros produciendo la marea alta/baja que da forma acabada al sistema complejo que proporciona movimiento al mar y éste, junto con los vientos y temperaturas, influyen sobre las costas conformando el clima terrestre. La radiación solar aporta el calor calentando las aguas, las cuales producen vapor, conformando las nubes que luego caen en forma de lluvia para alimentar a plantas y animales. Por muchos millones de años, este sistema maravilloso se estabiliza y se atempera creando un patrón periódico y dando lugar a ciclos constantes que favorecen la aparición del ADN, del cual posteriormente emergería la célula eucariótica.[231]

Las erupciones volcánicas siempre han sido vistas como terribles y espectaculares eventos destructivos de la naturaleza; pero en realidad los gases expulsados contribuyen a la formación de la atmósfera y la lava, el basalto y las cenizas expulsadas han creado nuevas islas y extendido los continentes. A partir del orden/desorden la corteza terrestre da lugar a la creación de vida. Determinadas bacterias, al integrarse en su seno huésped en forma de mitocondrias se mutaron en células eucarióticas, que se confederaron formando seres policelulares. La aptitud confederadora permitió la formación y desarrollo de los vegetales y animales, asociándose en bandas, manadas, cardúmenes, tropas y sociedades. Luego las interacciones entre unicelulares, vegetales y animales organizaron los ecosistemas, que perfeccionaron la biosfera.

La burbuja está formada por diversas cubiertas de aire necesario para la vida de los seres vivos; el hombre y los animales respiran oxígeno y exhalan bióxido de carbono, las plantas captan el bióxido de carbono y expelen oxígeno, logrando así mantener el equilibrio. La atmósfera llega a más de 400 kilómetros por encima del manto terrestre, la troposfera es la capa más próxima donde se halla el aire que respiramos, en ella se presentan fenómenos meteorológicos como el viento, la lluvia y la nieve; le sigue la estratosfera que contiene la capa de ozono cuya presencia impide el ingreso de los rayos solares, cuyo efecto es nocivo para la vida; con menor incidencia sobre la vida, luego siguen la mesosfera y la termosfera. Sin la atmosfera el cielo no sería azul.

Sin la energía del sol y sin el efecto de la luna la tierra sería un lugar deshabitado, frío y oscuro. No obstante, la combustión solar origina diferentes tipos de emanaciones energéticas que, de ser recibidas por los seres vivos

---

[230] En tierra, la fuerza de la luna jalona el crecimiento de las especies, vegetales y animales se yerguen sobre la tierra.
[231] Sabemos que el comportamiento de algunos animales y el crecimiento de las plantas (cosechas) obedecen a los ciclos lunares. Igualmente, está comprobado que la luna influye en el comportamiento de los individuos, se han realizado estadísticas cuyos resultados demuestran que durante la luna llena se incrementa la criminalidad y los comportamientos lunáticos.

pondrían en peligro su existencia; las diferentes capas de la atmósfera van depurando estos rayos haciéndolos rebotar por reflexión e impidiendo su ingreso al manto terrestre, la capa de ozono nos protege de los rayos ultravioleta B (los más dañinos). Si quitamos uno de estos elementos el hombre se transforma o desaparece, porque la biosfera es una extensión terrestre de las leyes antrópicas, lo que nos induce a pensar que la tierra tiene su propia conciencia (qualina) al *colapsar* todo el complejo programa que ejecutó las condiciones favorables para la vida. El hombre es una consecuencia y extensión natural de la biosfera, la biosfera lo es del planeta y el planeta es el resultado de la acción del principio antrópico. Del caos primigenio surge el desorden y el desorden en evolución va dando forma a un orden que lentamente se va perfeccionando para dar forma a la vida. Somos una sucesión de emergencias adaptadas en cada nivel de la vida.

El poderoso azul del cielo no es mitigado por la deslumbrante luz solar, el movimiento atemperado del mar y del viento que proviene de la lejanía, el suave calor, los dulces vientos, el color de las flores, la imponencia de las distanciadas montañas, el sabor de una fruta, el sonido del mar, de los árboles y el trino de los pájaros, la apacible arena bajo los pies como las mullidas nubes en lo alto, son sin duda un espectáculo mágico que invade nuestro ser de exultación y humildad. La existencia, la conciencia de *ser*, la tierra y la vida en toda su dimensión son un misterio aún más extraño. Frente a tanta maravilla y en la soledad de su especie, el hombre primitivo tuvo que conmocionarse interiormente excitando su espiritualidad, para luego pensar en la existencia de un supuesto creador, de donde surgió el mito. La emoción de vivir, su condición humana, el hecho de pensarse seleccionado por un ser superior para disponer de este paraíso, la impresión de ser el animal más inteligente y guardián de la natura lo indujo a organizarse. Seguramente en una fase primigenia, ante el temor de la noche, del hambre, de la soledad y de los peligros enloqueció imitando a los animales, a los vegetales y los sonidos del viento, pero en una fase posterior esta anarquía lo llevó a la organización. Entre la valentía y el temor, entre el hambre y la satisfacción, entren la dicha y la desolación se fue haciendo hombre, pero tal vez el hecho más significativo fue conocer el amor por otro miembro de su especie, por sus hijos y sus padres y superar el duelo por la muerte de los seres queridos. El asombro por la vida maduró la sociedad primitiva porque contribuyó a formar su cultura y a imponer las reglas necesarias para lograr la asociación, con el fin de enfrentar el caos que lleva incorporada la inevitable tendencia hacia la muerte.

Entonces, inevitablemente emerge la cultura.[232] Toda organización social está sujeta a la relación con las condiciones iniciales de su entorno. Ahora, toda vez que la carga de información que representa la naturaleza es tan alta -no sólo por lo que se percibe sino también por lo que no se conoce-, es evidente que el medio ambiente constituye la principal fuente de factores que originaron la conformación de la cultura humana; de esta manera, el principio antrópico a través de la biosfera llega a moldear la existencia humana y posteriormente la conformación de la sociedad. Es decir, sin el complejo sistema antrópico que

---

[232] En realidad, se procede de los efectos del principio antrópico, es el resultado del *proceso adaptativo* que configura el universo, y que como resultado del mismo también organiza el mundo social de los hombres, la cultura por esencia es *semiosis, sentido e identidad*.

conforma la biosfera no existiría ni la cultura ni la sociedad humana tal como la conocemos. La forma en que se ordenaron los primeros elementos, los medios que crearon y utilizaron, la individualidad que fueron tomando, los órdenes adaptativos mediante los que fueron emergiendo, toda esa acción de la *qualina* ya eran las bases y trazas de la cultura. La cultura es progenética. Pero aun yendo más atrás, es lógico deducir que la cultura es el mismo principio antrópico, apropiado *(colapsado)* en un orden superior. Es como si pre-existiera.

En lo orgánico el individuo está sometido a las leyes de las tres grandes ciencias: la física, la química y la biología; la primera relacionada con la energía, la segunda relacionada con la materia y la tercera con los organismos vivos. La gravedad, cuyo fenómeno originó la estructura ósea entre otros condicionamientos, y la biología, en cuanto la formación del embrión está sujeta a procesos bioquímicos que le permiten crecer y volverse hombre. Pero, el individuo siempre se encontrará en estado de no-equilibrio, porque al cambiar las condiciones físicas y biológicas del entorno él debe nivelarlas; lo que significa que depende del entorno de donde obtiene el alimento y todos los recursos necesarios para vivir. En la misma situación están todos los seres vivos, plantas y animales, no obstante éstos, junto con los fenómenos de la naturaleza (lluvia, vientos, fotosíntesis, la gravedad, etc) forman un complejo macrosistema llamado *biosfera*, el cual está vivo y mantiene relación simbiótica con el hombre.[233] Si la biosfera se enferma el hombre será afectado, si el hombre en su acción antrópica genera contaminación entonces la biosfera será afectada de manera negativa, efecto que será regresado luego al hombre. Es decir, dados los principios de impermanencia e interdependencia, el hombre es el único responsable de la salubridad de la biosfera, en ese sentido es responsable del todo natural, en cuanto la biosfera influye sobre todo organismo vivo o inerte que forme parte de la naturaleza, incorporando, no sólo el planeta, sino también el entorno cósmico inmediato.

Dentro de los desastres provocados por la cultura del capitalismo se encuentra la contaminación del aire provocada por la ignición de combustibles fósiles como gas natural, carbón y petróleo, cuyos residuos generan lluvia acida y gases que retienen el calor en la atmósfera; ya está comprobado que los polos se derriten originando un crecimiento antinatural del nivel de los océanos poniendo en peligro la vida humana. Otro contaminante son los clorofluorocarburos (CFC) y el metilbromuro que han roto la capa de ozono originando un excesivo calentamiento global que producen cambios nocivos en el clima dando lugar a fenómenos meteorológicos extremos como huracanes, inundaciones y sequías, lo mismo que afectando las cosechas y la vida animal. En este marco de devastación el esperma humano también está en decadencia por el consumo de alimentos sintéticos y transgénicos y por la absorción de contaminantes. Estas consecuencias están asociadas con la generación de hambre y muerte, pues el agua pronto escaseará poniendo en peligro la vida e incrementando el conflicto. En la era cumbre del "progreso" capitalista, somos los únicos que nos oponemos a la vida, porque hemos alterado el curso de su

---

[233] Ante esta estrecha relación en 1920 Vernasky propuso una teoría del a Biosfera.

realidad. Universo, hombre y biosfera son inherentes, son un sólo individuo, que interactúa y se correlaciona entre sí; ésta es la verdadera esencia del principio de impermanencia, y por tanto, sobre el que debe construirse cualquier teoría sobre el hombre y la sociedad. La vida biológica y la sociedad son una pequeña red del cerebro cósmico.

La hipóstasis como unidad

Como hemos visto atrás, la complejidad humana reside en que el individuo es sujeto único en cuanto es todo.[234] En este sentido el individuo replica el modelo dualista del universo: es quántico y determinista, es materia y energía, es alma y cuerpo, alter y ego,[235] es la complementariedad del todo y el uno. El individuo está separado por su diversidad, pero paradójicamente, ésta misma lo une para crear un tercero único; esté fenómeno es inherente a la realidad física puesto que sin diversidad el individuo -y las cosas- no lograrían hacerse a una identidad propia, y viceversa. Igual que en el modelo universal, cuyo determinismo es un atributo visible y externo al individuo, el hombre mismo lo percibe a través de dispositivos internos -*mente/conciencia*- para cuestionarlo, comprenderlo, y hacerse una realidad; el individuo emerge como un derivado del entorno, pero al mismo tiempo es profundamente intrínseco.[236] La complejidad humana está atada a este dualismo cuya paradoja es completamente normal si partimos del hecho de que los extremos o contrarios son es sí la misma cosa, pues la energía no puede existir sin sus dos cargas inversas (positiva y negativa) para dar aliento al ímpetu de la energía. En el hombre vuelve a aparecer esa trinidad, siempre hay dos partes que se complementan en una conjunción de realidades diversas, para dar vida al individuo, el tercero.

Esta configuración *(individuo-ser quídam)* necesariamente tiene que ser así; es decir, existe como resultado de la sinergia intrínseca de la materia subatómica. Puesto que es energía cuántica, el alter no puede revelarse en la realidad material; por eso no agota la realidad del mundo macroscópico, donde es percibido como una luz -ectoplasma-, no como un ente material. Tampoco podría un hombre ser sólo ego, pues estaría incapacitado para imaginar, para amar, para intuir; sería un ser dominado por su propio mundo y condenado al estancamiento; estaría incapacitado para evolucionar intelectual y culturalmente, un montón de carne y huesos, y en el mejor de los casos un animal

---

[234] En principio parece un absolutismo, por lo que hay que aclarar que la dualidad aquí aplicada es diferente a la dualidad de Descartes. Aquí usamos la dualidad cuántica, donde energía, materia y conciencia son una sola cosa, advirtiendo que la conciencia es el resultado de las dos anteriores.

[235] Traemos esta concepción dualista del hombre porque es vital para desarrollar posteriormente el concepto de *Fractal Social*. Con otra connotación, los griegos y luego Descartes plantearon esta dualidad alma-cuerpo. Niklas Luhmann y antes Talcott Parsons han expuesto los conceptos de *alter* y *ego* como componentes inherentes al poder, y en el caso de Luhmann, necesarios para explicar el papel de la comunicación en el ejercicio de éste, ver su obra "Poder". Como veremos posteriormente, la facultad *alter/ego* no es exclusiva de los individuos, también los fractales sociales la ostentan.

[236] Así como "en la vida anímica individual parece integrado siempre, efectivamente, "el otro", como modelo, objeto, auxiliar o adversario, y de este modo, la psicología individual es al mismo tiempo y desde un principio psicología social" Freud, en su texto "Psicología de las Masas y Análisis del Yo".

primario -como las bestias-, pero nada más. El hombre en principio es una combinación de entes: cerebro y espíritu, inteligencia y alma, instinto y conciencia, y luego, es alter-ego. Pero en últimas, es un ser que surge como resultado de la dialógica[237] de estas entidades, extrañamente simétricas y antagónicas puesto que una es inteligente y la otra torpe; la una es materia y la otra quantum, la una ama en la plenitud y la otra se satisface en la llenura. Ese indisoluble antagonismo, imposible de desatar, se integra en el hombre, por esta razón *el hombre es también lo que no es* (Morin), característica que causa su complejidad. Esta simbiosis inextricable da origen a un ser ininteligible, pues las partes, que por momentos están aliadas o son antagónicas, dan origen a un tercero (individualidad), ser superior al conjunto de los dos primeros, pues somos más que materialidad fisiológica. El hombre en sí es una hipóstasis y en este fenómeno reside su complejidad.

Si el individuo es un ente complejo desde el punto de vista estructural, desde su funcionalidad lo es aún más. Es absurdo que con semejante calidad de elementos interactuantes el hombre se reduzca a su débil y mortal cuerpo, unificándose alrededor de la racionalidad de la inteligencia que proporciona el cerebro como materia orgánica. Como resultado de la ineludible inherencia entre estas dos partes, la conciencia y la mente se acoplan. No hay un órgano definido donde se realice tal vínculo, llamaremos a esta integración *la Qualia*. La Qualia constituye la conexión que se da entre el cerebro y la conciencia, entre el mundo quántico y el mundo macroscópico (orgánico), juntos disponen de energía, el primero es mera energía cuántica y el segundo genera (no es) electricidad. Esta conexión ha sido percibida por los científicos sin que obtengan una explicación definitiva:

"Muchas clases de neuronas del sistema nerviosos están dotadas de tipos particulares de actividad eléctrica intrínseca que les confiere propiedades funcionales características. Esta actividad eléctrica se manifiesta como variaciones diminutas de voltaje (del orden de milésimas de voltio) a través de la membrana que rodea la célula (la membrana plasmática neuronal) (Llinás, 1988). Estas oscilaciones recuerdan las ondas sinusoidales que forman suaves ondulaciones en aguas tranquilas. Como veremos más adelante estas ondulaciones tienen la característica de ser ligeramente caóticas (Makarenko y Llinás, 1988), es decir que muestran propiedades dinámicas no lineales, lo cual confiere al sistema, entre otras características, una gran agilidad temporal. Dichas oscilaciones de voltaje permanecen en el vecindario del cuerpo y en las denteritas de la neurona, su rango de frecuencia abarca desde menos de una a más de cuarenta oscilaciones por segundo y sobre ellas, en particular sobre sus crestas, es posible evocar eventos eléctricos mucho más amplios, conocidos como potenciales de acción. Se trata de señales poderosas que pueden recorrer grandes distancias y que conforman la base de la comunicación entre neuronas."[238]

De este magnífico párrafo resaltamos los términos: ondulaciones caóticas y propiedades dinámicas no lineales, porque éstas son características propias de la energía cuántica; las partículas cuánticas se presentan en ondulaciones, como una cuerda, y no son predecibles ni mensurables por la forma caótica de su

---

[237] Definido por Edgar Morin como la unidad compleja entre dos lógicas, entidades o instancias complementarias, concurrentes y antagónicas que se alimentan la una a la otra, se complementan, pero también se oponen y combaten. A distinguir de la dialéctica hegeliana, en Hegel las contradicciones encuentran solución, se superan y suprimen en una unidad superior. En la dialógica, los antagonismos permanecen y son constitutivos de entidades o fenómenos complejos. Ver "El Método V", Pg. 333.

[238] Rodolfo Llinás, "El Cerebro y el Mito del Yo". Ed. Norma, 2003. Pgs. 11 y 12.

comportamiento lo que significa que no poseen un comportamiento lineal, por esta razón los científicos no han podido medirlas, pues son energía taquiónica. Sigamos a Llinás, quien posteriormente agrega: "una de las propiedades fundamentales de las neuronas es la capacidad de modificar la actividad eléctrica oscilatoria, de tal manera que en un momento dado pueden oscilar o no oscilar." (pag. 15). El científico dice "capacidad de modificar", esta no es una característica o propiedad (las que se asignan a las cosas u órganos), se trata de una atribución, de una facultad, de una virtud, estos términos se asignan a *entidades analíticas*, como la conciencia la cual discierne y *decide* cuándo oscila y cuándo no. Es decir, esta facultad no es orgánica, no es cerebral, es cuántica. Lógicamente, el pasaje continúa afirmando: "De lo contrario las neuronas no serían capaces de representar la realidad del mundo externo, siempre en continuo cambio".[239] Es evidente, porque las neuronas por sí solas, son mera estructura.

Llinás posteriormente, presenta argumentos científicos para demostrar cómo se forma el pensamiento a partir de la actividad eléctrica de las neuronas que se manifiestan en oscilaciones; en los picos de estas oscilaciones se presentan descargas eléctricas mayores que son la base de la comunicación interneuronal, "grupos de neuronas oscilan para comunicarse con otros sectores neuronales creando una especie de resonancia que, junto con la información que llega a través de los sentidos, da lugar a la mente, la que a su vez muestra uno de los estados generados por la sociedad de neuronas que llamamos cerebro";[240] no obstante, Llinás no es claro en la formación de la conciencia, inclusive duda de su existencia porque no tiene sustrato biológico, "...sospecho que aún en los niveles más primitivos de la evolución, la subjetividad es la esencia constitutiva del sistema nervioso. Como corolario obvio de tal sospecha, pienso que la conciencia, como sustrato de la subjetividad, no existe fuera del ámbito de la función de sistema nervioso o de su equivalente no biológico, si es que tal cosa existe".[241] El científico acepta que la mente es virtual, o que nos hace vivir cierta realidad virtual pero no dice lo mismo de la conciencia, no lo afirma porque no puede demostrarlo, ni podrá probarlo porque la conciencia es una entidad cuántica, que puede estar presente en una célula o en todo el cuerpo a la vez, y que por su fractalidad, es y no es, siendo también el todo y la nada. Esta característica intrínseca diversifica al hombre biológico haciéndolo complejo en su definición, pues la transferencia de información, la existencia de una entidad como la conciencia, pensada con la racionalidad cartesiana y newtoniana, debe disponer de un sustrato orgánico que la sustente y le de vida, lo que hace imposible su factibilidad.[242]

Freud, aunque profundizó en el inconciente, supo que no llegó al sustrato que deseaba por lo que dejó abierto el paso a otra interpretación de la conciencia "...la diferencia de lo conciente y lo inconciente es en último término, una cuestión de percepción y puede resolverse con un sí o un no, y el acto de la

---

[239] Llinás descubrió el fenómeno quántico en interacción con la materia viva.
[240] Ibidem. Ver capítulo 4, "Las Células Nerviosas y sus Personalidades"
[241] Ibidem, pag. 131.
[242] El físico Erwin Laszlo, también escribió sobre la incidencia cuántica en el cerebro y la mente, ver su obra "El Cambio Cuántico", Ed. Kairós. Barcelona 2010, pg.144.

percepción no da por sí mismo explicación alguna de por qué razón es percibido o no percibido algo. Nada puede oponerse al hecho de que lo dinámico sólo encuentre en el fenómeno una explicación equivoca."[243] Prácticamente el párrafo no requiere explicación, *un sí o un no* es algo indeterminado que, como él lo menciona, no tiene explicación alguna. Pero hay más, el padre del psicoanálisis reconoce el contacto del yo con lo que podríamos llamar una conciencia o gnosis oculta "...tenemos pruebas de que incluso una labor intelectual sutil y complicada, que exige, en general, intensa reflexión, puede ser también realizada preconscientemente sin llegar a la conciencia. Este fenómeno se da, por ejemplo, durante el estado de reposo y se manifiesta en que el sujeto despierta sabiendo la solución de un problema matemático o de otro género cualquiera vanamente buscada durante el día anterior";[244] lo que demuestra que la conciencia opera aún durante el sueño, en otro intervalo ajeno a la conciencia habitual, por lo que la conciencia se mantiene despierta y viva en el estado onírico y como lo veremos más adelante, durante la muerte.[245]

La conciencia individual, mediante la introspección, nos permite percibirnos en cuanto individuo único; lo que significa que aporta la comprensión de que el individuo es protagonista de su vida y responsable de sus actos, según su percepción ética del entorno. Es por esta razón que sin conciencia no hay individuo "perfecto" para la autopoiesis, sin ésta lo que obtendríamos sería una bestia psicópata. La conciencia universal, es por esencia el fluir de la interdependencia universal que se manifiesta como un campo propagándose (función de onda) a través de una onda carente de realidad intrínseca. Matthieu Richard (2001), la compara con el movimiento del agua: "Cuando observamos el oleaje en el mar, podríamos imaginar que grandes masas de agua se desplazan. Ahora bien, no pasa nada. Las partículas de agua describen círculos cuando la ola pasa, pero no viajan con ella". Si, el agua se mueve, la ola pasa, pero siempre el agua está ahí, abarcándolo todo. A Richard lo complementa Thuan: "Por eso una botella en el mar no es transportada por las olas cuando pasan. Sólo realiza un movimiento vertical desde la parte inferior hasta la cresta de la ola. Se propaga una onda, pero no transporta ninguna materia". Es como un devenir inmutable, que se presenta a partir del fluir que implica la interdependencia y del hallarse en agitación que implica la impermanencia. Esa conciencia universal, explicaría las variables ocultas, la intuición, la premonición, los principios antrópicos, etc., porque ésta está en todas las cosas y en todos los espacios y tiempos, una conciencia universal.

Con frecuencia nos referimos a la energía del otro, o decimos que *esa persona tiene buena onda*, porque percibimos la irradiación de la conciencia de los demás. Así ellos no sean conscientes de su conciencia, de todas formas, hay una emisión que los caracteriza. La interacción de estos dos componentes debe diferenciarse: el "yo" es inteligencia/individual, la conciencia es autorreferencia/universal. Esta falta de claridad ha llevado a confundir la

---

[243] Sigmund Freud, OBRAS COMPLETAS, "El Yo y El Ello". Tomo III. Ed. Biblioteca Nueva. 1° edición 1996. pg. 2703.
[244] Ibidem, pg. 2709.
[245] Ver la entrada "Sobre La Muerte y sus Experiencias Cercanas".

actividad del uno con la presencia del otro, por lo que se piensa que la actividad cerebral produce estados emergentes que se identifican erróneamente con la conciencia, (ver más adelante el experimento de Libet). Las diferentes perspectivas que asume el cerebro frente a la realidad implican que la *conciencia* se posesione y asuma análogas condiciones.[246]

Identificamos cuatro formas de expresión de la conciencia o mejor *"ramificaciones"*, porque no constituyen jerarquías. Reiteramos que la conciencia es una sola, pero como un árbol despliega ramas según las condiciones.[247] Aunque la conciencia es una sola y único fenómeno universal, presentamos esta distribución en cuanto tienen incidencia con la perspectiva fisiológica o por su interacción con otras entidades.

La conciencia eidética

Es de origen cuántico, es una sola entidad, es el principio y el fin, crece de límites, es el Todo universal. Constituye el reino de la información que subsiste en la función de onda universal y que se expresa en el principio antrópico y en la vida. Es un *campo cuántico,* vasto e infinito, fuente de energía y materia que da origen a la realidad y a la ley antrópica. Constituye el espíritu del kosmos, por lo que percibe el fluido de la interdependencia universal. No tiene valor ético, pues constituye tanto el bien como el mal; pero por esta misma razón entraña qué es lo conveniente y bello para el hombre, por lo que de allí se originan los valores éticos y estéticos; cuando el individuo accede a ella sufre una poderosa transformación hacia estados virtuales plenos de justicia, paz y armonía. Su acceso requiere meditación, por lo que no todos los individuos la tienen desarrollada. Sólo a través suyo se realizan los contactos con el universo platónico. Percibe la realidad compleja que subyace en la realidad inmediata, es intuitiva y premonitoria. Es creativa, imagina y comprende, por lo que le permite al individuo acceder al universo platónico. Es el logos por excelencia. Se contacta más con aquello absoluto que con lo material. Más felicidad contra satisfacción; más valor de uso contra valor de cambio, más justicia contra la iniquidad. Podemos compararla con el alma o espíritu profundo del que hablan las religiones.

La Protoconsciencia

Proviene de la qualina y se configura durante la formación de las primeras células vivas en su relación con el entorno, se formó como dispositivo de alarma ante los depredadores, por lo que es de índole instintiva. Es básicamente autorreferencial; en esa primera fase identificó el medio a partir de vibraciones y señales, con lo que fue posible ubicar el sí mismo respecto a los demás sujetos y

---

[246] Se debe diferenciar entre *conciencia* y *cons_ciencia*; la primer es universal y la segunda es formada en el cerebro como producto de la interacción de la mente y el sistema nervioso con el cuerpo y el entorno. Sin embargo, en aras del enfoque holista que persigue este libro siempre utilizaremos la palabra *conciencia*.

[247] La conciencia de un extraterrestre tendrá el mismo origen universal que la conciencia de un humano, pero se ajusta a las condiciones de su "bilogía" y de su entorno, conformando otras ramificaciones.

objetos en el espacio, esta cualidad permitió el movimiento de los primeros microorganismos. En un segundo estadio registra la realidad lineal y simple, desconoce el tiempo, pero tiene ritmos propios y controla el espacio -territorialismo-. Hoy, aunque interactúa con un lenguaje más complejo, no trasciende la realidad inmediata; es rudimentaria en cuanto tosco sigue siendo la parte de nuestro cerebro que heredamos de los protozoarios, o de los peces, pero en realidad ésta proviene de aquellos. La protoconsciencia se encuentra en todas las células vivas del cuerpo.

La consciencia nomotética o auto-conciencia.

Tiene origen en la integración neuronal. La consciencia nomotética es lógica porque se activa en el córtex cerebral. Constituye el Uno, el individuo único e independiente.[248] Los últimos descubrimientos de la ciencia revelan que la conciencia emerge como resultado de la evolución humana (cuando ésta alcanza la frontera del caos); por lo que ésta está más cerca de la mente -no por su proximidad física sino por sus características-, cuando la eidética está activada, obtiene información de ésta para trabajar junto con el cerebro, desde allí percibe y penetra el entorno, es introspectiva, analítica, tiene capacidad de discernimiento frente a lo mundano y material. Surge a partir de la geometría, las matemáticas y en general del pensamiento positivista. Produce conceptos y evoluciona junto con la *episte*. Se contacta más con aquello material que con lo absoluto. Percibe interés y desea riqueza. En consecuencia, esta forma de conciencia sirve de sustrato de evocación permanente en cuanto se impregna de los actos y hábitos cotidianos que luego influyen en nuestra forma de actuar y pensar (Matthieu Richar), entrando a formar parte adyacente del yo. Tiene predisposición a justificar y satisfacer los deseos del instinto.

La consciencia colectiva o sintética

Constituye una extensión de la consciencia individual en cuanto el hombre -por interdependencia- es un ser social que produce, vive, modifica y *cree* comprender su realidad social. Esta *creencia,* que por definición no es objetiva, en cuanto no-objetiva es *sintética*. Del mismo modo, el hecho de que la individualidad social sea un ente abstracto, carente de una mente única, cuya materialidad orgánica está atomizada, pone *en tela de juicio* la unidad que se requiere para la *cognición* y la autoreferenciación, máxime donde las diferencias que caracterizan la divergencia de la nación, fragmentan aún más dicha unidad.

---

[248] Schrödinger afirmó: "La conciencia jamás se experimenta en plural, sino sólo en singular. Incluso en casos patológicos de conciencia escindida o doble personalidad, las dos personas se alternan, nunca se manifiestan simultáneamente. En los sueños creamos al mismo tiempo diferentes personajes, pero no de una forma indiscriminada: el yo se identifica con uno de ellos, y desde él hablamos y actuamos, mientras tal vez aguardamos ansiosamente la respuesta o la intervención de otro de los personajes, sin darnos cuenta de que es uno mismo quien controla sus movimientos y su discurso igual que hacemos con el propio." Ver "Cuestiones Cuánticas: escritos místicos de los físicos más famosos del mundo", recopilado por Ken Wilber. Ed. Kairós. Barcelona, 2009. Pg. 151.

Por tanto, desde un punto de vista macro, la consciencia colectiva constituye un ente sintético, imposible de identificar plenamente; pues, con la cultura ancestral se amalgaman *coexistiencias* en las profundidades de la sociedad para dar forma al *espíritu* abstracto de la nación -incluyendo los arquetipos de nuestros antepasados, (ver el Fatum Leviatán). Habita en la frontera del caos.

Conciencia y función de onda

Ya sustentamos que dada la inclusión de todo lo probable e improbable en la función de onda, esta contiene toda la información y por tanto, constituye la conciencia universal. Pero para el mundo macroscópico podemos hilar un poco más delgado, pues la función de onda describe el desplazamiento de las partículas en un espacio determinado, a éstas se les puede asignar un *paquete de ondas*, que las representan, o que son ese conjunto de partículas en sí. Un paquete de ondas es una yuxtaposición de ondas que forman una *pulsación* con tendencia a dispersarse, y que se desplaza de modo relativamente compacto en el espacio. La ecuación de Schrödinger explica el movimiento de dichos paquetes. Dado que la conciencia observadora es quien colapsa la función de onda de Schrödinger y que ésta incluye tanto lo probable como lo improbable, es lógico sostener que la conciencia constituye en sí una función de onda, que en realidad no se desplaza en el espacio, sino que está en el espacio-tiempo o que es el todo en sí mismo.

En los comienzos de la teoría cuántica, Schrödinger desarrolló una ecuación que explica la propagación temporal de la función de onda, en cuanto las partículas son representadas mediante una onda física que se propaga en el espacio. Actualmente, la ciencia acepta y comprende la función de onda de manera más abstracta, permitiendo ubicar las partículas dentro de un cierto *espacio de Hilbert* de dimensión infinita donde se condensan los posibles *estados del paquete de onda*. El *espacio de Hilbert*, se puede interpretar como un espacio interno,[249] por lo que no hay razones que impidan compararlo con el *campo* intrínseco de la conciencia, máxime que ésta no surge como el resultado de la acumulación de partículas físicas, lo que significa que constituye un *campo*; está conformada por elementos abstractos como sentimientos, deseos, pasiones, intuiciones e intenciones, éstos por analogía se pueden equiparar con *vectores* que producen estados *im-probables* originando dicho campo (recordemos que la partícula cuántica no se mueve realmente sino que su condición es mera *tendencia,* una *intención*, nada más).

La conciencia tiene un *espectro* muy amplio, digamos que infinito, ese espectro está formado por *vectores* que le dan sentido a la autorreferenciación de la conciencia. Estos vectores, que configuran los *estados de la conciencia,* se forman a partir de campos de fuerza, tales como *alegría/tristeza, ignorancia/sabiduría, amor/odio, sufrimiento/placer,* la conciencia se sintoniza en un vector específico, con el cual el individuo interpreta y asume la realidad. La conciencia tiene por lo menos cuatro componentes básicos yuxtapuestos:

---

[249] Quiere decir que constituye un *"producto escalar"* o *"espacio vectorial"*, que permiten incluir nociones abstractas como ángulo, fuerza, o longitud. No se aplican aquí en el propio sentido de la matemática, es imposible, sino como una función paralela de ésta que permite la expresión de los sentimientos y la voluntad.

información significante (paradigmas), *autorreferenciación* (control y vigilancia), *estado de conciencia* y una *lógica interna*, que se produce como resultado de la conjugación de los demás componentes.

Más que partículas somos energía y por tanto mera vibración en existencia que se manifiesta a través de *los estados de la conciencia*; para construir su realidad el individuo está *oscilando* entre varios *vectores*: intenciones, hechos y conjeturas *(no-hechos)*, recurriendo al pasado, al presente y al futuro, olvidando y recordando, intuyendo y premonizando, razonando y sintiendo, fluctuando entre la alegría y la tristeza, entre el amor y el odio, entre la pasión y el sosiego, entre lo posible e imposible, etc, todos, fenómenos yuxtapuestos que originan un *estado cuántico*. Cada una de estas variables constituye una función de onda y todas reunidas dan lugar a un *paquete de onda*, esta interacción bipolar es necesaria, inclusive para poder actuar episódicamente respecto a los hechos inmediatos. Existe un antes, un ahora y un después, la mente y la conciencia van y vienen en diferentes frecuencias.

En mecánica cuántica, la teoría de perturbaciones está conformada por un conjunto de patrones yuxtapuestos que permiten describir sistemas cuánticos complejos a través de sus agregados más elementales. Mediante el análisis a los patrones simples, progresivamente, se van activando cada una de las pequeñas alteraciones en que incurre el sistema (hamiltonianos perturbativos). Podemos utilizar la yuxtaposición de patrones, en tanto este modelo se configura en la propiedad fractal de la conciencia, por lo que, en una primera instancia, la observación de patrones elementales podría concretar el todo complejo. En una interpretación más amplia, de todas maneras, el hombre nunca podrá percibir ni estudiar el todo como un evento único, tendrá que conformarse con percibir y considerar las pequeñas perturbaciones (para él grandes), que le proporciona su entorno.

En el gráfico, entre A y B se perciben *perturbaciones*, fases en la que el individuo es inestable (no sabe qué hacer), sufre un estado de estrés o de neurosis. Los cuadrados representan hechos objetivos, las partes sombreadas sentimientos o actos emocionales que llenan el entorno individual *(flogisto)* y los triángulos estados neguentrópicos de la realidad externa. La onda también funciona respecto a los estados de conciencia y ánimo que devienen de la relación entre emociones y hechos objetivos, el individuo va y viene entre unos y otros conforme a la *función de onda* que determina el comportamiento final del individuo. Las emociones o el flogisto negativo originan perturbaciones que desactivan la función de onda, pues *el ruido* origina desajustes que afectan el fluir armonioso de la onda, creando *cortes* o fases que se yuxtaponen conformando la personalidad.

Las cosas y los individuos alimentan la conciencia en la media que estas perturbaciones se transfieren, este *imput* permite la autorreferenciación logrando situar al individuo en un marco del espacio-tiempo y por tanto, en una realidad especifica. En este *marco* la conciencia actúa o fluye como una onda única, lo que le otorga la facultad de delimitarse respecto a los otros y determinar los movimientos y decisiones de supervivencia. En congruencia con la esfera espaciotemporal y en articulación con la realidad circundante, percibe la realidad ajena y su propia realidad, puede discernir la realidad, incluso la de los otros, pues trasciende al individuo externo, lo intuye, lo lee, lo identifica; es más, la sola presencia de un individuo (conciencia) altera el estado de la conciencia o puede transformar radicalmente la existencia de otro, u otros individuos.

Efecto de plasmación

En coherencia con lo antes expuesto, la *intuición* y la *premonición* han sido fenómenos históricamente desconocidos por los científicos dada su naturaleza ignota, sin embargo, son expresiones del vínculo cotidiano entre los individuos y su entorno *yuxtapuesto*. Pero el individuo no es solamente un receptor pasivo, también emite *energías* que dan forma a lo que su mente percibe, transformando el entorno y la realidad. Está comprobada la alta incidencia que tiene la mente y la conciencia sobre los procesos físico-químicos del cuerpo, los científicos, pasmados en el silencio teórico, han presenciado lo inexplicable al ver cómo personas ya desahuciadas por la medicina resultan curadas por el poder de la oración, por la imposición de manos, o por el simple deseo interno. Sin embargo, sorprende que esas *energías,* no sólo influyen al interior del individuo, sino que tiene la capacidad de afectar lo externo de muchas maneras: 1) en la forma de *percibir*, con lo que ésta nos induce también a una manera de *asumir*, para así, transformar aquello inicialmente *existente* cuando se dio lo percibido, 2) en la proyección de aquello deseado, con lo que el individuo *orienta* la acción de otros, y la de sí mismo, por su puesto, hacia la materialización de sus deseos, 3) la incidencia de nuestros pensamiento en el control de las emociones nos permite decidir estados de felicidad o tristeza; es decir, el individuo tiene la capacidad de *autocrearse* en cuanto puede activar sentimientos para incidir en su entorno. Llamemos *plasmación* a ese *(el)* "*poder*" de *causalidad* que tiene el individuo para influir en la realidad local, es un efecto de la *voluntad de poder*.

Sorprende que el *efecto de plasmación* sea completamente coherente con las leyes antrópicas, cuya cualidad principal está orientada a la producción de la realidad, por lo que se explica el hecho de que un pensamiento o estado de conciencia positivo sea muy superior a los pensamientos y estados de conciencia negativos.[250] Fue la armonía existente en el kosmos lo que permitió la producción de vida, de la misma manera, una armonía en el hombre facilitará la *plasmación* de efectos y hechos positivos en el individuo y su entorno. De hecho, el dolor y el sufrimiento degradan la bioquímica del cuerpo provocando enfermedades; mientras que los estados armoniosos de optimismo y felicidad inducen a la sanación. Entonces es posible afirmar que el universo es el resultado de la plasmación endógena de su anterior estado neguentrópico, positivo, dada la presencia inminente de la voluntad de poder.

---

[250] Para profundizar véase el capítulo "*The sense of being stared at*", del Ph.D. Dean Radin, en su libro "Entangled Minds", donde presenta los resultados de sus experimentos. El brillante trabajo del profesor Radin se basa en comprobadas teorías científicas e incluye resultados experimentales cargados de abrumadora data estadística que da cuenta innegable de algunos fenómenos *paranormales*.

La plasmación también es percibida en los espacios sociales; sin duda, la *fanaticada* tiene gran incidencia sobre los resultados de los equipos deportivos; los sitios oscuros y abandonados tienen a convertirse en basureros y guaridas de ladrones degradándose cada vez más; un fractal social equilibrado, con acervo propositivo, obtendrá mejores resultados que un fractal conformado por personas abusivas, pesimistas y descontroladas. Igualmente, la sociedad moderna, reconoce la Ley de Murphy, o Ley de Finagle, como la predisposición inconciente a producir las cosas negativas que ocurren en la vida, lo que conlleva a que se sigan produciendo con-secuencias negativas para el mismo individuo o individuos; estas leyes, no son otra cosa que la materialización del efecto nocivo de *plasmación*, a partir de la creencia concluyente en dicha ley. Si esa ley es aceptada como veraz, es lógico que el individuo acepte la existencia de una función contraria, donde los hechos y consecuencias positivas surgen a partir de la enfatización que hacemos de éstos, pero no como causa de la influencia externa de la ley, sino a partir del potencial interno arraigado en la conciencia de cada persona.[251]

Respuesta al Experimento de Libet

En "La Mente Nueva del Emperador",[252] Penrose se refiere al problema de la conciencia en términos de *mente conciente* o *conciencia racional*, sin embargo, y como lo hemos sostenido atrás, "la mente y la razón" constituyen un atributo del cerebro, es decir, corresponden al mundo determinista de la realidad física o biológica del individuo. Mente y conciencia son cosas diferentes. Penrose hace un análisis importante desde la óptica de la matemática y de la física, pero la conciencia responde no sólo a estas variables, el individuo es más complejo, sus pensamientos y su conciencia no sólo se deben examinar desde *los algoritmos matemáticos* o desde *la computabilidad de sus procesos*. Penrose no tiene en cuenta el hecho de que cada mente responde al modelo de pensamiento que las culturas nos han impuesto (o a sus singularidades diferidas), lo que posiblemente permita que ciertos individuos piensen algorítmicamente. Otros no. Los hindúes, los budistas no tienen un pensamiento algorítmico lineal, -de hecho, por esta razón no se desarrolló la ciencia en oriente-, eso no significa que carezcan de conciencia. De la misma manera, plantea la posibilidad de que la conciencia sea algorítmica, lo que no comparto, pues, en sí, la conciencia no piensa ni realiza procesos. La conciencia lo sabe todo, está sumergida en la realidad platónica, no requiere procesos y es intuitiva, la mente toma lo que *puede* de ese sustrato. Los procesos que el individuo realiza los ejecuta a través de la qualia; donde no todo es algorítmico.

---

[251] En las artes marciales es un factor vital: "Los ojos son importantes porque en ellos se puede ver el *yi* (voluntad o intensión)… Hay que practicar el *taolu* como si un solo golpe bastara para destruir al adversario, hay que golpearlo con los ojos y con el corazón. Las manos vienen después" (Pan Qingfui, instructor chino apodado el Puño de Hierro).
[252] Penrose Roger, "La Mente Nueva del Emperador". Ed. Fondo de Cultura Económica. Segunda edición en español. México D. F., 2002

Penrose considera que la conciencia tiene una actuación lenta,[253] y a esto llega porque la confunde con los sentidos, que pertenecen a la realidad física del mundo determinado y corpóreo. Para sustentarse presenta el experimento de Libet: "Cuando se aplicaba un estímulo en la piel de estos pacientes, transcurría aproximadamente medio segundo antes de que fueran concientes de dicho estimulo, pese al hecho de que el propio cerebro había recibido la señal del estímulo en sólo una centésima de segundo y podría lograrse una respuesta del cerebro a dicho estimulo en aproximadamente una décima de segundo" (pg. 519); en este caso en realidad no es que los individuos sean concientes de dicho estímulo, lo que en realidad pasa es que *sienten* el estímulo transferido *físicamente* a través de los nervios; este experimento no es para humanos, es para autómatas, la conciencia es otra cosa. Hagamos un experimento mental: en muchos casos, los niños al ver la aguja de la jeringa *pre-sienten* el dolor, y aún sin que la aguja haya tocado su brazo, con frecuencia temen o lloran (reacción). Y es así, porque la conciencia por esencia cumple una función *vigilante*. En este experimento, ¿no es acaso más rápida la conciencia que la aguja? Es más, aun sin ver la aguja el niño puede intuir su destino, presentir y reaccionar. Tal como una partícula cuántica, la conciencia se *disparó* antes que se iniciara el *estímulo*, la conciencia trasciende el tiempo de manera análoga a la partícula cuántica. Se presenta el caso contrario cuando nos quedamos con la palabra en la boca porque no encontramos la expresión; el cerebro falla, mientras que la conciencia de antemano *sabe* lo que quiere decir.

Penrose realiza conclusiones que no siempre compartimos, sostiene que: "La conciencia es, después de todo, el único fenómeno que conocemos según el cual el tiempo necesita fluir";[254] afirmar esto significa ponerle una condición previa a la conciencia, un prerrequisito, sin el cual no podría ser conciencia; por otra parte, es posible que el tiempo no tenga *necesidades*, pero si es claro que la conciencia surge primero para concientizarse de la existencia de éste. Por momentos nos engaña y creemos que fluye porque tenemos unas convenciones temporales que se materializan constantemente en las horas y el calendario, lo que ha ido alimentando nuestra posición respecto al tiempo hasta convertir esa *fluidez* en una *verdad indiscutible* dada la imposibilidad de retroceder en el tiempo. Es decir, el tiempo se solapa en el cerebro humano dada su tendencia a envejecer, cuya progresión no retrocede dado que nacemos para morir. Esta característica es innata e inherente a los seres vivos, puesto que sin conciencia no hay tiempo. Sin embargo, la conciencia *rompe la barrera del tiempo*, puede existir en otras dimensiones o tiempos discontinuos; son conocidas las premoniciones, la intuición, el *déjà vu* y las experiencias de resucitación donde la conciencia permaneció vigente, pues ve, oye y se ubica en el ámbito espaciotemporal, a pesar de que el tiempo del individuo ya había terminado por su deceso físico.[255] La conciencia no necesariamente requiere del tiempo para existir ni requiere continuidad lineal porque es alocal, acausal y por tanto, atemporal.

---

[253] Ibídem. Ver la entrada "Los Retardos Temporales de la Conciencia", pg. 518.
[254] Ibídem. Ver la entrada "El Extraño Papel del Tiempo en la Percepción Conciente", pg. 523. Subrayo.
[255] Ver la entrada "Sobre La Muerte y sus Experiencias Cercanas".

Universo de las ideas o función de onda

La magnífica concepción de un *universo de las ideas* no podía surgir tan claramente sino de una conciencia tan brillante como la de Platón; este *universo* históricamente ha sido aceptado y utilizado por casi todos los filósofos, incluso por físicos y matemáticos recientes como Dirac, Cantor y Einstein. Quizá la gran sabiduría de los griegos antiguos haya emergido de su pensamiento altamente complejo. Este tipo de pensamiento entró a su filosofía porque ellos no tenían los límites que nos impone la *episte* moderna, la cual nos encaja en una serie de condiciones, patrones y reglas sin las cuales no es posible pensar, según ellos, objetivamente. El universo platónico jamás hubiera sido aceptado por la ciencia moderna, sino es por el origen, trazabilidad e historia que posee el concepto.

Los atomistas presocráticos descubrieron los sistemas complejos. Recordemos que para cuando Platón estaba en la cima ya los atomistas -Demetrio y Leucipo- habían hablado del caos y del átomo como partícula indivisible con un alto contenido de vacío; así mismo, postularon la existencia de *mundos innumerables* ya que al haber infinitos átomos y un vacío infinito no existía restricción alguna para que se formara un sólo mundo.[256] Cómo no podían estar en reposo, del movimiento de los átomos se encargó Aristóteles, quien afirmó que éstos se autopropulsan *(De anima)*, chocan y rebotan, lo que produce una ligazón entre átomos *(simploké)*. También los atomistas clasificaron los átomos y determinaron que se asocian para conformar el fuego o el alma, y que el alma consta de átomos diseminados por todo el cuerpo.

Me parece estar oyendo a un físico moderno. El átomo casi definido como lo conocemos, hemos avanzado sólo un poco más; aceptaban la existencia de los universos paralelos *(mundos innumerables)* deducidos por la matemática y la física cuántica en el siglo pasado a partir del descubrimiento de la antimateria; al determinar la autopropulsión dentro de su "*De anima*" es lógico que Aristóteles le estaba poniendo al átomo una energía divina, que se consolida con la aceptación posterior de que el alma está compuesta por átomos, lo que concuerda perfectamente con las conclusiones de la mecánica cuántica dado el comportamiento discrecional de la partícula psíquica y de ahí la deducción de que la conciencia es cuántica. En ese punto se encuentra el estado del arte, increíble, no hemos sobrepasado en mucho a los griegos presocráticos (¡!).

El mundo de las ideas tenía otros fundamentos muy elaborados en los que Platón luego se cimentaría: en los pitagóricos la muerte era natural para trascender el *devenir* de la vida universal y tenían una concepción de las matemáticas como formas perfectas que surgían de la mónada o unidad que es el principio de todas las cosas;[257] Parménides proporcionó la afirmación de que el *ser* es *uno* y explica la presencia del rechazo al cambio porque la esencia de las cosas no se transforma, la *verdad* deviene del *ser* y del *no-ser* proviene la *opinión*; en Sócrates la mayéutica consiste en lograr que el interlocutor descubra sus propias verdades, Sócrates consideraba que el conocimiento se encuentra latente de manera natural en la conciencia y que es necesario descubrirlo, de esta

---

[256] Para los griegos *mundo* es igual a universo.
[257] Diógenes Laercio, Vitae philosophorum VIII, 24

manera encontró las verdades que lo hicieron trascender y que hoy son la base del pensamiento occidental.

Pero, en cuanto a los atomistas, el pensamiento de Platón no permitía aceptar que el orden proviniera del desorden, sino de una inteligencia ordenadora a la que asigna el nombre de *Demiurgo*.[258] Dado que este *ser* es inteligente, Platón establece que su acción surge a partir de unas *ideas* previas que luego plasma en la materia. Las ideas emergen como entidades materiales, absolutas, inmutables, perfectas, universales e independientes del mundo físico; que, dado su origen, no son simples representaciones del mundo físico sino facultades ontológicas que tienen sentido pleno. Suponía, entonces, la existencia de una cognición profunda que ordenaba el kosmos con absoluta precisión.

Para platón, el *universo de las ideas* no depende de las cosas materiales del mundo físico, las ideas son reales, absolutas, existentes en sí mismas, y poseen sus propias cualidades y realidades. En cambio, los mortales y el mundo físico dependen de esas ideas, hasta el extremo de que existen gracias a ellas. Las ideas son el modelo y los patrones que dan existencia a las cosas. Antes de ser construido, *El Partenón* existió como una idea -estado ideal-, por lo que la idea previa dio existencia al templo de Atenea; la idea del Partenón existirá siempre, aunque el templo deje de existir (!). Y esta idea en su estado previo, surgió porque ya existía, de lo contrario no hubiera podido surgir, en el mundo macroscópico de la nada no puede germinar aquello verdadero y real. Esta es quizá la aproximación más acertada de los clásicos a lo que es la función de onda y por lo tanto, a la idea de una conciencia universal que termina por extenderse y manifestarse en el principio antrópico, en la conformación de la biosfera, del clima, la atemperación de las condiciones para favorecer la aparición de la vida y la formación de la cultura y la sociedad. Sin duda Platón se anticipó al descubrimiento de la *función de onda* donde reside el *reino de la información* y que subsiste encriptado tras la realidad material; pues, existen evidentes e incuestionables semejanzas entre el universo de las ideas y la función de onda.

Sobre la muerte y sus experiencias cercanas

Se conocen como Experiencias Cercanas a la Muerte (ECM) aquellas en las que un individuo ha sido declarado clínicamente muerto, como consecuencia de que los aparatos a los que está conectado indican que no hay señales de vida; la experiencia concluye cuando el individuo vuelve a la vida. ¿Qué pasa en ese lapso? Todos los testimonios son semejantes, en general se sintetizan en lo siguiente: el individuo se separa del cuerpo y flota sobre el quirófano o sobre el lugar donde se produjo el deceso, es consientes porque sabe que está muerto, oye lo que allí se habla y ve cómo su propio cuerpo es intervenido; luego se encuentra en un callejón de luz donde se percibe mucha paz, recuerda y ven todas las imágenes de su vida desde la infancia; se va aproximando a una luz blanca que es cada vez más intensa y que transmite mucho amor, a través de aquella luz, en la mayoría de los casos, se ve un ser que irradia mucho amor y paz; es una sensación de sosiego y amor infinito, indescriptible; con este ser se produce una

---

[258] Nótese cómo del *desorden* planteado por los atomistas, Platón emerge al *orden*.

comunicación que no se realiza mediante el habla sino a través de la *telepatía*, de la comprensión previa la información llega al individuo sin lenguaje. Algunos manifiestan que no deseaban volver, porque aquel ser irradia mucho amor y otorga paz; allí no hay deseos ni sufrimientos, es un estado pleno de amor y felicidad.[259]

Esta sería una demostración del ingreso de la conciencia a la función de onda, después de la muerte. En este estadio se ha perdido toda relación con la materia, lo que sale del cuerpo es mera conciencia aun capaz de discernir la información que percibe. Los casos de ECM y el caso de la niña croata que se despertó de un coma hablando perfectamente el alemán, idioma que no conocía, son demostraciones reales de la presencia de la función de onda en nuestras vidas como un campo interconector vinculado con la conciencia. Entonces, tenemos que inferir que la conciencia es el vínculo entre el universo cuántico y el universo macroscópico y que, a través de ésta, la información de la función de onda se materializa (colapso) configurando el mundo que habitamos, pero que aún desconocemos.

Por la calidad científica de su autor, un médico neurocirujano de alto prestigio, se recomienda el libro "La prueba del cielo" del Doctor Even Alexander, donde da cuenta de su *vivencia* ECM, en un estado de coma que él mismo experimentó.

Quienes han vivido las experiencias cercanas a la muerte han ido a "ese lugar", un área que se debe interpretar como un *punto alocal*; es decir, el lugar materialmente no existe, no es materia, no es nada determinado ni objetivo; pero, como lo describe el Doctor Eben Alexander:[260] *"el lugar al que había llegado de repente era absolutamente real"* y más adelante: *"el tiempo en aquel lugar no era como la sencilla experiencia lineal que conocemos en la tierra; de hecho, resulta tan difícil de describir como todos los demás aspectos"*. Lo que significa que las dimensiones superiores del universo desbordan la comprensión humana y cualquier matemática estocástica, que pueda inventar el hombre para investigar el universo cuántico, es inútil para entenderlo.

No podemos rechazar la prueba reina, de que *ese lugar alocal* es la *conciencia universal*; que allí mora El Viejo que creó las leyes de la naturaleza y activó las ecuaciones para poner el universo en marcha; *ese lugar* es la matriz totalizante de la función de onda que este libro intenta explicar con mucha dificultad; allí está instalado el *software* con que los físicos modernos definen el universo. Solo allí se expresan el amor y la libertad. Entonces, es evidente que no somos el mero polvo de estrellas, somos conciencia universal colapsada en la vida terrenal. Somos conciencia viviendo una experiencia biológica.

---

[259] Versión adaptada de diversos testimonios debidamente documentados y publicados, la gran mayoría coinciden en los detalles de estas experiencias.
[260] Ver: http://ebenalexander.com/

Caos y Complejidad en el Orden Social

Juego mi vida, cambio mi vida, la llevo perdida sin remedio. Y la juego, o la cambio por el más infantil espejismo, la dono en usufructo, o la regalo...: o la trueco por una sonrisa y cuatro besos: todo, todo me da lo mismo: lo eximio y lo ruin, lo trivial, lo perfecto, lo malo...
León de Greiff
Del "Relato de Sergio Stepansky"

Estructuras disipativas

La existencia de los sistemas sociales tiene una doble génesis y consumación, pues la realidad social surge en unos casos por la progresión continua de hechos -a lo que Marx llamaba materialismo histórico- y por revoluciones discontinuas como producto de la generación de estructuras disipativas y fenómenos aislados. En su formación se presenta una compleja serie de incompatibilidades, que si bien acentúa las relaciones estocásticas mantiene la congruencia de los sistemas sociales. Prigogine reconoce que, en el terreno de la química, "cuando se afronta el dominio del no-equilibrio, se establecen nuevas interacciones de largo alcance: el universo del no-equilibrio es un universo coherente";[261] lo que significa que las correlaciones de un sistema pueden resultar alteradas sin que se presenten causas evidentes a primera vista, y aunque dicha alteración lo sitúa en otro plano, aun así, el sistema sigue manteniéndose coherente. El sistema se transforma radicalmente o se destruye para dar lugar a otro, pero sigue siendo congruente, dado que la disipación de energía y de materia, que relacionamos con la entropía, se convierte, lejos del equilibrio, en un estado de orden.

En los sistemas mecánicos como la formación del hielo, al poner agua a congelar se espera que para que el líquido pase a sólido previamente atraviese por un estado gelatinoso, pero no es así, extrañamente el líquido de pronto se convierte en una placa de hielo, o en caso contrario, en agua. El sistema líquido se destruye y se transforma en sólido, sin pasos previos y viceversa -no hay una explicación-. Lejos del equilibrio, la materia se comporta de forma diferente a las regiones cercanas al equilibrio.

En la naturaleza las estructuras disipativas han marcado los cambios irreversibles que originan nuevas realidades a partir de sistemas emergentes y auto-organizados. Los seres vivos no siempre percibimos nuestros cambios, pero éstos se dan permanentemente; por tanto, no somos el mismo sino en cuanto somos cambiantes y diversos dados los procesos irreversibles a los que estamos sometidos. Aunque en la profundidad de cerebelo llevamos el arquetipo del hombre primitivo ya no podemos regresar a ser como él, es posible que tengamos retrocesos "saltos" de conducta (como el canibalismo) pero es imposible asumir

---

[261] EL NACIMIENTO DEL TIEMPO, la irreversibilidad a nivel microscópico" Tusquets editores, tercera edición. Barcelona, 1998. Pg. 49.

esa identidad remota en toda su magnitud. Lo que cambia no vuelve a ser como antes porque ha producido otros sistemas reorganizados, en virtud de la acción disipativa. En el ámbito social encontramos infinidad de sistemas resultantes de la dinámica disipativa. Sabemos que no existe una datación exacta que indique cuándo aparecieron el estado y el capitalismo porque éstos surgen como producto de una cadena de estructuras disipativas. De hecho, es prácticamente imposible detener el estado y su economía porque son sistemas que se disipan constantemente en la medida que cambian sus reglas y criterios, reorganizando las condiciones económicas y sociales.

Ahora, estos cambios pueden ser contrarios a la autopoiesis por lo que pueden derivar en hambrunas, guerras, esclavitud y dominación, pero el sistema sigue siendo congruente; es decir, a pesar de estar alejado del equilibrio mantiene su coherencia; el hecho de que ante estas gravosas situaciones los sistemas sociales no se rompan, sino que se ajustan a la situación, se deriva de una característica humana excepcional, *la resiliencia*, característica capaz de reestablecer el estado de orden.

Resiliencia y adaptabilidad

La *resiliencia*[262] es la capacidad del ser humano o de un grupo social para sobreponerse a las dificultades del hábitat, a la destrucción y al daño proporcionado por otros o por el medio ambiente; es la habilidad para surgir de la adversidad -*de las cenizas*-, para adaptarse, para recuperarse exitosamente y para aprender de esas experiencias[263] generando una actitud proactiva para resistir a la decadencia, al estrés -*flogisto*- y superarlo. En este sentido, los estudiosos del tema han identificado *la robustez* como "una combinación de rasgos personales que tienen carácter adaptativo, y que incluyen el sentido del compromiso, del desafío, y la oportunidad, y que se manifestarían en ocasiones difíciles. Incluyendo además la sensación que tienen algunas personas de ser capaces de ejercer control sobre sus propias circunstancias."[264]

Estas características, propias de los seres humanos se originan a partir de su facultad de *adaptabilidad*, mecanismo que permite valorar la *situación* para determinar la forma de *adaptación* y según las circunstancias, *resiliarse*. Es importante la *robustez* en cuanto encarna la capacidad de resiliencia, cuya cualidad más relevante consiste en que se sustrae del conflicto, sin que por esta razón el individuo o la sociedad tenga que someterse indefinidamente a las situaciones que dan origen a la resiliencia. Por estas razones, y en cuanto la resiliencia significa volver al estado inicial, podemos afirmar que ésta se antepone a los efectos mentales y emocionales que se originan de las estructuras disipativas, manteniendo el equilibrio y el orden general en el sistema social.

---

[262] Viene del latín resilo que significa volver atrás de un salto, resaltar, rebotar.
[263] Ver Rutter 1993, Luthar y Zingler 1991, Lösel y Köferl 1989.
[264] "ESTADO DE ARTE EN RESILIENCIA". María Angélica Kotliarenco Ph.D; Irma Cáceres, Marcelo Fontecilla.
En http://resilnet.uiuc.edu/library/resilencia/resilencia.html.

Mito y acción disipativa

Pero no todas las personas tienen esta capacidad superior, ni siempre los sistemas sociales operan de esta forma. Hemos visto casos de resiliencia individual como los de Ana Frank y de resiliencia social como el movimiento producido por Gandi, quien venció a los ingleses unificando la actitud del pueblo indio para aguantar -y luego reducir- la crisis; también el estallido de la segunda guerra mundial constituye un evento contrario, la invasión y guerra en Irak, o la caída -*entrega*- de Roma por parte de Constantino a la Iglesia Católica, son hechos sociales de gran impacto marcados por la acción disipativa. Hitler, cebado por un feroz prejuicio antisemita, aprovechó que las circunstancias internacionales estaban dadas e inició la guerra para intentar terminar con los judíos e implantar la raza aria en el estado alemán. La guerra significa el rompimiento del equilibrio del sistema social.

Pero en realidad no fue solamente el odio a los semitas lo que alteraría el sistema social, sino la subrepticia existencia de un mito -*el superhombre*- lo que influiría definitivamente en el destino de la sociedad alemana. Si la resiliencia conserva los sistemas sociales, la imposición de un nuevo mito contribuye a su rompimiento, porque a partir de éste se genera una acción disipativa. El mito *oculto*[265] de Hitler consistía básicamente en lo siguiente: en cada polo del eje del planeta habría un hueco por el cual se entra al centro de la tierra -*la tierra cóncava*-, allí hay un mundo diferente con un sol, nubes, vientos, etc; el resto, hacia fuera es roca; es decir, el universo es roca. En la tierra cóncava habitaría la raza de los superhombres, supuestamente seres superiores a los humanos *comunes*, la *raza de los orígenes*.[266] Hitler fue presidente de la *Orden de Thule*, por lo que se creía el enviado -*Mesías*- de la secta para implantar la raza aria y llevar la humanidad a una *edad de oro*. Por eso y para consolidar su poder, durante la guerra, Hitler buscó insistentemente *la llave de las cosas ocultas,* el Santo Grial. En síntesis, una cosmogonía nueva: la tierra cóncava, (por su puesto, opuesta a la concepción conocida de origen científico del universo), un hombre original, el superhombre ario y una edad de oro, que representa la paz y la armonía humana; son los elementos esenciales del mito hitleriano. Antes de la guerra, el fractal alemán del momento no conocía esa *visión,* ni se imaginaba que a partir de ésta se iba a proyectar su destino, sin embargo, era evidente que con la presencia del mito *superhombre* tácitamente estaba justificada la persecución a los judíos. La guerra en sí constituye quizá el más relevante estado caótico, sin embargo, y como lo sostienen Prigogine, "el universo del no-equilibrio es un universo coherente", puesto que la guerra es tal vez uno de los sistemas más planeados y organizados estratégicamente por las partes, las que al chocar originan el caos que percibimos y que recordamos con más frecuencia; y porque al finalizar la guerra generalmente viene un lapso de paz. Una prevalencia permanente del orden puede engendrar un activo desorden tan eficaz que podría llevar a la extinción o transformación radical del sistema.

---

[265] En la característica *subrepticia* del mito reside la acción disipativa, pues su injerencia no es esperada por la sociedad, lo que origina una estructura disipativa.
[266] Ver este mito en diversos textos, EL CORDÓN DORADO lo contiene en parte.

La *estructura disipativa* surge por la materialización del mito en la guerra; el resto, las causas económicas y políticas, se utilizaron sólo como condiciones propicias -maniqueísmo- que permitirían la configuración del hecho. Igualmente, Constantino en Roma y Gandi en la India se sirvieron de un mito para terminar con el imperio y resiliar la dominación. El mito cumple en las estructuras disipativas una doble función: opera de modo endógeno para tolerar la crisis fortaleciendo la resiliencia, y opera desde fuera, para imponer un sistema social sobre otro. En ambos casos el mito, por su sobrecarga de información oculta, introduce una *estructura disipativa*.

En las últimas décadas el mundo ha cambiado radicalmente, esta transformación también responde a la implementación de varios mitos. La globalización, el estado neoliberal, el dinero como bien máximo y la idea de que la democracia -o el socialismo para otros- es el único sistema político que garantiza la libertad y la igualdad, constituyen quizá los más importantes mitos de la modernidad. Sin embargo, son mitos inferiores, pues ni siquiera están vinculados con una cosmogonía que dé cuenta de los orígenes del hombre, por tal razón antes que desencadenar una estructura disipativa que origine -*salte a*- una nueva sociedad, lo que produce es un gran estado de inestabilidad y sufrimiento deducido del desbalance entre los factores comprometidos, no obstante, y a pesar de estar alejado del equilibrio, el sistema seguirá siendo congruente.

Convergencia y divergencia

Desde el punto de vista de la nación[267] es a partir de la conciencia colectiva y la reproducción azarosa de la realidad que la fluctuación se mantiene o se altera; mientras que, para el estado, el desequilibrio lo puede propiciar el ejecutivo, el parlamento, el congreso o cualquier funcionario con autoridad y legitimidad. No obstante, en esta relación, a primera vista observamos el enmascaramiento de una rara complejidad que conlleva a lo antitético, ya que el estado tiene una característica contraria a la nación. El estado es *unitario* por definición y específico por inherencia, pues actúa como individuo *único* en cuanto representa al individuo colectivo, actúa a partir de la constitución originando una especie de organización indivisible, que hace de los estados de hoy entes casi idénticos, definidos, simples, monolíticos. La nación por su parte le es antagónica, subyace encarnada en un colectivo que se caracteriza por la desigualdad, por su diversidad multiétnica y pluricultural dada su condición pública y la esencia de la cultura que lo incluye todo, la nación significa variedad, muchedumbre, concurrencia, masa y sobre todo, complejidad. Del otro lado se encuentra el individuo, indefenso, aislado, expuesto cuando no cuenta con la protección del estado y la nación. Paradójicamente la sociedad coexiste entre la correlación de valores tan incompatibles como coherentes: 1) en el campo económico la tendencia lógica da primacía al interés personal por encima del interés general; 2) mientras que en

---

[267] Entendemos por *nación* el espíritu y sentir de un pueblo, su cultura y conciencia colectiva; sin embargo, hemos profundizado este concepto, ver la entrada *Nación-Humanidad*. Ver tomo II.

el ámbito político prima la obligación constitucional de dar prioridad al interés general sobre el interés particular. Al margen de esta paradójica contradicción subyace la sociedad.

Esta estructura muestra un estado de no-equilibrio. Observamos una nación aparentemente fuerte, pero en realidad es frágil en cuanto es diversa, pues la diferenciación cultural y étnica origina una gran *divergencia* de valores, algunos de los cuales estarán en contradicción o serán incompatibles promoviendo la discordia y la disensión en la interpretación -*e interacción con*- de la realidad social, esta condición reduce el poder de la nación e incrementa las entropías. En cambio, una nación caracterizada por la unidad étnica y unanimidad cultural podrá hacer una fuerte oposición al estado.[268] Unidad significa fuerza y armonía; una nación consistente es indisoluble en sus acciones. Los chinos han logrado crecer y anteponerse a las adversidades gracias a su cultura compacta. Aunque aún existen naciones unitarias, éstas pronto estarán en extinción, ya que la globalización minará su unidad.

El estado sería débil si no estuviera edificado sobre una constitución y legislación claramente definida. Cuando la legislación, la administración pública o la justicia no cuentan con reglas sencillas y claramente detalladas, es decir, es diversa, la confusión se apodera de las instituciones y el estado queda sumido en la complejidad, lo que debilita su poderío originando entropías negativas que lo llevarán a su destrucción. En una situación semejante el estado puede ser fácilmente perneado por la corrupción y por la ineficiencia, entonces el estado no logrará sus fines, lo que conllevará a generar descontento social y por tanto, dará origen a una fuerte oposición. Sin duda la fluctuación tendrá una tendencia negativa que luego conllevará al conflicto. En consecuencia, el estado es por su propia condición un ente simplificado, con valores y reglas claras, capaz de predecir y de actuar sin dilaciones; en otras palabras, un estado íntegro, en cuanto representa al *individuo colectivo*.

Esta relación, entre lo diverso nacional y lo unitario estatal conlleva a una extraña complejidad. El estado desde su unidad debe dar respuesta a las necesidades de la desigualdad -*divergencia*-; es decir, debe ser, desde su unanimidad, ¡diverso! De la misma forma, la nación desde su diversidad debe seguir las reglas del estado indiviso en cuanto su constitución no incluye la pluralidad, lo que significa que desde su diversidad debe tener un comportamiento unánime -*convergencia*-. La interacción de estas condiciones se sintetiza en la finalidad permanente del estado por mantener un *determinismo del libre albedrío* para controlar la compleja acción social. Esta complejidad no permite que los estados identifiquen y tengan en cuenta las diversas sub-culturas; el estado tiene una constitución política única para cubrir la diversidad nacional, originando contradicciones, injusticias e incrementando la entropía que conlleva al conflicto. Esta objeción constituye quizá la más frecuente causa de entropía en los sistemas sociales.

---

[268] Son conocidos los ejemplos de Ecuador, Perú y Bolivia donde los pueblos o Naciones indígenas realizaron protestas tan poderosas y firmes que han derrocado a varios presidentes.

El sistema económico es elástico porque se comporta de forma mixta, pues tiene la propiedad de ser convergente o divergente cuando le conviene. Es monolítico en sus leyes internas: formas de producción, distribución y consumo están previamente determinadas por los procesos de planificación especializada, las modalidades de publicidad y formas de acceso a los mercados están claramente definidas. Sin embargo, el sistema económico es diverso en sus formas estructurales de existencia; la nación distingue un diverso conjunto de bienes y servicios que actúan como atractores generando confusión; los criterios para la selección de bienes no están claramente a disposición de los individuos lo que produce incertidumbre, el modelo esta cimentado en postulados falsos que generan confusión, la publicidad provoca y desarrolla deseos ficticios que deben ser atendidos aún sin ingreso disponible y sobre información asimétrica, todas estas características divergentes son propias de la complejidad producida por la economía.

De otra parte, la esfera económica esta ordenada para que el individuo no tenga otra alternativa que actuar bajo el razonamiento del beneficio propio buscando satisfacer sin límites su interés personal, lo que conlleva a generar *externalidades*[269] como la precariedad laboral y la contaminación originando pobreza y destrucción ambiental (divergencia); mientras que en el plano político, el estado requiere la unión de los individuos y la coalición de intereses para lograr combatir la pobreza y reconstruir el medio ambiente (convergencia). La globalización también nos muestra este fenómeno, en el mundo moderno están atomizadas las actividades de la esfera económica en los diferentes países; sin embargo, la política no lo está, siempre y cuando no se trate de decisiones con efecto económico. Los derechos, por ejemplo, no están globalizados, lo mismo que la migración, aún se perciben rastros feudales en cuanto seguimos adscritos a la tierra.

Estamos ante un nudo gordiano cuyos extremos se devoran mutuamente: en el plano global, mientras el hombre realiza esfuerzos para converger hacia la organización humana origina la desorganización ambiental (divergencia); en el plano personal, el hombre como ente individual se tiene que enfrentar a la acción divergente de los otros individuos (cada uno distinto, con propósitos e interese diversos), en esa correlación la individualidad se vuelve difusa porque el individuo, para convivir y sobrevivir, asume también esas diversidades; es decir en su correlación con los otros el *sí mismo* se *borrosea* porque inicia su tránsito hacia el *contínuum*. En efecto, casi todo se reproduce en la relación *convergencia-divergencia*, esta característica de los sistemas sociales es un elemento más del universo complejo que contribuye a su fractabilidad social, como lo veremos más adelante.

---

[269] Los economistas le han dado este nombre a los daños producidos por la acción económica y cuya recuperación es imposible porque reduce la utilidad o porque su costo es muy alto, inclusive superior a la utilidad. Nótese que la palabra *externalidad* hace referencia a lo que "está por fuera" del sistema económico.

Principio de sustancia e impermanencia

Es importante hacer énfasis en dos conceptos trascendentales de los sistemas fractales: 1) *la sustancia* y 2) *la impermanencia*. La sustancia de los sistemas sociales es la información; si bien los fractales sociales producen bienes y servicios, éstos surgen únicamente a partir de información previamente elaborada; igualmente, la información permite la transferencia de las decisiones emanadas de centro de poder -flujo del poder-, por tanto, la información constituye el *plasma orgánico* de los sistemas fractales ya que es el atributo alrededor de la cual se crea la realidad social; en consecuencia, la información constituye su esencia y la materia prima a partir de la cual surge el resto de acciones. Ahora, los bienes y servicios de hecho contienen y son básicamente información. La información sirve para producir, produce y es producto a la vez. La sociedad es aglutinada por los procesos de información,[270] pero en sí, no es solamente información.

En cuanto a la segunda, el *sistema fractal unitario* (nación, estado, economía) casi nunca está en equilibrio; en este sentido introducimos el término *impermanencia* que significa no sólo la ausencia de estabilidad, sino que se refiere a la acción integral -*enmarañamiento*-, lo que significa que un fenómeno social está asociado a los demás fenómenos, directa o indirectamente tienen alguna relación puesto que en los sistemas vivos e inteligentes todo fluye, todo se transfiere y se contagia.[271] Es lógico entonces afirmar que en los fractales sociales no hay una realidad propia, los fenómenos sociales son relativos, pues coexisten en interdependencia con otros fenómenos, que son a su vez interdependientes. La Revolución Francesa, la Reforma, la crucifixión de Cristo, las conquistas de Alejandro, la fundición de metales, el descubrimiento de las herramientas y del fuego, son hechos estrechamente entrelazados con la realidad actual, son sustratos de la realidad social que aún tienen alta influencia en la reconstrucción social; a lo que agregaríamos las herencias genéticas y los legados psicológicos que constituyen los arquetipos que *orientan* la conducta de los hombres.[272] Entonces, hay algo de los otros en nosotros mismos y viceversa, por tanto debemos actuar bajo los principios de este vínculo indeterminado, la separación implica indiferencia y esto es lo que trae sufrimiento. Convivimos como salvajes, conquistamos nuevos territorios -no sólo en la geografía conocida sino en otros planetas o bajo el mar-, la fundición, el fuego (la luz) siguen siendo objeto de estudio; como sin nunca los hubiéramos descubierto, pues da la impresión que nos mantenemos en el mismo tiempo o sustancia, sólo han cambiado las técnicas (forma) en cuanto medios externos, pero los misterios de la complejidad se siguen conservando velados en el fondo de la tinieblas; usamos la luz y la cuántica, pero en realidad no sabemos qué son.

---

[270] Sin caer en el solipsismo "informático" de Luhmann.

[271] De hecho, si no hay contagio por elusión, es lógico que ésta, la elusión, fue una acción o actitud resultante de la información que contenía el contagio pronosticado. Estarse quieto implica actuar, pues la quietud debe entenderse como otra forma de *movimiento potencial*. La quietud lleva implícito el impulso potencial.

[272] Chopra dice que renovamos nuestras células continuamente, hay pruebas que respiramos 10^{22} electrones diariamente y expiramos la misma cantidad, por lo que hemos respirado los átomos que formaron parte de Jesús, de Hitler, de Buda, etc; somos un *continuum* con (y de) los otros.

La realidad se encorva, se solapa, se enmascara. Entonces, si hacemos un corte estático en la historia social para construir una cartografía de esas relaciones, es posible que se requieran muchos ordenadores y muchos años para llegar a una conclusión objetiva, cuyos resultados aún estarían sujetos a múltiples notas explicativas y a una amplia gama de interpretaciones, en esto consiste básicamente la complejidad de la realidad social. Así que la realidad social no es como la percibimos a primera vista; a menudo la confundimos con las causas o los efectos, o la vemos con los ojos de quien aprecia el arco iris como un objeto, pero cuando se va acercando para tocarlo éste desaparece porque su realidad se percibe sólo a la distancia. La realidad misma se nos retira en cuanto lo determinado tiende a desplazar o sustituir la verdad de lo indeterminado. En esta perspectiva la verdadera sociedad es desfigurada por la misma realidad material inmediata, de la cual no vemos sino algunas de sus propiedades. Aunque la realidad objetiva es una combinación de éstas, lo plausible realmente es el flujo en constante transformación que se manifiesta en formas diversas a través de esa materialidad. Lo anterior es concluyente para entender el concepto de fractales sociales porque acabamos de mencionar dos dimensiones, reitero: una *determinante*, relacionada con su materialidad que nos induce a cosificar el todo social; y otra, *indeterminada* donde el flujo y las transformaciones que de ésta se derivan son inmensurables e imposibles de identificar plenamente en una perspectiva estática.

A lo anterior es natural agregar la incidencia de la conciencia humana, puesto que, en coherencia con lo dicho, el hombre antes que materialidad es *impermanencia*. Por tanto, es lógico asignar a cada uno su realidad. Y esto es válido en cuanto la discretalidad, excesiva diversidad -e interpretaciones surgidas como consecuencia de los heterogéneos razonamientos- y multiplicidad de decisiones que se tomen respecto a la información, adjudica a la realidad múltiples aristas cuyas intersecciones complican aún más las circunstancias, haciéndola más indeterminada.

Por esta razón y como dice el aforismo *cada uno ve lo que quiere ver,* pues una causalidad es vista por un individuo desde la legalidad, otro lo ve desde el punto de vista religioso, otro desde el ángulo político, otro desde el lado humano y así sucesivamente; lo que traducido a la sociedad, es como si por un lado miráramos un árbol, pero al darle la vuelta vemos un caballo, y al verlo por delante nos encontramos con una montaña.[273] La realidad, como resultado de las propiedades que le aplica la información social y que asume el sujeto que la aborda, se tuerce y se encorva solapándose sobre sí misma. Visto en conjunto este fenómeno, no es estrictamente la nación la que construye su realidad, son los fractales sociales los que definen los límites fluctuantes de la existencia social; pues una vez fractales adquieren su propia personalidad trascendiendo las personalidades individuales y creando sus propias condiciones, que sobreponen a las condiciones de los individuos para garantizar su reproducción.

---

[273] Una propiedad del efecto espín en el universo cuántico.

Autopoiesis y autopoiesis social

Con el propósito de llegar a una definición que explique qué es lo que constituye los sistemas vivos, Maturana (biólogo) crea el concepto de *autopoiesis* que significa "autoreproducción". Según este autor la *autopoiesis* es un proceso mediante el cual:

> *"los sistemas vivos se producen a sí mismos en su dinámica cerrada; tienen en común su organización autopoiética a nivel molecular. Cuando examinamos un sistema vivo, encontramos una red de producción de moléculas, las cuales interactúan de tal manera que a su vez producen moléculas que mediante su interacción generan justamente esa red de producción de moléculas y fijan sus bordes. Una red así la llamo autopoiética. Entonces, cuando a nivel molecular nos encontramos con una red de este tipo, cuyas operaciones tienen como resultado producirse a sí misma, tenemos por delante un sistema autopoiético y por ende un sistema vivo. Se produce a sí mismo. Este sistema es abierto en cuanto al intercambio de materia, pero cerrado en lo que se refiere a la dinámica de las relaciones que lo producen."*[274]

Por tanto, concluimos que el sistema no sólo es cerrado, sino circular *en la dinámica de sus relaciones*. Y también es abierto *en cuanto al intercambio de materia*; es decir, es cerrado pero abierto (¡!). Es preciso plantear dos objeciones; de un aparte: es evidente entonces que la *autopoiesis* no explicaría las razones que dieron lugar a la vida a través de los procesos de la célula eucariótica, si el sistema es cerrado, ¿cómo se auto-reprodujo por primera vez?, es decir ¿cómo aprendió la célula la *dinámica de sus relaciones*, para continuar indefinidamente replicando el mismo proceso? Y, de otra parte, poner en tela de juicio la intención reduccionista de aislar las *relaciones*, pues es evidente que el intercambio de materia (y agregamos, energía), dada la acción de la *funestra*, forma parte integral de la dinámica de las relaciones. Sin este intercambio no ingresaría al sistema la información vital para excitar la *dinámica de sus relaciones* y, lógicamente, sin materia, sin energía y sin información no existiría tal reproducción. Entonces, ¿para qué cerrar la fuente de la vida? ¿Cómo cerrar aquello que inevitablemente depende de recursos exógenamente esenciales, tal como la energía y la materia, y sobre esta base construir una teoría? Sin duda y a partir de la teoría fractal, el sistema es abierto, tal como lo sustentaremos más adelante.

Igualmente, el concepto es reducido dado que más adelante el mismo Maturana afirma "describo una célula como un sistema molecular *autopoiético* de primer orden; por consiguiente, una entidad multicelular es un sistema *autopoiético* de segundo orden" (Ibidem, Pg. 114). Dado que la entidad multicelular hace referencia al individuo, Pörksen (quien lo entrevista) lleva el tema al plano social: "...no entiendo cómo puede decirse que sistemas *autopoiéticos* de segundo orden (por ejemplo, los seres humanos) se producen a

---

[274] Maturana, en entrevista con Bernhard Pörksen. *Maturana Humberto y Pörksen Bernhard*, "Del Ser al Hacer: los orígenes de la biología del conocer" Ed. J. C. Sáez, Granica. Buenos Aires, 2008. Pg. 114. Es importante señalar que de cualquier manera y sin hacer énfasis en un sistema cerrado, esto ya lo habían afirmado Schleiden y Schwann quienes, como resultado de sus estudios concluyeron que la célula es capaz de realizar todos los procesos necesarios para permanecer con vida, en otras palabras, la célula es la unidad fisiológica de los organismos, sobre este principio se edificó la teoría celular que hoy aplica la ciencia.

sí mismos. También podría decirse que el humano produce en su vida diaria esencialmente algo distinto a él; trabaja, construye casas, cuece pan, teje bufandas, etc.". Maturana acepta que se puede ver el ser humano de esta manera siempre y cuando sea visto como un sistema vivo. Pero que los sistemas que construyen cosas distintas a ellos mismos son diferentes y los denomina sistemas *alopoieticos*, pues el resultado de su acción no son ellos mismos. Y, dentro del mismo contexto, afirma más adelante: "Por supuesto que existen muchos sistemas autónomos que no son sistemas vivos. Por lo tanto, sería falso considerar la autonomía como distintivo clave de la *autopoiesis*... (...) Resumiendo en una fórmula: la *autopoiesis* es la manera específica en la que los seres vivos son autónomos, realizan su autonomía. Autonomía es el término más general.".

Con esto entendemos a claras luces que la *autopoiesis* no es en sí una *finalidad* que dé cuenta de los orígenes, sino un *medio* en cuanto constituye un proceso interno y parcial de los sistemas vivos, el cual les confiere *cierta autonomía*; pues ésta no podrá ser completa dado que el sistema tiene que estar abierto a los *imputs* de información, energía y materia. En ese contexto impreciso, Pörksen lanza una pregunta inteligente: "¿cómo sabemos que la *autopoiesis*, esta forma especial de organización circular, de hecho, es el criterio decisivo de la vida?", Maturana contestó "Estaría demostrado si resultase presentar una serie de procesos, la (sic) que como resultado produce lo que quiero probarle a alguien. Lo que habría que probar es que la realización de la *autopoiesis* constituye directa o indirectamente la fuente de todas las características de los sistemas vivos y como resultado produce una entidad que posee todas las características conocidas de un sistema vivo", (pg. 118). Con esta respuesta es evidente que "el criterio decisivo de la vida" esta por ser demostrado para que la autopoiesis sea admitida como una teoría valida de la vida. Pero, entonces ¿cómo probar lo improbable?, puesto que la vida no se puede reducir a un sistema cerrado. Así, la *autopoiesis* se queda aislada en el mero proceso de la dinámica interna de una unidad viva -célula-, aun con muchas precariedades, pues ¿si aislamos la célula del organismo y la ponemos en una botella, ¿de allí emerge la vida? No, con seguridad, pues necesitará un entorno adecuado, por tanto, la *autopoiesis,* en el contexto biológico al que lo ha reducido Maturana, no puede ser una teoría que nos proporcione explicaciones sobre el surgimiento de la eucariótica y la reproducción de la vida.

Hay que agregar que la célula es el resultado de procesos previos, por lo que no proporciona un origen. Los aminoácidos originaron procesos anteriores a los procesos celulares, crearon el ADN y luego se configuró la célula, como un dispositivo especializado. Entones, la vida no se origina en la célula, dada la complejidad de la conciencia y de los procesos previos no existe un estado o proceso determinado que delimite la vida. Ahora, si un electrón es *acausal*, se auto-reproduce por yuxtaposición (autopoiesis), tiene conciencia y finalidad, ¿entonces dónde comienza la vida? Es evidente, la célula denota sólo un nivel diferente (orgánico) de la vida.

Sin embargo, el término *autopoiesis* es atractivo por la dimensionalidad que alcanza y porque hace falta en la ciencia de la complejidad para denominar el resultado final de los fenómenos emergentes, es más, para transferir (a través del espacio-tiempo) la *finalidad de existencia* que proviene de la esencia cuántica. La reproducción mediante la *autopoiesis* es un fenómeno universal, reducirlo a un pequeño proceso biológico, sin duda, es inadmisible. Recordemos los procesos fractales de iteración y epiteración, que se presentan en las piedras, las nubes, las conchas del caracol, algunas flores y que son procesos de autorreproducción. Recordemos las tormentas como producto del efecto mariposa. Todos son casos de autorreproducción a partir de su eficiencia interna o *"dinámica de sus relaciones"*, donde se percibe una relativa *autonomía* que sin duda es suscitada por la *finalidad de existencia*. Consideremos ahora el caso excepcional de la partícula cuántica que se manifiesta como sistema cerrado, con autonomía propia, con facultad autorreferencial (*psíquica*) e información, con finalidad de existencia y por tanto, con capacidad de autorreproducción, la cual se da a partir de la fractalidad de la materia y de la voluntad de poder, y que sin duda contiene como finalidad "el criterio decisivo de la vida", pues a partir de ésta surge la vida en todo su esplendor.

Así que la verdadera *autopoiesis* inicia en la *nada* con la primera interacción cuántica, por tanto, es *eidética;* concurre desde la esencia cuántica, por lo que trasciende la organización atómica, molecular, orgánica y social, organiza el macrocosmos y alcanza el *fin último*. No podemos abandonar el concepto en el nicho celular, toda vez que su semántica, viniendo de la *nada ontológica*, trascienda hasta el *todo teleológico*. La teoría fractal sostiene que el proceso de la vida es uno sólo y único, a través del cual se despliega la finalidad de existencia mediante la acción de la voluntad de poder. La vida es emergente, por tanto, constituye un sistema abierto. De hecho, no pueden existir los sistemas cerrados, pues la sola gravedad los condiciona restringiendo sus procesos de una manera determinada. Igualmente, el planeta tierra está sujeto a las magnitudes cósmicas, al viento solar y del cosmos ulterior, al paso de meteoritos, y a una lluvia permanente de partículas desconocidas, y la puerta continúa abierta. La idea de la *autopoiesis* en un sistema cerrado es la misma idea de la máquina de movimiento perpetuo, una utopía.

Por tanto, el axiomático concepto de *autopoiesis* trasciende en mucho el significado inicial que le da Maturana: la amplia *categoría* que lo enuncia es superior a la limitada *semántica* que lo representa. Por esta razón, consideramos que la *autopoiesis* es un proceso de emergencia que se manifiesta como autorreproducción y auto-organización, presente en los sistemas como resultado de la acción de la finalidad de existencia y de la voluntad de poder. De otra parte, creamos el término *autopoiesis social*; sabemos que Maturana no acepta que se utilice por fuera del orden molecular tal como se lo manifestó a Niklas Luhmann quien utiliza la *autopoiesis* de las comunicaciones para excluir el ser humano,[275] mientras que la teoría fractal lo pone en el centro de la discusión; así que la *autopoiesis social* continúa manteniendo vigente su relación con los procesos que re-producen la vida en sociedad, con la diferencia que aplica el concepto en

---

[275] Claro que Luhmann no utilizó el concepto tal como lo utilizamos aquí, Luhmann intentó clausularlo y reducirlo aun más, en palabras de Maturana: "...no parte de moléculas que producen moléculas, sino que todo trata de comunicaciones que producen comunicaciones." (ibídem, pg. 124).

todos los órdenes de emergencia, no por simple "formulación", sino porque la *autopoiesis* inicia en la esencia cuántica y mediante emergencias fractales (homotecia), transita hasta el mundo macroscópico y al fin último de la realidad.

La *autopoiesis social* tiene la finalidad máxima de asegurar la perfección humana; en este sentido constituye un conjunto de procesos abiertos y emergentes mediante los cuales los individuos se auto-reproducen y auto-organizan conformando fractales sociales cuya función consiste en suministrar los bienes necesarios para garantizar, dentro de un orden justo y pacífico, la convivencia, la reproducción y control de la cultura, la sociedad, la nación y la especie.

Dado que la evolución de la especie ha alcanzado su límite máximo, pues ya podemos modificar el genoma, es evidente que el hombre moderno se tiene que preocupar por la evolución pero en términos culturales; por esta razón, la autopoiesis social es abierta e incluye los aspectos culturales y políticos de la nación-humanidad, por ende, comprende la producción, generación y apropiación de bienes materiales y espirituales que alimentan el cuerpo y la qualia, y que son necesarios para garantizar una digna convivencia social; éstos, los bienes, se dan en diferentes espacios, tiempos y aspectos sociales tales como la especie, el "sí mismo" y el individuo social.

En cuanto especie, el individuo tendrá que: 1) trascender su animalidad para superar el conflicto, 2) mantener vínculos sagrados con el ecosistema para actuar en reciprocidad con la naturaleza sin depredarla, 3) disponer de un sistema de seguridad alimentaria.

La autopoiesis para el *individuo social* requiere la reproducción política en cuanto ésta representa bienes abstractos tales como el derecho a la paz, la justicia, la libertad, la igualdad, los derechos humanos y el derecho al medio ambiente sano, etc. Comprende el acceso y respeto a la cultura; en este sentido los bienes culturales no deben comercializarse en cuanto son un derecho inherente a la nación, por lo que el estado debe garantizar el acceso a éstos; así como la realización de la justicia, la libertad de expresión y la integración del hombre en la armonía activa del universo. Esta es la misión del estado, mientras que la misión de la ciencia consiste en descubrir la naturaleza de la realidad para desentrañar los enigmas de la conciencia con el fin de prescribir lo necesario para reducir el conflicto y garantizar la autopoiesis.

La autopoiesis para el "*sí mismo*" está relacionada con el trato digno y justo, la formación académica completa y el acceso equitativo a las oportunidades y al trabajo. Los derechos deben trascender el lugar privilegiado que les ha otorgado las constituciones del mundo para ascender al mundo físico y social mediante su materialización real y efectiva, convirtiéndose en un bien esencial para la autopoiesis. La autopoiesis del *sí mismo* permitirá la emergencia de una nueva conciencia, sin la cual será imposible transformar la realidad social.

Filosofía de la Complejidad

Lo verdadero es siempre sencillo,
pero solemos llegar a ello por el camino más complicado.
George Sand

La filosofía no puede ser ajena a aquello que percibimos de la naturaleza, la filosofía tiene sus reglas en las leyes y el comportamiento complejo de la naturaleza, allí reside su esencia. La complejidad explora la dinámica intrínseca de la naturaleza para conocer cómo funciona; de allí deduce sus leyes, las cuales conforman una verdadera *epistemología*. La abstracción radical, distanciada de la complejidad y de las leyes de la naturaleza, nos aleja de la verdad; es decir, una epistemología externa, sistemática, hecha por los hombres como una máquina de la verdad, es absurda porque la mente positivista que la produce está muy lejos de la realidad compleja que la alberga; un conjunto de reglas rigurosas solo sirve para impedir la intervención de las intuiciones y la manifestación natural de la realidad. Recordemos que el exceso de entropía positiva nos puede llevar al caos, esto es, a la ignorancia. La teoría cuántica y la complejidad nos han indicado con claridad el camino, por lo que a continuación presentamos los fundamentos elementales de una filosofía a partir de las leyes internas de la naturaleza. Desde esa fuente, se postulan los primeros elementos de una filosofía de la complejidad en los siguientes términos:

La conciencia es la esencia, el ser es la consecuencia. La conciencia no es material, pero es el "algo" que produce la materia que llamamos "ser". La nada no existe. Existe "algo" que subyace en el vacío y que "burbujea" continuamente para expandir el espacio y el tiempo. Así que los dilemas entre la nada y el ser entran en decaimiento perdiendo su peso filosófico. La partícula cuántica es acausal, así que el ser no tiene causa, surge por generación espontánea. La partícula cuántica es a la vez materia y energía; estas se concatenan, se mezclan, se conjugan en una dialógica infinita que reproduce información, esta información se amplifica en una homotecia infinita creando más y más realidad, (esto es, voluntad de poder de la naturaleza). Como dijimos en el exordio, la conciencia lógica no pregunta por su inexistencia, pues ¿la pregunta por qué yo no soy?[276] es una tautología que no tiene solución sino en la respuesta elemental que se deriva de la misma pregunta: *yo no soy porque yo puedo preguntar por qué no soy..!* No se puede caer en la trampa de intentar resolver esta complejidad porque estamos ante un bucle complejo, el *uróboros* que ha devorado a la filosofía clásica.

La cuántica es el *arjé* que tanto buscaron los presocráticos, tal como ellos mismo lo habían predicho: "una sustancia que no existente en esta realidad"; luego la llamaron: el *Apeiron*, "lo indeterminado"; estas coincidencias no son meras casualidades; son el final de la búsqueda. La cuántica agujereó el mito, por lo que el tránsito al logos dejó de ser un salto ya superado. Volvemos al comienzo.

Para los pitagóricos el arché son los números, ellos encontraron el mundo dualista de los opuestos en un plano abstracto: par-impar, límite-ilimitado; una

---

[276] Adaptación ajustada de la pregunta *¿por qué el ser y no la nada?*

aproximación muy parecida a la dualidad cuántica si se tiene en cuenta que encontraron en los números manifestaciones del mundo real. En la actividad cuántica se encontró que las partículas tienen conocimiento previo de los experimentos y que actúan con voluntad propia, por lo que la conciencia reside en el universo cuántico.

La conciencia es la esencia, el ser es la consecuencia. La conciencia no es nada material, es información. La información es la materia prima del universo; por esa razón el *universo de las ideas* de Platón existe en la función de onda, esto es posible porque allí reside todo lo probable e improbable, es decir, lo cuántico esta conformado por la información de la matriz totalizante del universo. Eso no significa que el destino existe allí, arrepatingado en un sofá esperando desempeñar su papel interventor para alterar la realidad. En nuestra dimensión humana, la realidad (información) se construye por la acción de los hombres.

El hombre es una consecuencia de la conciencia. La conciencia es semejante a aquello que las tradiciones religiosas han llamado Dios (función de onda); pero es un dios carente de ética, pues en ella reside todo lo probable e improbable, lo que significa que contiene tanto lo bueno como lo malo, lo conveniente e inconveniente para el hombre. Dado que la conciencia es primigenia, ella crea el universo y configura aquellos dominios donde se consolidan las leyes antrópicas que dan génesis a la vida.

La conciencia es acausal y atemporal, es un contínuum universal, es inmutable, es infinita, es inmanente, es sabia y sempiterna. El ser tiene causa, está sujeto a procesos biológicos internos que se producen entre su vida y su muerte, es variable, finito, mortal e ignaro. Dado que el hombre alberga y expande la conciencia creadora, el hombre es digno. La dignidad humana es un atributo natural e inmanente al ser humano.

La conciencia es libre, dado que la conciencia otorga dignidad humana, de allí proviene el ideal de libertad. El cerebro procesa la información percibida del entorno y produce la mente. La mente es presa de sus necesidades de subsistencia, por lo que se erige a partir de su relación con el entorno. La qualia es la convergencia entre conciencia y mente. La qualia tiene libre albedrío. La mente requiere de una estructura orgánica, el cerebro, depende de ésta para existir, por lo que tiene un vínculo estrecho con la materialidad.

El cerebro, percibe la información del entorno y produce la mente en su proceso de adaptación al entorno. La mente y el entorno están entrelazados en un campo de fuerza, se destruyen y construyen a sí mismos. La mente es discreta en relación con el entorno en que vive. En la conciencia reside toda la información del universo, en la mente no reside nada, la mente aprende de su entorno y memoriza su propia historia. La conciencia sabe porque está conectada con el universo de las ideas (función de onda), la mente tiene que aprender a extraer la información que reside en la conciencia (imaginación, reflexión), la mente se construye a partir de su relación con el entorno.

Conciencia y mente se conjugan en el individuo, no en un órgano específico. La qualia es la convergencia inmaterial de información entre mente y conciencia. Su correlación existe en una dialógica, producida en una relación compleja que provoca una solución natural al generar un tercero, la qualia. Ese proceso de transferencia y validación de información es constante en toda la acción de la naturaleza, ese tercero se enlaza dialógicamente con otro factor, esa dinámica produce otro tercero, los cuales se seguirán relacionando indefinidamente para procesar la información y producir toda la realidad que conocemos.

El verdadero *sujeto* es la conciencia. Ella creó la mente a partir del cerebro, que funge como el *objeto*, pues es una cosa, un ente mortal y la esencia del *dasein*. La mente procesa información elaborando una información más especializada que se llama razón y que funge como la *sustancia*. Entonces, en un primer nivel de la realidad tenemos: 1) conciencia, *sujeto*; mente, *objeto* y razón, *sustancia*; lo que agregado arroja la qualia. 2) En un segundo orden tenemos la siguiente estructura:[277] la qualia, como *sujeto*; el cuerpo, como *objeto* y el libre albedrío como *sustancia*, lo que agregado arroja como resultado el hombre. El hombre es ser y sustancia.

Un tercer nivel está dado por la relación: hombre, *sujeto*; realidad externa, *objeto*, y concepto, *sustancia*. Este nivel es complejo en el sentido que la realidad (objeto) es producto de la conciencia eidética, por lo que le transfiere información, pues la cosa que subyace en la realidad no es una mera cosa inanimada en cuanto tiene origen en la conciencia, transmitiendo una relación reciproca con el hombre. En últimas, no somos sujetos independientes de la realidad, juntos estamos atados por los orígenes, así que somos una *co-entidad*. Se deduce entonces, que el hombre no es un ser acabado, él se está "haciendo" constantemente en su relación holística, *está siendo* cada vez un hombre diferente, esta reproducción es permanentemente en la realidad del espacio tiempo (Heidegger), se re-crea permanentemente para no ser el mismo individuo aislado como una totalidad simple y definible. Su dinámica busca al otro, intenta reconocerse en el otro para resolver, siendo el mismo, las limitaciones y desviaciones a que lo han inducido su precocidad trivial.

Ese mal llamado "dualismo" (mente/conciencia y cuerpo/alma) no es una forma reduccionista de explicar la existencia, pues tal reciprocidad no se queda en una sola relación dialógica, sino que es percibida como la ampliación de una homotecia (tendencia) poderosa a lo largo del proceso evolutivo; entonces, por el contrario, la dialógica de ese "dualismo" amplifica la realidad en una variedad infinita de campos de fuerza. La dialógica primigenia, o por lo menos, la más importante en términos de información, se da entre conciencia y universo; aunque este campo de fuerza se debe entender más profundamente como una relación *inmanente*, pues el universo es información y la conciencia también lo es. Entonces, conciencia y universo son información. El segundo dualismo o campo de fuerza es la relación *conciencia/hombre*, cuya inmanencia es indivisibles; pues, de quitar la conciencia al hombre surge un psicópata sin sentimientos ni emociones, carente de toda ética, que más parece una bestia asesina que un hombre digno.

El hombre es información, por la vía de la conciencia, en él reside toda la información y los principios éticos. Sin embargo, la realidad y la mente engañan

---

[277] La idea de estructura se incorpora para facilitar la explicación, pero todo es un proceso único, integrado y perfecto.

al hombre, la supervivencia lo obliga a darle prioridad al entorno y a su mente, por lo que ha olvidado paulatinamente su conciencia. El hombre no ha desarrollado su conciencia a plenitud, o ésta ha sido opacada por la exacerbación de los sentidos, la prioridad de los placeres y la búsqueda del éxito material; la incidencia de los paradigmas de verdad y la imponencia del poder legal y cultural lo han erradicado de sus orígenes naturales. El hombre ha construido su mente a partir del mundo material y ésta, lo ha moldeado en ese mismo sentido en detrimento de la conciencia. El hombre moderno es un ser unidimensional cuya razón está basada en el beneficio personal y el éxito material. En este proceso el hombre desarrolló la auto-conciencia propia del mismo orden impuesto.

La realidad es la percepción e interpretación que hace la conciencia de los procesos y fenómenos producidos por la materia y la energía en la dimensión espacio-tiempo. La realidad y el hombre se crean recíprocamente. Con mirarla, la materialidad envía un mensaje al hombre y a su vez el hombre la interpreta desde su conciencia. El entorno forma la mente del hombre, pero a su vez la qualia lo modificada en la interpretación que hace el hombre de ella. La realidad no es lo que vemos porque ella nos engaña y porque la conciencia le incorpora su percepción cargada de semántica y de valores subjetivos.

La realidad es compleja, por lo que se debe entender como la percepción e interpretación, consciente y racional que hace la qualia de los procesos y fenómenos producidos por la fusión entre la materia, la energía y la información en la dimensión del espacio-tiempo.

Ni la verdad fija, ni la realidad absoluta existen fuera de la conciencia universal, en el mundo del hombre solo existen verdades relativas. La mente y los sentidos humanos limitan la realidad percibida, de igual manera esta limitación tiene impacto en la libertad, pues, la libertad está relacionada con el conocimiento. A mayor conocimiento menos aprensión y mayor libertad, a menor conocimiento más miedo y menos libertad.

La libertad absoluta solo existe en la conciencia universal. Es decir, solo quien puede crear, es libre. El hombre solo podrá alcanzar una libertad relativa, la cual cada vez se va disminuyendo en la medida que se involucre y relacione con más y más factores de existencia. La libertad absoluta no es material, solo con la muerte el hombre alcanzaría su máxima libertad, pero ya no es un hombre, su qualia vuelve a la conciencia universal. El hombre solo es libre en la medida que es creador de realidad.

El hombre conoce la realidad a través de sus sentidos que llevan esa información a la conciencia (Sócrates, en el Teeteto) la conciencia emite una respuesta al cerebro; mientras tanto, la mente, simultáneamente hace una conjetura de la visión percibida (incorporando sus valores, deseos, necesidades, su subjetividad), finalmente, mezcla las dos informaciones en la qualia para producir su realidad.

El entorno (materialidad) moldea la mente, la qualia moldea el entorno. Dependiendo del individuo y de cada situación en particular, la materia transforma el individuo y el individuo transforma la materia, es una relación dialógica que termina por producir la realidad individual dando forma acabada a la subjetividad y al mundo que ella percibe.

La fotosíntesis, la traslación de información en el ADN y el procesamiento de información en el pensamiento, son procesos pertenecientes al universo cuántico. La idea es el resultado cuántico de la amplificación de la información contenida en la qualia. El *concepto,* por tanto, no tiene por qué coincidir con los *objetos* macroscópicos. El concepto suministra una idea del objeto, pero jamás podrá contenerlo en toda su extensión, puesto que la información contenida en el concepto es diferente a la materia; en la medida que la información es cuántica, no puede aparejarse con la materia tetra-dimensional. Sería como pretender que un solo punto contenga y explique todo un cubo. Están en dimensiones diferentes.

"La cosa", "el objeto", "el ente", "el éste" (Hegel), "el dasein" (Heidegger) y la materia, son medios externos expulsados al mundo tetradimensional con el propósito (sentido) que la conciencia pueda *perseverar* en ellos a través de la vida para *reconocerse* a sí misma. La conciencia es trascendente, pues la naturaleza tiene *tendencia*; de allí surge la filosofía, dado que la conciencia es innata del mundo cuántico, la filosofía, es el reconocimiento que la conciencia se hace de sí mismas, en el plano del mundo macroscópico donde adquiere una nueva *identidad*. La conciencia eidética persiste en el universo cuántico por lo que no se le puede *pensar* con la misma lógica de la materia o de la qualia, pues son entidades del mundo macroscópico y, por tanto, tienen otras propiedades y atribuciones.

La conciencia solo tiene *sentido* en cuanto emerge para reconocerse a sí misma. La realidad desplegada a su alrededor no tiene por qué tener un sentido propio ni una finalidad última. Ese cuestionamiento es propio de la estructura mental del raciocinio positivista, pues, cree que sin sentido las cosas no pueden ser. Cree que el sentido es una razón necesaria para la existencia y eso es falso. No entiende que el sentido que busca es la existencia misma de la cosa, cuya presencia, activa la conciencia para que su conciencia sea.

La qualia es una *neo identidad* enclaustrada en un cuerpo bilógico. La neo entidad es la *auto-conciencia* del individuo. La auto-conciencia es una mera parcialidad, es un componente de la realidad, es un accidente de las múltiples contingencias. Todo indica entonces que el azar es la entidad fundamental de la complejidad que anida en la conciencia eidética y que, junto con los procesos macroscópicos, que se dan entre la energía y la materia, producen las contingencias parciales del orden desordenante que mueve el universo.

La libertad absoluta de la conciencia humana queda sometida a las leyes de la naturaleza, a la psiquis y al cuerpo bilógico que la alberga. La libertad es relativa porque en primer lugar está limitada por las leyes de la naturaleza y por la condición orgánica del hombre, en segundo lugar, por el miedo a la muerte y la emergencia de la condición psicológica y, en tercer lugar, por las leyes de los hombres y el poder derivado. El miedo es una consecuencia de la ignorancia. Dado que la *auto-conciencia* necesita sobrevivir, entonces la vida es un medio para reconocerse, ese es el sentido de la vida, reconocernos como criaturas conscientes y no como simples animales racionales. En ese sentido, todos provenimos de la misma conciencia universal, de donde se infiere que somos el mismo, somos la misma conciencia, la misma criatura. Tal como las hojas de un árbol somos iguales, pues tenemos la misma identidad a partir de pequeñas diversidades, somos una sola *individualidad*. Y no como piensa el *sapiens racional*, que somos diferentes, que somos antagónicos y tenemos que competir hasta la muerte por la comida y el éxito, él es un ser básico encadenado a sus propios instintos y ambiciones.

La libertad absoluta es un sueño romántico de la filosofía clásica, es un mero ideal utópico que solo la muerte puede convertir en realidad. La libertad absoluta es una atribución abstrusa; por tanto, utópica. Paradójicamente, la libertad relativa que corresponde al hombre es un bucle; pues tiene la libertad de elegir, pero una vez hecha la elección queda sometido a las condiciones que impone lo elegido. Pues cada cosa o ente tiene sus exclusivas propiedades, atributos, reglas y características que terminan influyendo en los demás.

En economía la libertad sigue su difuminación, pues si bien el consumidor tiene la libertad de elegir, ésta depende del ingreso y de la información, lo mismo que de los precios y de los productos del mercado. Información a la que no tiene acceso el consumidor (por más que la teoría económica diga lo contrario). La economía crea ideas falsas que también falsean la subjetividad del individuo confinándolo en unos deseos específicos direccionados por la publicidad del mercado, lo que reduce aún más su libertad. La herencia genética es un factor complejo que también limita la libertad porque condiciona, no solo bilógicamente, sino también psicológicamente al individuo. Algunos individuos creen encontrar la libertad en las sustancias psicoactivas, pero quedan sometidos a su dependencia y muy pronto se vuelven esclavos. La libertad no se obtiene suscribiendo pactos, ni adquiriendo cosas, ni deseándolas; la libertad se obtiene saliendo, eliminando y soslayando la materialidad. La libertad es un estado interno del individuo que reposa en la conciencia y que depende de la paz interior.

En lo moral, la libertad está en la opción de elegir la ley moral, pero el hombre queda sometido a la misma. Tal vez está es la mejor opción que tenga el hombre para reducir los conflictos y vivir en sociedad. De ésta se deriva la libertad de crear el Estado para que defienda la Ley moral, la cual se convierte en la Constitución, donde los principios se desagregan en derechos relativos. Para garantizar el cumplimiento de la ley moral se crea el poder coercitivo del Estado, el cual se expande en virtud de la misma libertad que el poder le otorga, limitando las libertades de los gobernados. Mientras el hombre sea racional e instintivo necesitará del Estado para que este regule su conducta e imparta justicia respecto de los litigios desatados durante la absurda competencia por el éxito. Cuando el hombre sea consiente que todos somos el mismo individuo, comprenderá que la competencia es inútil y desarrollará una conducta filantrópica para dar forma al Estado altruista, se promoverá la solidaridad social, antes que el éxito personal; lógicamente, éste es un Estado utópico para la mente utilitarista del hombre moderno, pero, para hombre consciente constituye un destino que le otorga sentido a su existencia.

En política, la libertad es material y se sigue borrosenado; pues, es más libre quien tenga más poder, porque ese hombre hace las reglas que impondrá a quienes se someten a su poder. Por tanto, surge la tesis de que la libertad tiene relación directa con el poder: a mayor poder más libertad y a menor poder menos libertad. En lo político, la libertad se ha usado para sustentar la dominación, se ha presentado como un atributo del hombre político, que el Estado propone garantizar; pero esto no es enteramente posible porque la libertad es un atributo propio de la conciencia y por tanto, un atributo subjetivo. Solo se es libre en la medida que se dan libertades a los demás, con la condición de que esa libertad no afecte la libertad ni el bienestar de otros. Los derechos son las libertades materiales que reconocemos en los demás. Solo tenemos los derechos que hemos otorgado bajo la condición de una regla ética para ejercerlos; la ética determina qué es lo más conveniente o inconveniente para garantizar el orden dentro de una convivencia pacífica. La regla está conformada por principios, los derechos y los principios son inherentes. Éstos son:

1. Existe una proporción directa entre derechos y deberes.
2. El individuo quebranta sus propios derechos cuando incumple sus deberes.
3. La sociedad no tiene porqué garantizar lo que la naturaleza ha limitado; los derecho subjetivos no deben generar detrimento económico a la sociedad.
4. Las acciones y vicios de las minorías no deben afecten el bienestar de las mayorías y viceversa.
5. Los derechos tienen vínculo con el bienestar social y juntos, con la ética.
6. Los derechos se ejercen en términos de respeto social.
7. Los derechos personales son limitados en el espacio público.
8. El ejercicio de los derechos tiene un compromiso ecológico con el entorno.
9. Solo en los espacios privados se ejercen libremente las conductas íntimas.
10. En el espacio público participan diversas calidades de adultos y menores, quienes predican diferentes valores y creencias religiosas que se deben respetar.
11. La acción libre de un individuo no tiene por qué ofender las creencias y valores de los demás.
12. Para que el condenado no siga delinquiendo, tiene derechos limitados.
13. El señalado de cometer un delito no puede invocar sus derechos para eludir su presentación ante la Ley.

No es necesario decir más, para entender que la libertad material también es un simple sueño que se esfuma en las infinitas relaciones de respeto del hombre con el entorno natural y social; se infiere que no es una característica que le otorga la naturaleza al hombre, la libertad no es la gran categoría filosófica y moral que nos han vendido; es solo una simple ilusión que se desvanece en el relativismo porque está limitada por la diversidad y el respeto a los demás. A duras penas obtenemos las libertades que nos otorga la constitución y la Ley, pues la libertad estará limitada por el Estado que hemos erigido y que se ha convertido en una estructura superior a la nación que le dio legitimidad. La libertad plena existe en la horda que recorre la selva alimentándose de los frutos de la naturaleza, pero, aun así, la horda está limitada por las condiciones del terreno, por sus debilidades biológicas, por el alimento disponible, por las amenazas de la selva y por las inclemencias del clima. Dado que la sociedad moderna es diversa, la libertad como factor de identidad, está restringida por la misma diversidad y el respeto debido a los demás individuos de la sociedad.

Sin embargo, es la participación en relación con sus semejantes lo que hace social al hombre, no es la libertad. En la relación con los demás surgen las reglas que someten la libertad al tener que asumir el compromiso de cumplirlas. También para participar hay que elegir, quien no elige se aísla y se convierte en un bárbaro y en un cínico. Lo será porque de todas maneras tendrá que procurarse alimento y en esta acción de supervivencia tendrá que recurrir al entorno ya ocupado donde otros actores asociados participan, el hombre que no ha elegido vivir en comunidad, en virtud de su libertad, intervendrá desconociendo las reglas del grupo, lo que genera conflicto y el reproche social, pues, al defenderse usa la fuerza que lo convertirá en un bárbaro, en lobo rapaz y en un cínico, en el mejor de los casos.

El estado natural del hombre en libertad se obtendrá cuando todos los hombres comprendan el *principio eidético* de que no somos antagónicos y no tenemos que competir porque somos el mismo individuo, esta Ley constituye el *imperativo categórico* que parirá una nueva sociedad; lo que significa que no tenemos necesidad de más reglas porque en su fondo subyacen la igualdad y la justicia. Cuando se adopte este *principio eidético* los hombres serán libres porque ya no estarán compitiendo entre sí, el otro no es visto como un antagónico a quien hay que vencer, desaparecerá la idea de que somos incompatibles, el éxito material no será el objetivo último y la materialidad, que apaga la conciencia, perderá para siempre toda su validez.

La complejidad de la realidad es re-amplificada por una complejidad de segundo orden que el hombre ha incorporado con la aplicación de la intervención tecnológica. La población, por ejemplo, no se puede autorregular por su propia naturaleza porque la tecnología médica y los fármacos alargan la vida de las personas, incrementando los niveles poblacionales que la lógica de la complejidad puede resistir. La naturaleza es alterada porque sus ciclos son alterados artificialmente por el hombre.

Esa infinita alteración y reproducción descontrolada orientada hacia múltiples y diversos sentidos (pero sin un sentido último), se ha constituido en una *entidad* independiente, es un ente artificial que tiene su sibilina conciencia desagregada en la fractalidad de la totalidad social; es el Fatum Leviatán, una criatura fractal de millones de cabezas que se bifurcan cada vez que son cortadas, un monstruo que no se puede detener, tal como no se puede detener el capitalismo sin que haya sangre y violencia, ni la acción política, ni la criminalidad, ni la sociedad erigida sobre sus bajos instintos que se reproducen bajo la *sombra* del inconsciente colectivo, ese que subyace en el fondo de nuestra realidad, que desconocemos pero que habita en nosotros dirigiendo el destino hacia el yermo incierto del azar.

Nuestro destino no está escrito en ninguna parte, lo vamos creando con nuestras propias acciones, en la medida que emerge el Fatum Leviatán, y en la medida que vamos colapsando la realidad, indirectamente se va modificando el tablero de opciones y oportunidades;[278] es decir, vamos alterando las posibilidades, las reglas sociales, alterando las opciones y las condiciones en que se reproduce la realidad, lo que a su vez va determinando la realidad (existente y venidera), de la misma manera que las apropiaciones y las interpretaciones subjetivas que hacemos de ella van configurando nuestra vida cotidiana, la realidad en que vivimos y el destino que nos espera. No estamos solos, pues es imposible ignorar que un extraño software encarnado en el Fatum Leviatán nos obliga a colapsar (producir) nuestra propia realidad de una manera coherente, a partir de los estados sociales de no-equilibrio y de consecuencia desconocidas que surgen como resultado de las múltiples e infinitas correlaciones de la individualidad.

---

[278] Ver la entrada "Concatenación crítica".

Bibliografía

Mandelbrot Benoît, "La Geometría Fractal". Tusquets Editores, 1º Edición. Barcelona, 1997.

Prigogine Ilya, "¿Tan Sólo una Ilusión?" Barcelona, 1993

Prigogine Ilya, "El Nacimiento del Tiempo, la irreversibilidad a nivel microscópico", Tusquets editores, tercera edición. Barcelona, 1998.

Ilya Prigogine y Gregoire Nicolis, "La Estructura de lo Complejo", 2ª Ed. Alianza Editorial. Madrid, 1997.

Prigogine Ilya, "El Tiempo y el Devenir, Coloquio de Cérisy" Ed. Gedisa. Barcelona, 2000.

Capra Fritjof, "El Tao de la Física" Ed. Sirio. Málaga, 1995.

Capra Fritjot, "Las Conexiones Ocultas" Ed. Anagrama.

Capra Fritjot, "La Trama de la Vida: una nueva perspectiva de los sistemas vivos", Ed. Anagrama. Barcelona, 2009.

Laszlo Erwin, "El Cambio Cuántico", Ed. Kairós. Barcelona 2010

Radin Dean, "Entangled Minds: extrasensory experiences in a quantum reality", Ed. Paraview Pocket Books. New Cork, 2006.

Planck Max, "¿A Dónde va la Ciencia?" Ed. Losada S. A. Buenos Aires, 1947.

Hawking Stephen W., en "Historia del Tiempo" ed. Critica. Barcelona, 1999.

Hawking Stephen y Mlodinow Leonard, "El Gran Diseño". Editorial Crítica, 2010.

Penrose Roger, "La Mente Nueva del Emperador". Ed. Fondo de Cultura Económica. Segunda edición en español. México D. F., 2002.

Penrose Roger, "El Camino a la Realidad: una guía completa de las leyes del universo" Ed. Debate. México, 2007.

Roger Lewin, "Complejidad, el caos como generador de orden" Ed. Metatemas, Tusquets Editores. Barcelona, 2002.

Douglas Hofstadter, "Yo soy un extraño bucle, ¿por qué un fragmento de materia es capaz de pensar en sí mismo? Metatemas, Tusquets Editores. Barcelona, 2008.

Wagensberg Jorge, "Las Raíces Triviales de lo Fundamental", Metatemas, Tusquets Editores. Barcelona, 2010.

Wagensberg Jorge, "Ideas Sobre la Complejidad del Mundo", Tusquets Editores. Barcelona, 2007.

Vedral Vlatko, "Decodin Reality: the universe as quantum information". University of Oxford, England and National University of Singapure. New York, 2010.

Sheldrake Rupert, "Una Nueva Ciencia de la Vida: la hipótesis de la causación formativa" Ed. Kairós. Barcelona, 2007.

Davies Paul, "Sobre el Tiempo". Ed. Drakontos, 2000. Barcelona.

Matthieu Ricard y Trinh Xuan Thuan, "El Infinito en la Palma de la Mano" Ed. Urano. Barcelona, 2001.

Ulanowicz Robert E, "A Thirh Window". Ed. Templeton Fundation Press. USA, 2009.

Heidegger, Schrödinger, Einstein, Jeans, Planck, Pauli, Eddinntog, "Cuestiones Cuánticas: escritos místicos de los físicos más famosos del mundo", recopilado por Ken Wilber. Editorial Kairós. Barcelona, 2009.

Heidegger Martín, "Conceptos Fundamentales" Editorial Atalaya. Barcelona, 1994.

Kant Immanuel, "Critica de la Razón Pura" Ed. Taurus, 1° edición. 2005. Madrid

Kant Immanuel, "Prolegomenos" Ed. Alba. Madrid, 1999.

Freud Sigmund, "Obras Completas", Tomo III. Lección XXXI, "Disección de la Personalidad Psíquica". Ed. Biblioteca Nueva. 1° edición 1996.

Freud Sigmund, "Obras Completas, el Yo y el Ello". Tomo III. Ed. Biblioteca Nueva. 1° edición 1996.

Nietzsche Friedrich, "Fragmentos Póstumos". Editorial Norma. Bogotá., 1992.

Popper Karl y Lorenz Konrand, "El Porvenir está Abierto". Tusquets Editores. Barcelona. 1992.

Popper Karl, "Realismo y el objetivo de la Ciencia. Post Scriptum a la Lógica de la investigación científica". Vol. 1. Ed. Tecnos. *(1985).*

Karl Popper, "Búsqueda sin Término: Una autobiografía intelectual". Ed. Tecnos, 3° edición. Madrid, 2002.

D. Dennett, D. Deutsch, J. Diamond, R. Kurzweil y otros, "El Nuevo Humanismo, y las fronteras de la ciencia" Ed. Kairós, Barcelona, 2007.

Michel Foucoult, "Las Palabras y las Cosas", Ed. Siglo XXI, 19ª edición. México, 1989.

Murray Gell-mann, "El Quark y el Jaguar: aventuras en lo simple y lo complejo". Metatemas, Tusquets editores. Barcelona 1998.

Gonzalez de Alba Luís, "El burro de Sancho y el gato de Shrödinger". Ed. Paidós Amateurs. México, 2000.

Shagen Hacyan, "Del Mundo Cuántico al Universo en Expansión". Ed. La Ciencia. México, 1994.

Talbot Michael, "Más allá de la Teoría Cuántica" Ed. Gedisa. Barcelona, 2000.

Ortoli, Sven /Paraboo, Jean Pierre "El Cántico de la Cuántica. ¿El Mundo Existe?" Ed. Gedisa. 2002.

Punset Eduardo, "El Viaje a la Felicidad: la nuevas claves científicas" Ed. Destino-Planeta. Bogotá, 2007.

Ynduráin Francisco, "Electrones, Neutrinos y Quarks" Ed. Drakontos. Barcelona, 2006.

Schifter Isaac, "La Ciencia del Caos" Ed. Fondo de Cultura Económica. México, 2003.

Fodor Jerry, "Conceptos: donde la ciencia cognitiva se equivocó" Ed. Gedisa. Barcelona, 1999.

Díaz, José Luís, "La Conciencia Viviente", Fondo de Cultura Económico. México, 2008.

Churchland Paul M, "Materia y Conciencia: introducción contemporánea a la filosofía de la mente". Ed. Gedisa. Barcelona, 1999.

Nagel Thomas, "¿Qué significa todo esto? Una brevísima introducción a la filosofía", Fondo de Cultura Económico. México, 1995.

Maturana Humberto y Pörksen Bernhard, "Del Ser al Hacer: los orígenes de la biología del conocer" Ed. J. C. Sáez, Granica. Buenos Aires, 2008.

Humberto Maturana, "El Sentido de lo Humano". Ed. Dolmen, Bogotá, 1988.

Balandier Georges, "El Desorden" Ed. Gedisa. Barcelona, 1988.

Bohm David, "La Totalidad y el Orden Implicado" Ed. Kairós. Barcelona, 2008.

Damasio Antonio, "El Error de Descartes: la emoción, la razón y el cerebro humano" Ed. Critica. Barcelona 2007.

García Rolando, "Sistema Complejos: Conceptos, método y fundamentación de la investigación interdisciplinaria" Ed. Gedisa. Barcelona, 2008.

Jay Martin, "Campos de Fuerza" Ed. Paidós, Buenos Aires, 2003.

Ian Stewart y Martin Golubitsky, "¿Es Dios un Geómetra?, Las simetrías de la naturaleza". Ed. Drakontos. Barcelona, 1995.

Reeves Hubert, "Las Sincronicidad, Existe un orden a-causal? Ed. Gedisa, 1996.

Lan Hawking, "La Domesticación del Azar, la Erosión del Determinismo y el Nacimiento del Caos" Ed. Gedisa, 1995.

Collins Francisco, "¿Cómo Habla Dios?: la evidencia científica de la fe" Ed. Planeta. Bogotá, 2008.

C. Rosset, "Schopenhauer, philosophe de l'absurd", P.U.F., Paris, 1967, pg. p. 367 [p. 369].

Webgrafía

NASA, Sonda de Anisotropía de Microondas Wilkinson (WMAP), http://map.gsfc.nasa.gov/

Gebauer Gabriel Hernán, "Una Nueva Teoría Acerca de las 'Diluciones Homeopáticas, http://www.homeoint.org/books3/diluciones/index.htm.

Fondevila Lourenco, "Indeterminación Cuántica e Irreversibilidad Entrópica: Filosofía y tiempo en la Física del siglo XX (I)". http://dspace.usc.es/bitstream/10347/1194/1/pg_159-184_agora20-2.pdf.

Revista Nature, http://www.nature.com/nature/journal/v443/n7111/abs/nature05136.html

Maria Cristina Valsecchi,http://www.swissinfo.org/fre/index.html?siteSect=511&sid=1598684

Fernando Sánchez, http//www.dsalud.com.

History Channel, ¿What is Earth Made of?: http://www.history.com/.

Magnetismo terrestre, http://eloviparo.wordpress.com/2010/02/03/el-magnetismo-terrestre/

Revista Nature, 568, 178-179 (2019). doi: 10.1038/d41586-019-01083-z. Riek, C. et al. Science 350, 420–423 (2015). Recuperado 19/06/2019.

Lotersztain Ileana, "Bacterias, Rinocerontes y Fractales",

http://fai.unne.edu.ar/biologia/basicos/notas/fractales.htm

Berg Amy, "Deliber Us From Evil", documental. http://www.deliverusfromevilthemovie.com/

San Martín Sala, Javier, "Teoría del yo Trascendental en Kant y Russel". Tomado de la revista electrónica en http://revistas.ucm.es/fsl/15756866/articulos/ASEM7474110123A.PDF.

Introducción a la química de la vida, http://campus.usal.es/~histologia/basica/quimicas/quimicas.htm

Universitat Jaume I, Castellón (Spain). Revista Electrónica de Motivación y Emoción, ISSN 1138-493X.

Kotliarenco María Angélica Ph.D; Cáceres Irma, Fontecilla Marcelo. "Estado de Arte en Resilencia". En http://resilnet.uiuc.edu/library/resilencia/resilencia.html.

www.ingramcontent.com/pod-product-compliance
Lightning Source LLC
Chambersburg PA
CBHW081017240526
45471CB00017B/3191